U0223651

国家出版基金资助项目
"十四五"时期国家重点出版物出版专项规划项目

国家出版基金项目
NATIONAL PUBLICATION FOUNDATION

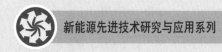
新能源先进技术研究与应用系列

二氧化碳的能源化利用

CO₂ Energy Utilization

帅 永　王志江　秦裕琨　高建民　编 著

哈尔滨工业大学出版社
HITP　HARBIN INSTITUTE OF TECHNOLOGY PRESS

内 容 简 介

本书着眼于常温电催化与太阳能光热催化转化 CO_2 为清洁能源材料的负碳技术,从反应机理、催化材料、反应装置、运行模式等多个角度,概述这两种资源化利用 CO_2 的化学方法的技术特点与研究水平。在总结国内外相关研究的基础上,归纳现阶段从催化剂与反应装置角度提高 CO_2 转化效率的一般规律方法。

本书既注重基础理论和研究方法,又聚焦于研究领域前沿。本书适合从事 CO_2 还原相关领域研究和技术开发的研究生和科技工作者参考,有助于该研究领域内学者开展基础理论的深入探索与工业级应用的实践,以应对在推进 CO_2 能源与资源化技术应用中将要面临的挑战。

图书在版编目(CIP)数据

二氧化碳的能源化利用/帅永等编著. —哈尔滨:
哈尔滨工业大学出版社,2024.6
(新能源先进技术研究与应用系列)
ISBN 978 - 7 - 5767 - 1218 - 6

Ⅰ.①二⋯ Ⅱ.①帅⋯ Ⅲ.①能源-研究②二氧化碳-研究 Ⅳ.①TK②O613.71

中国国家版本馆 CIP 数据核字(2024)第 031121 号

策划编辑 王桂芝 张 荣
责任编辑 林均豫 佟 馨 王晓丹 张 颖
出版发行 哈尔滨工业大学出版社
社 址 哈尔滨市南岗区复华四道街 10 号 邮编 150006
传 真 0451 - 86414749
网 址 http://hitpress.hit.edu.cn
印 刷 辽宁新华印务有限公司
开 本 720 mm×1 000 mm 1/16 印张 19.75 字数 387 千字
版 次 2024 年 6 月第 1 版 2024 年 6 月第 1 次印刷
书 号 ISBN 978 - 7 - 5767 - 1218 - 6
定 价 119.00 元

(如因印装质量问题影响阅读,我社负责调换)

国家出版基金资助项目

新能源先进技术研究与应用系列

编 审 委 员 会

 **总　序**

　　能源是人类社会生存发展的重要物质基础,攸关国计民生和国家安全。当前,随着世界能源格局深刻调整,新一轮能源革命蓬勃兴起,应对全球气候变化刻不容缓。作为世界能源消费大国,牢固树立和贯彻落实创新、协调、绿色、开放、共享的发展理念,遵循能源发展"四个革命、一个合作"战略思想,推动能源生产和利用方式发生重大变革,建设清洁低碳、安全高效的现代能源体系,是我国能源发展的重大使命。

　　由于煤、石油、天然气等常规能源储量有限,且其利用过程会带来气候变化和环境污染,因此以可再生和绿色清洁为特质的新能源和核能越来越受到重视,成为满足人类社会可持续发展需求的重要能源选择。特别是在"双碳"目标下,构建清洁、低碳、安全、高效的能源体系,加快实施可再生能源替代行动,积极构建以新能源为主体的新型电力系统,是推进能源革命,实现碳达峰、碳中和目标的重要途径。

　　"新能源先进技术研究与应用系列"图书立足新时代我国能源转型发展的核心战略目标,涉及新能源利用系统中的"源、网、荷、储"等方面:

　　(1)在新能源的"源"侧,围绕新能源的开发和能量转换,介绍了二氧化碳的能源化利用,太阳能高温热化学合成燃料技术,海域天然气水合物渗流特性,生物质燃料的化学炯,能源微藻的光谱辐射特性及应用,以及先进核能系统热控技术、核动力直流蒸汽发生器中的汽液两相流动与传热等。

（2）在新能源的"网"侧，围绕新能源电力的输送，介绍了大容量新能源变流器并联控制技术，面向新能源应用的交直流微电网运行与优化控制技术，能量成型控制及滑模控制理论在新能源系统中的应用，面向新能源发电的高频隔离变流技术等。

（3）在新能源的"荷"侧，围绕新能源电力的使用，介绍了燃料电池电催化剂的电催化原理、设计与制备，Z 源变换器及其在新能源汽车领域中的应用，容性能量转移型高压大容量电平变换器，新能源供电系统中高增益电力变换器理论及其应用技术等。此外，还介绍了特色小镇建设中的新能源规划与应用等。

（4）在新能源的"储"侧，针对风能、太阳能等可再生能源固有的随机性、间歇性、波动性等特性，围绕新能源电力的存储，介绍了大型抽水蓄能机组水力的不稳定性，锂离子电池状态的监测和状态估计，以及储能型风电机组惯性响应控制技术等。

该系列图书是哈尔滨工业大学等高校多年来在太阳能、风能、水能、生物质能、核能、储能、智慧电网等方向最新研究成果及先进技术的凝练。其研究瞄准技术前沿，立足实际应用，具有前瞻性和引领性，可为新能源的理论研究和高效利用提供理论及实践指导。

相信本系列图书的出版，将对我国新能源领域研发人才的培养和新能源技术的快速发展起到积极的推动作用。

2022 年 1 月

前 言

伴随着数百年的工业化进程,不断增加的化石能源消耗产生了巨量的碳,至少从 20 世纪 70 年代起,大气中的二氧化碳平均水平一直以惊人的速度增长,逐渐威胁着地球的气候、生态乃至人类的生存环境。为了人类社会的可持续发展,需要加快推进节能减排的绿色发展模式。在应用高效的可再生清洁能源获取与转化技术的同时,降低二氧化碳净排放强度及捕集与利用二氧化碳,开发不依赖化石燃料的能源、工业等发展模式,是在未来数十年向"碳中和"过渡的窗口期中需要应对的挑战。

关于二氧化碳是污染物还是资源的争论已持续了数百年,除了自然界对二氧化碳的固定产生的维持地球生态运转的有机物外,20 世纪开始的广泛研究证明了通过多种途径利用可再生能源人工地将二氧化碳转化为燃料或化学品的可行性。根据当前的技术水平,直接利用太阳能光热或通过光伏电力间接地将二氧化碳转化为能源材料是最具应用前景的二氧化碳能源资源化利用技术,不仅可以将二氧化碳"变废为宝",而且该技术本身还具有能量转换与储存的特性,可以应用于太阳光热的综合利用与具有电网削峰填谷能力等多个储能系统。

无论太阳能光热催化还是电催化二氧化碳转化技术,催化材料都发挥着核心作用,研究的首要任务就是设计具有高反应活性与长催化寿命的催化剂,以满足化石燃料替代过程中的经济性。此外,对于电催化研究,过渡金属催化剂的种类往往还决定了产物的类型,针对多种深度电还原产物,如乙醇、乙烯、丙醇及长链烃的研究无疑拓展了该技术的潜在应用范围。除了控制能量输入形式(光、热和电等)与速率外,关键在于调节催化剂与反应物的相互作用方式,其中催化剂的表面组成与结构在很大程度上影响了反应效率与选择性,因此"构(结构)—效(性能)"关系构成了催化剂的主要研究内容。除了催化剂外,反应器也在很大程度上决定了催化过程的实际应用进程。无论光热催化还是电催化技术,催化反应器的迭代往往使催化反应效率数量级式地增加。

鉴于二氧化碳资源化技术的重要性,在过去几十年间吸引了化学、材料、能源等多学科的广泛研究,从基础理论到技术应用领域都取得了长足的进步,对于催化过程的认识不断深入到原子水平,在理论指导下逐渐形成较为系统的研究模式。作者编著本书的目的即在于对形成的电催化与太阳能光热催化二氧化碳转化技术的研究结果与认识进行总结,综述学术前沿成果,并对未来的研究进行展望。本书主要由电催化与太阳能光热催化二氧化碳转化技术两部分组成,内容包括反应机理、催化剂结构和组分设计与反应器搭建等,部分彩图以二维码的形式在书中编排,如有需要可扫描二维码进行阅读,希望本书在一定程度上可以为相关领域的研究者提供帮助。

在日渐丰富的二氧化碳资源化研究领域中,难以简单地在一本书中涵盖所有信息。由于作者水平有限,不足之处在所难免,敬请读者批评指正,不胜感激。

作　者

2024 年 2 月

目　录

第 1 章

绪　论

　　“**碳**达峰、碳中和”是关乎人类生存的重要议题。本章首先简要介绍了全球碳排放情况与减碳技术的发展背景与意义，比较了几种具有应用前景的 CO_2 资源化利用方法的发展现状。从 CO_2 分子结构的角度分析其表现出化学惰性的原因，概述电催化还原 CO_2 与光热催化 CO_2 的反应过程。对于电催化还原 CO_2 技术，分析了主要的催化产物与不同产物相应反应路径的热力学平衡电势，并阐述电还原 CO_2 技术的主要评价参数。对于光热催化技术，主要简述 CO_2 分子在催化材料上的作用过程。

1.1 背景及意义

随着现代工业社会的快速发展与人类活动范围的不断扩大,自工业革命以来化石能源的消耗量日益增加。除了动力与生产用途外,化石能源在化工和人类衣食住行等多个领域发挥了难以替代的作用,但以煤、石油、天然气为主的化石能源属于一次能源,储量有限,迫切需要推动可再生能源在多个领域对化石能源的替代。此外,能源消耗伴随着巨量的 CO_2 排放,2021 年全球碳排放达到 363 亿 t,其中能源碳排放占比超过 90%。截至 2023 年 1 月,大气中 CO_2 体积分数已超过 4.19×10^{-4},远超过安全阈值(3.5×10^{-4})[1]。CO_2 浓度持续攀升引起的温室效应等环境问题,严重威胁了生态环境的平衡与人类社会的生存,但自然界中固碳的速度相比于总碳排放的速度略显不足的影响,人工固碳与碳减排技术发展相对滞后,控制碳排放的进程难以满足《巴黎协定》制订的目标(图 1.1)[2]。

为了社会的可持续发展与人类的生存需求,发展可再生能源,使之在生产端和消费端完全或部分取代化石能源消耗是目前能源结构改革的重要手段。近年来,可再生能源的应用进程显著加快,十年间零碳电力如光伏、风力发电等成本降低了近 90%[3],可再生电力年装机量不断创造新高,太阳能和风力发电量占总发电量的比例达到 10%,可再生能源在能源结构中的占比与竞争力逐渐增强,低碳电力在电力供给中的占比已超过燃煤发电,但能源低碳化进程仍远未满足经济增长的需要,2021 年由能源消费产生的碳排放量增加了 5.9%,化石能源在一次能源消费中所占比例仍高达 82%。

在能源生产端,电力系统的脱碳是实现碳中和最重要的部分,可再生能源电力装机容量的增长并不意味着低碳电力的等比例的影响增加,反而受到风能与光能的能量间歇性及电网"调峰填谷"储能能力不足的影响,可再生能源的应用受到边际递减效应的束缚,限制了低碳电力对化石能源的替代速度与规模。此外,能源消费端部分领域对化石能源的需求量也不断增加,如热力发电、化工与

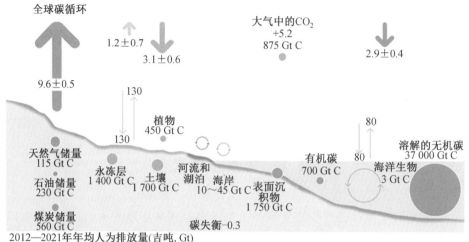

图 1.1　人类活动引起的全球碳循环示意图(2012—2021 年)[2]

供热产业在短期内无法摆脱对化石燃料的依赖,能源结构调整面临着高碳能源资产累计规模大、转型困难等一系列问题。

在推进可再生能源高效利用的同时,发展清洁能源储能与 CO_2 捕获、利用与封存(CCUS)相结合的方法是达成"碳中和"目标的重要技术选择。考虑到 CO_2 是含量丰富且廉价的 C_1 资源,利用化学键为载体,由可再生能源驱动将 CO_2 转化为清洁燃料或化学品的化学储能技术是近年来研究的重点。根据技术发展现状,化学储能的成本也显著低于电池储能等储能技术的成本,具有更好的适用性与经济性。可再生能源储存与 CO_2 转化相结合的技术不仅可以缓解风、光等可再生能源的间歇性,提高清洁能源应用效率,削减 CO_2 净排放量,而且其产物如碳氢化合物(甲烷、乙烯和乙醇等)和合成气可以部分取代化石能源应用于化工等高能耗、高碳产业,形成碳循环式的生产模式。开发利用可再生能源转化 CO_2 技术,是加快形成 CO_2 负排放产业结构不可或缺的技术路径,对建立绿色、低碳的新型能源体系具有重要意义[4]。

CO_2 的热力学性质非常稳定且具有较高的化学惰性,分子中碳氧双键(C═O)的键能高达 750 kJ/mol,导致 CO_2 活化所需要的反应条件较为苛刻。目前 CO_2 转化技术主要分为生物方法与化学方法。生物方法是利用植物的光合作用、微生物的自养作用及生物酶的催化作用等,将 CO_2 转化为有机物从而加以利用,如生物柴油等[5-6],但其转化效率相对较低,过程难以调控,易受环境影响,致使其应用范围受限,不适合作为人工 CO_2 资源化利用的主要手段。化学方法主要分为电催化还原、热(光热)催化与光(光电)催化等。光催化是利用光源辐照光催化剂以产生活跃的光生电子—空穴对,光生电子诱导 CO_2 活化与转化[7-8],但光催化过程中电子—空穴对容易重新结合,导致一部分输入能量以热量或发射光形式耗散。引入内部电场(异质结)或外部电场(光电催化)可以促进电子与空穴的分离,并诱导载流子迁移和提高电子能量,可获得较高的反应效率。由于直接裂解 CO_2 需要极高的温度和反应压力,热催化主要以氢气为还原剂,通过 CO_2 加氢合成甲酸、甲醇或经逆水煤气反应生成 CO 等[9-10]。热催化则主要利用太阳光热对催化材料高温脱氧,随后脱氧的催化材料在较低的反应温度下可将 CO_2 和 H_2O 分解为 CO 和 H_2,整体上以两步反应的形式循环进行[11-12]。电催化还原可以在常温常压下进行,利用较高的电极电势活化 CO_2 分子,在水相电解液中合成一氧化碳、甲酸、甲烷、乙烯和乙醇等产物,反应条件较为温和且反应速率便于调控,但较高的电极电势会导致整体能量效率下降。利用热场辅助的高温电催化(固体氧化物电解池/熔融盐电催化)可以将 CO_2 分子转化所需的一部分电能转为热能,减小电极的极化,理论能量效率(热中性电势下)可达到 100%以上[13]。

1.2 新型 CO_2 能源资源化利用途径

1.2.1 电催化 CO_2 转化

CO_2 分子结构为非极性线性对称的三原子分子,其分子结构如图 1.2 所示,C 原子通过 sp 杂化分别与两侧的 O 原子形成 σ 键,剩余两个未参加杂化的 p 轨道从侧面与 O 原子的 p 轨道肩并肩发生重叠,生成两个离域 π 键,因此缩短了 C 与 O 的原子间距离,使该键具有一定的三键特征。因此 CO_2 分子结构非常稳定,是典型的弱电子给予体及强电子受体。CO_2 分子的最低未占据分子轨道(LUMO)与最高占据分子轨道之间的能距很大,第一电离能为 13.79 eV,难以给出电子;同时 CO_2 具有较高的电子亲和能(38 eV),容易接受电子。因此合理的 CO_2 活化通常需要在适当的条件下向 CO_2 分子输入电子,但由于 CO_2 分子结构稳定,活化 CO_2 需要较高的能量,CO_2 的分子结构从直线型变为弯曲型。通过引入电极电势,将电催化剂作为电子转移的载体,可以实现多电子催化还原 CO_2。

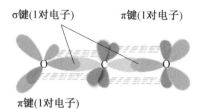

图 1.2　CO_2 的分子结构

电催化还原 CO_2 反应(CO_2RR)通常包含多个电子、质子转移生成碳基产物和水的过程,如式(1.1)所示:

$$mCO_2 + n(H^+ + e^-) \longrightarrow 产物 + xH_2O \tag{1.1}$$

根据反应转移电子数目的不同,可以将反应产物分为 $CO/HCOO^-(2e^-)$、$HCHO(4e^-)$、$CH_3OH(6e^-)$、$CH_4(8e^-)$、$C_2H_4/C_2H_5OH(12e^-)$、$C_2H_6(16e^-)$ 和 $C_3H_7OH(18e^-)$ 等多达 16 种化学物质[14]。由于目前 CO_2 还原反应通常在水相电解液中进行,反应平衡电势均在 0 V(vs. RHE)左右,在 CO_2 参与反应的同时不可避免地发生氢析出反应(HER),与 CO_2 还原过程形成竞争关系,CO_2 还原反应式及平衡电极电势见表 1.1。

表 1.1　CO_2 还原反应式及平衡电极电势[15]

还原反应式	平衡电极电势 E^0 (vs.RHE)/V
$2H^+ + 2e^- \longrightarrow H_2$	0
$CO_2 + 2H^+ + 2e^- \longrightarrow HCOOH(aq)$	-0.12
$CO_2 + 2H^+ + 2e^- \longrightarrow CO(g) + H_2O$	-0.10
$CO_2 + 4H^+ + 4e^- \longrightarrow HCHO(g) + H_2O$	-0.07
$CO_2 + 8H^+ + 8e^- \longrightarrow CH_4(g) + 2H_2O$	0.17
$2CO_2 + 8H^+ + 8e^- \longrightarrow CH_3COOH(aq) + 2H_2O$	0.11
$2CO_2 + 10H^+ + 10e^- \longrightarrow CH_3CHO(aq) + 3H_2O$	0.06
$2CO_2 + 12H^+ + 12e^- \longrightarrow C_2H_5OH(aq) + 3H_2O$	0.09
$2CO_2 + 12H^+ + 12e^- \longrightarrow C_2H_4(g) + 4H_2O$	0.08
$2CO_2 + 14H^+ + 14e^- \longrightarrow C_2H_6(g) + 4H_2O$	0.14
$3CO_2 + 16H^+ + 16e^- \longrightarrow C_2H_5CHO(aq) + 5H_2O$	0.09
$3CO_2 + 18H^+ + 18e^- \longrightarrow C_3H_7OH(aq) + 5H_2O$	0.10

尽管 CO_2 还原在热力学上是有利的,但不足以说明反应发生的具体途径和

反应速率等动力学特征。在实际的反应过程中,由于 CO_2 分子热力学性质非常稳定,直线型的 CO_2 分子得到电子活化形成弯曲型的 $CO_2^{·-}$ 自由基需要跨越的能垒达到 9.18 kcal/mol(1 cal = 4.186 8 J),其标准还原电势为 -1.9 V(vs. SHE),需要输入较大的能量。因此需要合适的催化剂与 CO_2 分子形成化学键,削弱 $C=O$ 键的强度以降低 CO_2 活化的能垒。过渡金属(d 区元素)具有未充满的价层 d 轨道,可以提供空轨道充当亲电试剂,或提供孤对电子作为亲核试剂,与被吸附物中的 s 电子或 p 电子配对发生化学吸附,降低反应能垒以促进吸附分子的活化。一般具有 CO_2 电还原活性的过渡金属催化剂包括 Au、Ag、Cu、Zn 和 Pd 等,各金属的外层电子排布不同导致了不同的中间产物结合强度,各种金属催化剂主要的催化产物也具有一定的差异[16]。尤其在 Cu 基催化剂上,不同的阴极施加电势除了影响反应速率外,还将显著改变催化产物的选择性。除了过渡金属外,主族元素 Sn、In、Bi 和 Pb 等也被证明对 CO_2 有催化活性,但反应路径与过渡金属有所区别,将在第 2 章中详细讨论。

常规的电化学还原 CO_2 反应器为三电极体系,包括负载催化剂的工作电极、参比电极和对电极。传统 CO_2 电解使用的 H 型电解池由离子交换膜隔开的两个半电池组成,在阴极一侧,CO_2 气体被持续通入电解液中形成饱和溶液,经过溶液扩散传质到电极表面参与电化学反应。由于常规电解液中 CO_2 溶解度有限,因此反应速率受到极大限制[17]。受益于燃料电池领域研究,多孔的气体扩散电极也应用于 CO_2 还原反应。CO_2 分子以气体分子形式直接传输到电极表面,显著提高了反应物的传质效率,使电催化的反应效率达到工业热催化的水平,应用气体扩散电极的流动电解池或膜电极(MEA)电解池逐渐成为研究重点[18]。

电催化还原 CO_2 性能的主要评价指标包括起始电势、超电势、法拉第效率、电流密度、转化效率(TOF)、塔菲尔(Tafel)斜率、能量效率和稳定性等。

①起始电势:预期产物被观测到所需的电势。

②超电势:施加电势与反应平衡电势的差值。

③法拉第效率:电子用于产生特定还原产物的百分比,直接反映还原产物的选择性。

④电流密度:一定施加电势下总电流密度除以工作电极表面积,反映还原反应的活性。

⑤转化效率:单位时间内还原产物的转化数(TON),用于衡量催化剂的催化反应速率。

⑥Tafel 斜率:超电势与产物分电流密度取对数的关系曲线斜率,用于评估催化反应动力学过程,研究反应机理。

⑦能量效率:储存在特定还原产物中的化学能占总输入电能的百分比。

⑧稳定性:在一定反应时间后电流密度、超电势、选择性等相比反应起始阶段的衰减率。

1.2.2 热催化 CO_2 转化

在热力学上,热催化 CO_2 转化是将 CO_2 转化为增值燃料和化学品的有效途径。利用太阳能将 CO_2 转化为增值燃料可以用来缓解全球变暖和解决能源危机[19-20]。太阳能利用受到研究人员的广泛关注,因为聚集的太阳能可以提供充足能量以满足人类的使用需求。采用聚集太阳能作为热源驱动高温化学反应的太阳能-燃料转换技术是将排放的 CO_2 转化为有价值的产物,如合成气(H_2 和 CO)和燃料[21]。合成气是石化行业所有产品和化学品的原料气,其生产技术的研发在应对能源、化工和环境等领域可持续发展所带来的挑战方面具有巨大潜力。由于在制备及使用过程中对环境无污染,因此合成气具有替代化石燃料的潜能。目前合成气可通过相关化学工艺用于制备合成液体燃料,如图 1.3 所示,包括费-托柴油、烯烃等[22-23]。

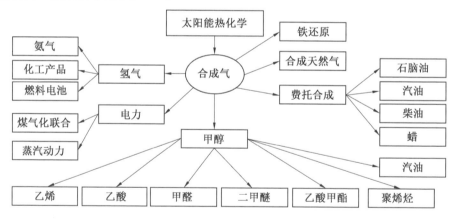

图 1.3 合成气部分应用示意图

在化工行业中,由合成气制备的氨用于洗涤液、肥料、药物和塑料等诸多有机化合物的生产。制备的合成气既可以以热的形式使用,也可以直接燃烧通过布雷顿-朗肯(Brayton-Rankine)循环发电[24]。化工生产合成气主要基于含碳原料,如天然气(NG)、炼厂气、重烃类、生物质的气化及煤气化。制取合成气的原料选择取决于环境条件、成本和原料的可用性。此外,基于合成气的高温燃料电池,如固体氧化物燃料电池(SOFC)和熔融碳酸盐燃料电池(MCFC),可以通过先进的能源管理系统更高效地发电[25]。因此,通过太阳能制取的合成气具有清洁、高效和可再生等优点,其最终可以降低对化石燃料的依赖及能源成本。近年来,利用太阳能和风能等可再生能源通过使用 H_2O/CO_2 作为原料生产合成气的技术,尤其是太阳能热化学制取合成气的技术受到了人们的大量关注[26-27]。图 1.4 所示为太阳能热化学反应制取合成气系统示意图[28-29],其中图 1.4(a)、(b)所示材料为图 1.4(d)中所用多孔介质,在太阳能热化学反应器内以聚集的太阳能作为高温热源驱动热化学反应。

(a) 多孔SiC骨架

(b) 负载金属氧化物的多孔材料

(c) 太阳能热化学反应器

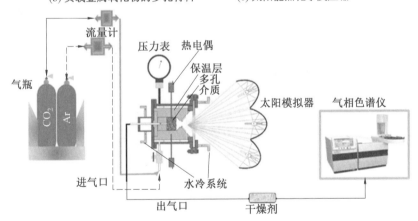

(d) 太阳能热化学反应系统

图 1.4　太阳能热化学反应制取合成气系统示意图

与传统的光催化 CO_2 体系相比,热催化通过将光子转化为热量来利用太阳能,光照可以诱导光生电荷载流子,加热可以驱动反应,以实现太阳能全光谱的利用。光热弥补了光催化的转化率低、选择性差、电子或空穴转移慢和电子一空穴对重组快及热催化的大量热能输入等问题。尽管研究人员已经取得了一些进展,但仍需要改进光热催化剂体系,使其能够更有效地收集和利用太阳能。太阳能光热催化直接利用高通量太阳辐照使催化材料发挥还原 CO_2 的作用,常压下即可运行,克服了单一热催化中必须施加高压的苛刻限制[30]。太阳能流促使了具有半导体性质的催化材料产生光生电子,同时通过光热效应激发振动状态驱动热催化反应,并且高温环境提高了光生载流子的迁移率和反应物传质速率,使得整体催化剂活性提高[31-32]。太阳能光热催化还原 CO_2 转化技术具体反应步骤包括高温下的氧化物脱氧(还原)过程与低温下的氧化过程,反应过程如图 1.5所示。首先升高温度将催化材料脱氧并得到产物 O_2,随后脱氧的催化材料在较低反应温度下即可将 CO_2 和 H_2O 分解为 CO 和 H_2,整体上 CO_2 与 H_2O 的转化过程以两步反应的形式循环进行[33]。但是反应装置的持续升温与降温的循环过程影响了 CO_2 转换效率,高、低温氧化还原循环转化过程中热量的消解与聚集也降低了物质转化率和能量效率,这使得常压下的太阳能光热催化 CO_2 转化效率低于 5%。此外将太阳能光热催化与其他催化手段结合进行反应和能量利用优化也是提高热催化 CO_2 转化的有效途径[34-35]。

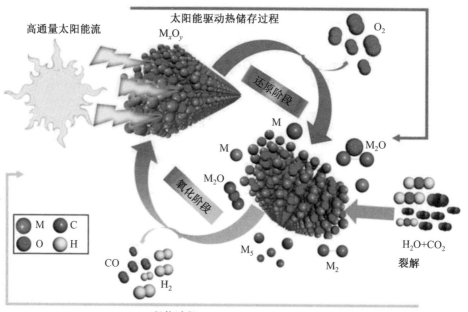

图 1.5　描述二氧化碳利用的两步太阳能热化学氧化还原循环示意图
M_2O—还原金属氧化物;M、M_2 和 M_5—活性金属催化剂[36]

1.3　本章小结

作为 CCUS 技术的重要组成部分,CO_2 资源化利用是目前各行业的研究重点。根据技术经济分析,利用可再生电力或太阳能将 CO_2 通过电化学或光热化学还原生产 CO 或碳氢化合物具有一定的经济价值,并可以将 CO_2 变废为宝,实现碳负排放,是"碳达峰、碳中和"战略的重要技术途径。本章简要介绍了电催化还原与太阳光热催化 CO_2 还原技术,但由于 CO_2 具有较高的化学稳定性,简单的电催化或热催化手段难以将其高效转化,需要借助催化剂设计与反应装置改进等提高催化反应效率,具体内容将在后面章节中详细介绍。

本章参考文献

[1] LINDSEY R，ED DLUGOKENCKY. Climate change：atmospheric carbon dioxide[EB/OL]. [2024-4-9]. https://www. climate. gov/news-features/understanding-climate/climate-change-atmospheric-carbon-dioxide.

[2] FRIEDLINGSTEIN P，O'SULLIVAN M，JONES M W，et al. Global carbon budget 2022 [J]. Earth Syst Sci Data，2022，14(11)：4811-900.

[3] International Renewable Energy Agency. Renewable power generation costs in 2022[R]. Abu Dhabi：IRENA，2023.

[4] OLAH G A，PRAKASH G K，GOEPPERT A. Anthropogenic chemical carbon cycle for a sustainable future[J]. J Am Chem Soc,2011,133(33)：12881-12898.

[5] KORNIENKO N，ZHANG J Z，SAKIMOTO K K，et al. Interfacing nature's catalytic machinery with synthetic materials for semi-artificial photosynthesis[J]. Nat Nanotechnol,2018,13(10)：890-899.

[6] ZHANG H，LIU H，TIAN Z Q，et al. Bacteria photosensitized by intracellular gold nanoclusters for solar fuel production [J]. Nat Nanotechnol,2018,13(10)：900-905.

[7] MONTOYA J H，SEITZ L C，CHAKTHRANONT P，et al. Materials for solar fuels and chemicals[J]. Nat Mater,2017,16：70-81.

[8] WHITE J L, BARUCH M F, PANDER III J E, et al. Light-driven heterogeneous reduction of carbon dioxide: photocatalysts and photoelectrodes[J]. Chem Rev,2015,115(23):12888-12935.

[9] WANG W,WANG S P,MA X B,et al. Recent advances in catalytic hydrogenation of carbon dioxide[J]. Chem Soc Rev,2011,40(7):3703-3727.

[10] TACKETT B M,GOMEZ E,CHEN J G. Net reduction of CO_2 via its thermocatalytic and electrocatalytic transformation reactions in standard and hybrid processes[J]. Nat Catal,2019,2:381-386.

[11] CAI M J,WU Z Y,LI Z,et al. Greenhouse-inspired supra-photothermal CO_2 catalysis[J]. Nat Energy,2021,6:807-814.

[12] MATEO D, CERRILLO J L, DURINI S, et al. Fundamentals and applications of photo-thermal catalysis[J]. Chem Soc Rev,2021,50(3): 2173-2210.

[13] HAUCH A,KÜNGAS R,BLENNOW P,et al. Recent advances in solid oxide cell technology for electrolysis[J]. Science, 2020, 370 (6513): eaba6118.

[14] KUHL K P,CAVE E R,ABRAM D N,et al. New insights into the electrochemical reduction of carbon dioxide on metallic copper surfaces[J]. Energy Environ Sci,2012,5(5):7050-7059.

[15] SEH Z W,KIBSGAARD J,DICKENS C F,et al. Combining theory and experiment in electrocatalysis: insights into materials design[J]. Science, 2017,355(6321):eaad4998.

[16] NITOPI S, BERTHEUSSEN E, SCOTT S B, et al. Progress and perspectives of electrochemical CO_2 reduction on copper in aqueous electrolyte[J]. Chem Rev,2019,119(12):7610-7672.

[17] BURDYNY T,SMITH W A. CO_2 reduction on gas-diffusion electrodes and why catalytic performance must be assessed at commercially-relevant conditions[J]. Energy Environ Sci,2019,12(5):1442-1453.

[18] WAKERLEY D,LAMAISON S,WICKS J,et al. Gas diffusion electrodes, reactor designs and key metrics of low-temperature CO_2 electrolysers[J]. Nat Energy,2022,7:130-143.

[19] RAO H,SCHMIDT L C,BONIN J,et al. Visible-light-driven methane formation from CO_2 with a molecular iron catalyst[J]. Nature,2017,548

(7665):74-77.

[20] ZHOU L N, MARTIREZ J M P, FINZEL J, et al. Light-driven methane dry reforming with single atomic site antenna-reactor plasmonic photocatalysts[J]. Nat Energy, 2020, 5:61-70.

[21] SMESTAD G P, STEINFELD A. Review: photochemical and thermochemical production of solar fuels from H_2O and CO_2 using metal oxide catalysts [J]. Ind Eng Chem Res, 2012, 51(37):11828-11840.

[22] RIEDEL T, SCHAUB G. Low-temperature fischer-tropsch synthesis on cobalt catalysts—effects of CO_2[J]. Top Catal, 2003, 26(1):145-156.

[23] LU Y W, YAN Q G, HAN J, et al. Fischer-Tropsch synthesis of olefin-rich liquid hydrocarbons from biomass-derived syngas over carbon-encapsulated iron carbide/iron nanoparticles catalyst[J]. Fuel, 2017, 193: 369-384.

[24] STAMATIOU A, LOUTZENHISER P G, STEINFELD A. Solar syngas production via H_2O/CO_2-splitting thermochemical cycles with Zn/ZnO and FeO/Fe_3O_4 redox reactions[J]. Chem Mater, 2010, 22(3):851-859.

[25] LIU K, SONG C S, SUBRAMANI V. Hydrogen and syngas production and purification technologies [M]. Hoboken: John Wiley & Sons, Inc., 2009.

[26] SCHÄPPI R, RUTZ D, DÄHLER F, et al. Drop-in fuels from sunlight and air[J]. Nature, 2022, 601(7891):63-68.

[27] AGRAFIOTIS C, ROEB M, SATTLER C. A review on solar thermal syngas production via redox pair-based water/carbon dioxide splitting thermochemical cycles[J]. Renewable and Sustainable Energy Reviews, 2015, 42: 254-285.

[28] AGRAFIOTIS C, ROEB M, SATTLER C. A review on solar thermal syngas production via redox pair-based water/carbon dioxide splitting thermochemical cycles[J]. Renew Sustain Energy Rev, 2015, 42:254-285.

[29] JIANG B, GUENE LOUGOU B, ZHANG H, et al. Preparation and solar thermochemical properties analysis of $NiFe_2O_4$ @ SiC/@ Si_3N_4 for high-performance CO_2-splitting[J]. Applied Energy, 2022, 328: 120057.

[30] JIANG B S, GUENE LOUGOU B, ZHANG H, et al. Preparation and solar thermochemical properties analysis of $NiFe_2O_4$ @ SiC/@ Si_3N_4 for high-

performance CO_2-splitting[J]. Appl Energy,2022,328:120057.

[31] JIANG B S,SUN Q M,GUENE LOUGOU B,et al. Highly-selective CO_2 conversion through single oxide CuO enhanced $NiFe_2O_4$ thermal catalytic activity[J]. Sustain Mater Technol,2022,32:e00441.

[32] CAI M J,WU Z Y,LI Z,et al. Greenhouse-inspired supra-photothermal CO_2 catalysis[J]. Nat Energy,2021,6(8):807-814.

[33] GAO K,LIU X L,JIANG Z X,et al. Direct solar thermochemical CO_2 splitting based on Ca- and Al- doped $SmMnO_3$ perovskites:ultrahigh CO yield within small temperature swing[J]. Renew Energy, 2022, 194: 482-494.

[34] MATEO D, CERRILLO J L, DURINI S, et al. Fundamentals and applications of photo-thermal catalysis[J]. Chem Soc Rev,2021,50(3): 2173-2210.

[35] JIANG B S,GUENE LOUGOU B,ZHANG H,et al. Preparation and solar thermochemical properties analysis of $NiFe_2O_4$ @ $SiC/$ @ Si_3N_4 for high-performance CO_2-splitting[J]. Appl Energy,2022,328:120057.

[36] GUO Y M,SHUAI Y,ZHAO J M. Tailoring radiative properties with magnetic polaritons in deep gratings and slit arrays based on structural transformation[J]. J Quant Spectrosc Radiat Transf,2020,242:106788.

[37] GUO Y M, XIONG B, SHUAI Y. Predicting multi-order magnetic polaritons resonance in SiC slit arrays by mutual inductor-inductor-capacitor circuit model[J]. J Heat Transf,2020,142(7):072801.

[38] SHUAI Y, ZHANG H, GUENE LOUGOU B, et al. Solar-driven thermochemical redox cycles of ZrO_2 supported $NiFe_2O_4$ for CO_2 reduction into chemical energy[J]. Energy,2021,223:120073.

第 2 章

电催化还原 CO₂ 研究

电催化 CO₂ 还原技术可以在温和的反应条件下将 CO₂ 转化为清洁燃料或化工原料,在实现 CO₂ 资源化利用的同时提高电网的调峰填谷能力。本章首先从反应机理角度出发,简述电催化还原 CO₂ 技术的发展历史,并依此总结了近年来形成的较为成熟的 CO₂ 分子活化过程与形成不同产物的反应路径。根据催化产物可将具有 CO₂ 电催化活性的金属分为三类,从理论和实验比较分析了 CO₂ 在不同金属表面产物选择性差异的原因。此外,总结了反应温度、压力对催化活性的影响,结合相关研究报道概述了提高电催化剂性能的策略与相关机制。

随着光伏、风电等新能源技术的逐渐成熟，可再生电能的成本持续降低，光伏发电的价格接近 0.03 美元/(kW·h)，风力发电的价格已经降至 0.02 美元/(kW·h)[1-2]，使得 CO_2 电还原的商业化应用更近一步。根据已提出的技术经济分析，对于 C_1 产物，利用阴离子交换膜（AEM）装置的 CO_2 制 CO 和使用双极膜（BPM）电解池制甲酸的生产成本分别为 0.44 美元/kg 和 0.59 美元/kg；对于 C_2 产物，以当前最理想的技术水平可达到的乙烯与乙醇的生产成本分别为 2.50 美元/kg 和 2.06 美元/kg[3]。此外，C_{2+} 产物的反应电流密度大于 100 mA/cm^2，CO_2 转化率大于 15％时，电催化还原 CO_2 的反应效率接近热催化 CO_2 加氢反应。因此，大规模应用廉价的可再生电能用于 CO_2 电还原制备液体燃料或化学品在碳减排的同时有望实现经济效益。

2.1　反应机理

典型的电催化还原 CO_2 过程通常分为三个步骤[4]：①CO_2 分子吸附在电催化剂表面（由物理吸附转变为化学吸附）；②发生电子和质子的转移以活化 CO_2，与此同时 C＝O 键断裂，产生 C—H 键或 C—O 键；③吸附态产物从催化剂表面脱附。在多数非均相电催化还原 CO_2 反应中，这些步骤发生在固体催化剂与电解质的固—液界面上，涉及多步的质子和电子转移。电催化 CO_2 还原反应过程中除了需要消耗电能克服化学过程与物理过程的能垒外，其中复杂的中间产物使得 CO_2 还原反应路径难以调控。

由于 CO_2 分子的热力学性质非常稳定，CO_2 的活化过程一般被认为是 CO_2RR 反应的决速步骤。直线型 CO_2 分子得到一个电子形成弯曲构型的 $CO_2^{·-}$ 自由基所需跨越的能垒高达 9.18 kcal/mol（38.43 kJ/mol）[5]，该过程标准还原电势达到 −1.9 V（vs. SHE），导致 CO_2 还原反应整体超电势较高。通过 CO_2 分子与合适的电催化剂形成化学键，可以有效地将 CO_2 结构变为弯曲构型以削弱 C＝O 键，并稳定 $CO_2^{·-}$ 中间体，有效降低 CO_2 活化的能垒。

考虑到常用水系电解质中质子的参与和 CO_2 分子吸附构型的差别,一般认为 CO_2 活化包括四种机理[4]:

$$* + CO_2 + e^- \longrightarrow {}^*CO_2^{\cdot -} \tag{2.1}$$

$$* + CO_2 + H^+ + e^- \longrightarrow {}^*COOH \tag{2.2}$$

$$* + CO_2 + H^+ + e^- \longrightarrow {}^*OCHO \tag{2.3}$$

$$* + H^+ + 2e^- \longrightarrow {}^*H^- \tag{2.4}$$

以机理(2.1)所需要的较高的反应能垒不同,机理(2.2)、机理(2.3)均属于质子偶联电子转移(PCET)过程,被认为可以降低反应的活化能,在较低的超电势下实现 CO_2 转化。其中,机理(2.2)中 CO_2 经一个 PCET 过程转化为 ${}^*COOH$ 中间体,进一步反应将产生 ${}^*CO$ 中间体,若 ${}^*CO$ 结合强度较弱,${}^*CO$ 将从表面脱附产生 CO 产物;若 ${}^*CO$ 结合强度适中,将进一步被还原为甲烷、乙烯等产物。机理(2.3)产生的 ${}^*OCHO$ 是产生 HCOOH 的中间体,而机理(2.4)中形成的阴离子氢化物将攻击 CO_2 分子形成 ${}^*OCHO$ 中间体。N. J. Firet 等[6]利用原位红外光谱对 Ag 电极上 CO_2 还原为 CO 的反应中间体进行系统研究发现,在低超电势下,CO_2 主要经过一步 PCET 过程形成 ${}^*COOH$;而在高超电势下,则经过机理(2.1)并在 $CO_2^{\cdot -}$ 加氢形成 ${}^*COOH$。因此,施加电势与反应条件的差异可能影响电极表面的 CO_2 活化路径。

1991 年,S. Sakaki[7]利用第一性原理研究大环化物($Ni^1F(H_3)_4$)时提出,CO_2 中的碳原子吸附在 Ni 位点,分子发生弯曲使氧原子成为亲核位点与质子结合形成 ${}^*COOH$,随后加氢脱去 OH 生成 CO。Y. Hori[8]受此启发,指出 CO_2 还原产物为 CO 或 $HCOO^-$ 的主要区别在于,吸附的 CO_2 分子中的亲核位点是氧原子还是碳原子。若 ${}^*CO_2$ 分子中的氧原子为亲核位点,则最终生成 CO;若碳原子为亲核位点,则最终生成甲酸。同时在研究中,甲酸的产生普遍需要比 CO 更低的电势(约 200 mV),反映出产甲酸的金属需要更多的能量活化 CO_2 分子,材料与 $CO_2^{\cdot -}$ 的本征吸附能力较弱。后续研究者经理论计算模拟发现,Sn、In 等主族金属表面对 O 具有更强的亲和性[9],CO_2 分子倾向于通过 O 端吸附在活性位点上,容易形成 ${}^*OCHO$ 中间体。而在过渡金属表面,CO_2 分子更倾向于以 C 端吸附,形成 ${}^*COOH$ 中间体。除了金属 Ag 和 Pd 之外,其他金属催化剂的催化选择性理论预测与实验结果基本相符。根据结合能计算,Ag 更容易产 HCOOH,Pd 更易产 CO,实际实验中 Ag 的主要产物是 CO,而 Pd 在低超电势下的主要产物为 HCOOH,在高超电势下可以产生 CO 产物,但容易因 CO 中毒造成催化剂失活,这反映了实际反应路径还受到动力学因素的影响[10]。

T. Taguchi 等[11]研究了 Pt 单晶电极的 CO_2 还原特性,虽然 Pt 被认为没有催化活性,但研究发现在施加一段时间还原电势后立即对电极进行电势正向扫描,出现了 CO 脱附峰,表明在 Pt 金属表面存在强吸附的 CO。后续研究也证明了 CO 在 Pt 金属表面极短时间内吸附饱和,但无 CO 产物产生,说明 Pt 对 CO 过强的吸附能力导致反应产生的 *CO 难以脱附,催化剂被 *CO 毒化最终导致 HER 反应占主导地位。利用光谱技术也陆续证明了在 CO_2 还原过程中,Ni、Pt 和 Fe 等金属表面有很高的 *CO 覆盖率,这些被认为是 CO_2 催化惰性金属表面 CO_2 活化速率很快,但过强的 *CO 吸附能是致使其表面催化活性低的主要原因[12]。

1989 年,Y. Hori 等开展了 Cu 电极在不同 CO_2 饱和盐溶液中电催化还原 CO_2 的研究[13],在低施加电势下,CO_2 还原的主要产物为 CO 和 $HCOO^-$,当施加电势高于 $-1.1\ V(vs. SHE)$ 时产生了甲烷、乙烯等碳氢化合物,并在全电势窗口内都存在 H_2 副产物。对于以上结果研究者认为:①CO 在电极表面的吸附可以抑制析氢反应(CO_2/CO 在电极表面的吸附将影响 *H 的结合能);②在高超电势下 CO 可以被进一步还原为醇类产物,CO 可能是 CO_2 深度还原的中间产物;③CO_2 还原为 HCOOH 产物后不会进一步反应;④CO_2 还原产物受电解液的影响,在 KCl、K_2SO_4、$KClO_4$ 和低浓度 HCO_3^- 中倾向于形成乙烯和醇类等多碳产物,在磷酸盐和高浓度 HCO_3^- 中倾向于形成甲烷。R. L. Cook 等以甲酸为反应物在 Cu 电极上进行电化学还原,未观测到 C_{2+} 产物,从而排除了甲酸是 CO_2 深度还原中间产物的可能[13]。Y. Hori 等也利用原位红外表征证实了 CO 是 Cu 表面吸附的关键中间体,经后续广泛的基于密度泛函理论与实验论证研究,对 CO_2 还原路径进行了比较完整的研究[14]。

(1)C_1 产物。

对于 CO 而言,经机理(2.1)或机理(2.2)产生的 *COOH 中的羧基与质子反应形成 H_2O 和 *CO,*CO 在表面脱附产生 CO 分子。其中,由 *COOH 形成 *CO 的步骤只需要很低的超电势,整个反应的限速过程主要是 CO_2 分子活化形成 *COOH 的过程(图 2.1)。

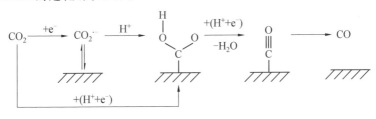

图 2.1　CO_2 还原为 CO 可能涉及的反应路径[15]

对于 HCOOH 产物,除了机理(2.1)或机理(2.2)产生了 *OCHO 中间体,随后 *OCHO 加氢产生 HCOOH 外,还存在通过向 CO_2 插入 H 键形成 HCOOH 的路径(图 2.2),即机理(2.4)。其中,CO_2 与 *H⁻ 的结合是该过程的决速步骤,此类反应过程主要发生在 Pd 金属或分子催化剂表面。

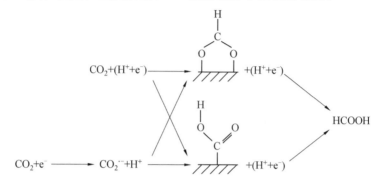

图 2.2　CO_2 还原为 HCOOH 可能涉及的反应路径[15]

当前的研究认为,HCOOH 形成之后无法继续被还原为其他物质,该反应路径与其他产物的产生路径不同,而 *CO 是 CO_2 深度还原为甲烷、乙烯和乙醇等产物的重要中间体,碳氢化合物产生的初始步骤与 CO 产物相似,不同之处在于表面吸附的 *CO 不会立即从电极表面脱附产生 CO 分子,而是会进一步接受电子与质子。对于 CO 深度还原产物(如 CH_4 和 C_{2+} 产物等),由于涉及的中间产物较多,反应路径更加复杂。而且不同的反应路径相互交叉,特定产物的形成过程往往伴随着副产物。图 2.3 所示为 Cu 基催化剂表面 CO_2 深度还原为 C_1 或 C_2 产物可能的反应路径。

J. K. Nørskov 团队认为,吸附态的 *CO 结合质子与电子形成 *CHO 中间体是 CH_4 形成过程的决速步骤,之后 *CHO 中间体将通过加氢分别产生 *CH_2O 和 *OCH_3,其中 *OCH_3 通过氧端与催化剂表面键合[16]。通常来说,O—C 键的解离能力低于 M—O 相互作用,因此受质子攻击时其更容易断裂形成 CH_4 产物;当适当调节活性位点结构以削弱 Cu—O 键强度时,断裂的位置可能会转变为 Cu—O,使 *OCH_3 与表面吸附 *H 结合形成 CH_3OH[17]。但除了热力学分析外,还要考虑动力学因素,部分研究者[18]提出了 *CH_2 中间体机制:*CO 初步加氢产生 *COH,并进一步被还原为 *C,经过连续加氢作用经 *CH → *CH_2 → *CH_3 最终产生 CH_4,此外,*CH_2 聚合还被认为是 C_2H_4 产物的反应路径之一[18-19]。

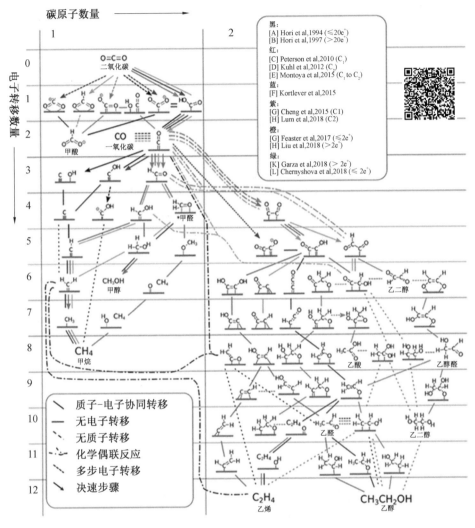

图 2.3　Cu 基催化剂表面 CO₂ 深度还原为 C₁ 或 C₂ 产物可能的反应路径[20]

（2）C₂₊ 产物。

C₂₊ 产物的形成涉及 C—C 偶联的过程，除了前文提到的 *CH₂ 聚合机理外[18]，更受认可的 C—C 偶联反应主要有两条反应途径[21]：①在低超电势下 *CO 发生二聚反应形成 *OCCO 中间体；②在高超电势下 *CO 先经历加氢形成 *CHO，随后进一步与 *CO 偶联形成二聚体 *OCCOH。K. M. T. Koper 与 E. H. Sargent 等团队认为，步骤①主要是电极表面相邻位点上的 *CO 发生偶联,反应过程中不涉及电子或质子转移,属于物理过程而非化学过程[22-23]。偶联产物 * OCCO 进一步加氢脱氧可以形成乙烯,但 C—C 偶联与加氢脱氧过程涉及复杂的反应路径,可能存在多路径交叉偶联的情况。A. T. Bell 和 M. Head—Gordon 等经过 DFT 计算认为,在较高的超电势下, * CO 与 * CHO 偶联的能垒更低,是 C—C 偶联更倾向的反应路径[24-25]。乙烯与乙醇的选择性差异同样在于对二聚化中间产物的不对称加氢过程,但受限于检测手段,难以检测到导致乙烯与乙醇发生路径歧化的具体中间产物。研究者认为乙烯、乙醇与乙烷步骤的 C—C 偶联过程可能相似,随后加氢的程度决定了最终产物。其中, * CH$_2$COH 是决定乙醇与乙烯路径的步骤,当在碳端加氢将形成 * CH$_2$CHOH 中间体,随后将转化为乙醇,而乙烯路径则发生碳端的脱氧形成 * CCH 中间体[26-28]。由于乙烯产生的能垒低于乙醇,因此 C$_2$H$_4$ 通常为 C$_{2+}$ 的主要产物,C$_2$H$_5$OH 的形成过程中往往产生 C$_2$H$_4$。一般认为乙烷与乙酸具有相同的中间体 * CH$_2$, * CO 插入 * CH$_2$ 中将产生 CH$_3$COO$^-$ 产物,因此通常电催化还原 CO 更容易产生乙酸产物;而 * CH$_2$ 加氢产生的 * CH$_3$ 中间体二聚化将产生 C$_2$H$_6$。而乔世璋团队利用原位拉曼光谱检测到 * OCH$_2$CH$_3$ 中间产物,并认为其可能决定后续反应为乙醇还是乙烷的关键中间体[29]。正丙醇产物涉及 C$_1$—C$_1$ 偶联和 C$_1$—C$_2$ 中间产物的偶联两个过程,部分研究认为,表面吸附的 * CO 与 * CH$_3$CHO 中间体的偶联作用是 n—C$_3$H$_7$OH 的关键步骤。除了上述提到的 C$_{2+}$ 产物外,Cu 基催化剂还存在部分 C$_2$ 或 C$_3$ 含氧物质,但由于电子转移数量过多,反应机理并不明确,关于反应路径的推断多基于理论计算或原位光谱表征,直接实验证据较为薄弱。为了对反应路径与催化剂改性机制有更深入的认识,还须依赖于电化学原位谱学与机理实验技术的进一步发展。

2.2　电催化剂的主要类型

1870 年,M. E. Royer 首次发现 CO$_2$ 在汞电极表面可以转化为甲酸[30],但受限于表征技术的相对不足,早期的大多研究工作仅仅局限于电极表面伏安行为分析上,研究方法不够系统或不严谨,多数研究不具备参考价值,研究者们对电催化还原 CO$_2$ 反应的认识停留在初始阶段。20 世纪 80 年代,日本千叶大学 H. Yoshio 等系统地开展了金属电极表面的电催化还原 CO$_2$ 的研究[31](表 2.1),对单质金属的 CO$_2$RR 特性有了比较成熟的理解,电催化还原 CO$_2$ 领域出现了有迹可循的脉络。尽管 CO$_2$ 还原的反应机制与产物种类复杂,决定其反应方向的根本原因在于催化剂与反应中间产物的相互作用强度,以此为依据可以将金属催化剂分为三类[8](图 2.4)。

表 2.1　不同金属电极表面电催化还原 CO_2 产物的选择性[8]

电极	施加电势 (vs. SHE)/V	电流密度/ (mA·cm^{-2})	法拉第效率/%					
			CH_4	C_2H_4	CO	HCOO$^-$	H_2	合计
Pb	−1.63	5.0	0.0	0.0	0.0	97.4	5.0	102.4
Hg	−1.51	0.5	0.0	0.0	0.0	99.5	0.0	99.5
Tl	−1.60	5.0	0.0	0.0	0.0	95.1	6.2	101.3
In	−1.55	5.0	0.0	0.0	2.1	94.9	3.3	100.3
Sn	−1.48	5.0	0.0	0.0	7.1	88.4	4.6	100.1
Cd	−1.63	5.0	1.3	0.0	13.9	78.4	9.4	103.0
Au	−1.14	5.0	0.0	0.0	87.1	0.7	10.2	98.0
Ag	−1.37	5.0	0.0	0.0	81.5	0.8	12.4	94.7
Zn	−1.54	5.0	0.0	0.0	79.4	6.1	9.9	95.4
Pd	−1.20	5.0	2.9	0.0	28.3	2.8	26.2	60.2
Ga	−1.24	5.0	0.0	0.0	23.2	79.0	0.0	102.0
Cu	−1.44	5.0	33.3	25.5	1.3	9.4	20.5	90.0
Ni	−1.48	5.0	1.8	0.1	0.0	1.4	88.9	92.2
Fe	−0.91	5.0	0.0	0.0	0.0	0.0	94.8	94.8
Pt	−1.07	5.0	0.0	0.0	0.0	0.0	95.7	95.8
Ti	−1.60	5.0	0.0	0.0	痕量	0.0	99.7	99.7

注:电解液为 0.1 mol/L 的 $KHCO_3$;温度为(18.5 ± 0.5)℃。

第一类催化剂与 $^*CO_2^-$ 中间体的结合强度较弱,$^*CO_2^-$ 中间体容易与电子和质子结合转化为甲酸盐,主要产物为甲酸或羟基类产物,主要代表元素有 Sn、Bi、In、Pb 和 Hg 等。第二类催化剂对于 $^*CO_2^-$ 中间体和 $^*COOH$ 有较强的结合能,促进了 $^*CO$ 的形成,且其对 $^*CO$ 的吸附强度相对较弱,$^*CO$ 易于脱附产生 CO 产物,主要代表元素有 Au、Ag 和 Zn 等。第三类催化剂对于 $^*CO$ 有着恰当的吸附强度,使得 $^*CO$ 可以进一步加氢被还原为甲烷,或发生偶联产生乙烯、乙醇等多碳产物,第三类元素只有 Cu 金属一种,也是唯一可以将 CO_2 深度还原生成复杂产物的元素,当前研究表面 Cu 基催化剂还原 CO_2 可检测出多达 16 种产物[32]。此外,Ni、Co、Fe 和 Pt 等金属与 $^*CO$ 的吸附强度过强,虽然可以

加速 CO_2 在电极表面活化的初始步骤,但产生的 $^*CO$ 不易脱附,而是附着在材料表面造成催化剂中毒失活,主要产生析氢反应[12]。近年来,研究者发现 Fe、Co、Ni 金属被原子级分散在载体上时表现出较高的 CO_2 还原活性,呈现出与块体金属完全相反的催化性能,但产物多局限于 CO。

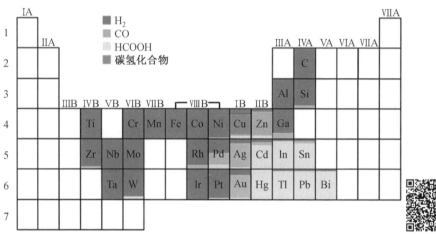

图 2.4 金属和碳电极在 CO_2 饱和水相电解质中还原产物的元素周期表[33]

第一类金属元素主要为主族金属,金属最外层为 p 电子,由于 $^*CO_2^{\cdot-}$ 中间体的结合能力弱,与 CO_2 的吸附作用主要发生在氧原子端,后续的质子化反应更容易发生在碳原子端,形成 $^*OCHO$ 中间体并被进一步还原为 $HCOO^-$ 产物。Hg 是最早被发现具有将 CO_2 转化为甲酸能力的金属催化剂,但由于其对生态环境危害较大,难以推广使用。

Sn 是研究最广泛的 CO_2 电催化剂之一,可以追溯到 1976 年 K. Ito 等[34]的工作。Y. Hori 等[35]报道了块体 Sn 催化剂可以将 CO_2 还原为甲酸盐,但纯 Sn 催化剂的反应活性较低。以 $^*OCHO$ 中间体结合能为描述符,各金属对甲酸的反应活性呈火山形趋势(图 2.5),其中 Sn 金属处于火山形曲线顶部位置,具有近乎最佳的 $^*OCHO$ 结合能以转化 CO_2 为 $HCOO^-$ 产物[36]。

由于 Sn 金属暴露在空气中时极易被氧化,表面通常有氧化层覆盖。虽然根据标准氧化还原电位表,在施加较高的还原电势下表面氧化物应被还原为金属单质[37],但最近的研究表明,即使在较负的阴极电势下,部分氧化物仍然存在于金属表层或亚表层,并参与 CO_2 还原反应。M. W. Kanan 等研究了改变预还原处理条件对表面氧化的 Sn 箔 CO_2RR 性能的影响,表面有 SnO_x 层的催化剂总电流密度较低,但甲酸选择性较高[38]。作者认为残存在表面的氧化物促进了

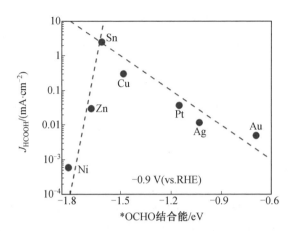

图 2.5 −0.9 V(vs. RHE)下以 * OCHO 结合能为 HCOOH 反应活性描述符的火山图[36]

CO_2 活化为 * CO_2^- 的决速步骤。因此,目前部分研究均以 SnO_2 为前驱体材料,经退火或电化学还原等方法制备 Sn 催化剂用于 CO_2 还原研究,不仅可以借助前驱体纳米结构调节 Sn 催化剂的微观形貌与组成,氧化还原过程也将增加金属表面粗糙度,以增大电化学活性表面积,形成欠配位点,提高催化剂的活性。中国科学技术大学谢毅院士团队对水热法合成的表面覆盖碳层 SnO_2 纳米片做退火处理制备了石墨烯包裹的 Sn 量子片,实现了 89% 的甲酸选择性[39]。此外,SnS_x 也可作为 Sn 基金属催化剂的前驱体材料。E. H. Sargent 团队通过原子层沉积将 SnS_x 沉积在 Au 纳米针表面,经还原处理得到表面残余硫原子的 Sn(S) 催化剂[40]。S 原子的引入导致了表面晶格畸变,增加了欠配位活性位点,在 55 mA/cm² 电流密度下甲酸盐的法拉第效率达到 93%,并呈现良好的稳定性。此外,P. Broekmann 团队通过对 SnO_2 在 CO_2RR 过程中金属氧化态变化的研究,表明 SnO_x 也可以作为高效的催化剂,在还原过程中依旧能保持氧化态[39]。南洋理工大学楼雄文教授团队利用水热法开发了 SnO_2 量子线,直径约为 1.7 nm,可以视为由 SnO_2 量子点连接而成,因此表面存在大量的晶界,实现了 87.3% 的甲酸选择性[41]。

1995 年,S. Komatsu 等首次将 Bi 金属用于离子液体中的 CO_2RR,但早期对于 Bi 基催化剂的研究集中在离子液体或非质子性电解液中,还原产物以 CO 为主[42]。直到 2016 年后,Bi 基催化剂才逐渐展现出在水系电解液中用 CO_2 高选择性生产甲酸盐的潜力,并凭借其低廉的价格成为 CO_2RR 合成甲酸催化剂领域研究最广泛的材料之一。金属 Bi 具有类似于黑磷的层状结构[43],根据理论预测,单层 Bi 纳米片可以稳定存在,这种二维结构可以增大电化学比表面积以提供更多的活性位点。目前已有研究通过电沉积、液相剥离等方式制备 Bi 纳米片状结构。南京大学金钟团队利用液相剥离（LPE）的方法和超声产生的作用力克服层间范德瓦耳斯力，制备了厚度仅为 3～4 个原子层的 Bi 纳米片，表现出比块体 Bi 金属更优异的催化性能，甲酸法拉第效率达到 86%[44]。J. L. Lee 团队利用脉冲电沉积技术在 Cu 基底上直接沉积 Bi 纳米片，具有丰富的边缘或拐角活性位点，实现了约 100% 的甲酸盐法拉第效率，即使将设计的片状结构的前驱体还原也可以得到具有纳米结构的 Bi 催化剂[45]。E. H. Sargent 团队以 BiOBr 纳米片为前驱体，通过原位电还原获得 Bi 纳米片，在工业级电流密度（200 mA/cm²）下甲酸选择性超过 90%[46]。苏州大学李彦光团队通过原位拓扑的方法将 BiOI 纳米片原位转化得到的超薄 Bi 纳米片保留了 BiOI 的形貌与单晶结构，在较大的电势窗口下甲酸盐选择性保持在 90% 以上[47]。除了二维（2D）片状结构外，其他特殊纳米结构设计也被用于 Bi 基催化剂的研究。由于导体表面为等势体，催化剂表面曲率会影响局部电子密度，通常认为，电子的尖端聚集效应可以加速电子转移。武汉大学余家国团队通过理论计算得出，Bi 基催化剂将 CO_2 转化为 HCOOH 的反应能垒随着材料曲率的上升而下降，副反应产物 H_2 与 CO 的反应能则随曲率上升而上升[48]。李彦光团队设计了外表面破裂的双管壁 Bi_2O_3 纳米管，经电化学还原制备了具有丰富缺陷结构的 Bi 纳米管，结构缺陷的存在稳定了 *OCHO 中间体，在 −0.7～−1.05 V（vs. RHE）的电势区间内保持高于 93% 的法拉第效率[49]。

　　In 与 Sn、Bi 类似，具有低毒性和环境良性。Y. Hori 教授研究发现块体 In 金属可以将 CO_2 还原为甲酸盐，在 0.1 mol/L $KHCO_3$ 溶液中，金属 In 在 −1.55 V（vs. SHE）的电位下甲酸盐法拉第效率为 95%，相同电流密度下反应超电势低于金属 Sn，其甲酸盐选择性则明显高于金属 Sn[49]。但是，金属 In 的价格远高于 Sn 和 Bi，成本因素可能是限制 In 基催化剂工业应用的瓶颈。为了降低使用成本，提高催化剂活性，减少金属负载量是 In 基催化剂的改进方向。In 暴露在空气中时表面也会覆盖氧化层，在还原反应过程中，表面氧化层同样可能会部分残留，并通过增强 CO_2 和反应中间体的吸附促进反应进行。A. Bocarsly 团队探究了阳极氧化 In 电极、存在天然氧化层的 In 电极和蚀刻去除氧化层的 In 电极的催化活性，经阳极氧化的 In 基催化剂在宽电势窗口（−1.37～−1.70 V（vs. SCE））内维持了较高的甲酸盐选择性（>80%）[50]。借助原位全反射红外光谱（ATR−IR）表征分析，In 对 CO_2 有效还原主要基于表面 In_2O_3 的存在，天然或阳极氧化形成的表面氧化层是稳定 CO_2 分子并提高反应活性的关键。华中科技大学夏宝玉团队提出了碳层包覆 In_2O_3 的策略，在碳层的保护下有效防止了

In_2O_3 在电解过程中被还原为金属态,在实现高甲酸盐选择性($>90\%$)的同时提高了催化剂稳定性[51]。北京理工大学张加涛团队设计了氮掺杂碳材料负载的 In 单原子催化剂,在降低金属负载量的同时原子利用率几乎为 100%,催化活性显著提高[52]。

Pb、Sb、Hg、Cd、Tl 等金属尽管具有较高的将 CO_2 转化为甲酸的催化活性,但由于其具有毒性与环境不友好性,研究相对较少。夏川和曾杰教授合作设计了 Pb_1Cu 单原子合金,Pb 单原子位点的引入促进了 $^*CO_2^-$ 的质子化过程,并抑制了 HER 反应能垒,使甲酸合成效率超过 $1\ A/cm^2$,法拉第效率保持在 90% 以上[53]。

除主族金属外,M. W. Kanan 团队研究发现,贵金属 Pd 在低超电势下对甲酸具有高选择性,起始电位接近理论平衡电势[54]。但是,在较高超电势下,Pd 电极主要催化产物为 CO,且由于过强的 $^*CO$ 吸附能力,容易出现 CO 中毒现象。根据 J. K. Nørskov 等的理论计算预测,Pd 催化剂对甲酸路径的反应活性很低,主要催化产物应为 CO[10]。由此 M. W. Kanan 团队根据动力学计算提出了 Pd 催化剂将 CO_2 还原为甲酸盐的机理:在低超电势下 Pd 表面形成富含 $^*H$ 的氢化钯(PdH_x),有利于 CO_2 加氢产生 $HCOO^-$[55]。李彦光团队在 Pd 催化剂中引入 Ag 形成 PdAg 合金,降低了 Pd 的 d 带中心以削弱 $^*CO$ 与 Pd 位点的结合强度,实现了接近 100% 的甲酸选择性[56]。E. H. Sargent 团队则通过 Pd 不同晶面对 $^*OCHO$ 和 $^*COOH$ 中间体吸附能的理论计算研究,认为 Pd 的高指数晶面有利于甲酸合成,其合成的具有高指数晶面的 Pd 纳米粒子实现了 97% 的甲酸盐选择性,但目前高电流密度下 Pd 催化剂的稳定性仍然是难点之一[57]。

第二类以 CO 为主要产物的元素以贵金属 Au 和 Ag 为代表,金属 Zn、Pd 等也有一定的催化活性。此外,近年来由氮掺杂碳材料负载的 Fe、Co、Ni 等过渡金属单原子催化剂也展现出优异的 CO 选择性。

J. K. Nørskov 团队通过理论计算研究了过渡金属还原 CO_2 为 CO 的活性火山图(图 2.6),当以 $^*CO$ 和 $^*COOH$ 中间体的吸附能为描述符时,Au 元素是距离火山口最近的元素,说明 Au 是对于 CO 产物理论活性最高的金属催化剂,接近于具有极高活性的一氧化碳脱氢酶(CODH)[58]。尽管 Au 的高成本和稀有性阻碍了其实际应用,但其凭借较高的活性仍受到广泛研究。通过活性位点设计,进一步提高 Au 基催化剂的反应活性的同时减少了 Au 元素的负载量,是当前研究者努力的方向。催化剂的纳米化可以有效提高原子利用率,并暴露出边缘、拐角、台阶等欠配位活性位点,大幅影响催化性能。P. Strasser 和 B. R. Cuenya 团队探究了小尺寸 Au 纳米粒子/团簇(1.1～7.7 nm)的 CO_2 还原性能,研究表明

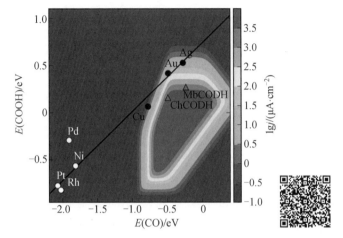

图 2.6　过渡金属以 *CO 和 *COOH 结合能为描述符的 CO 反应活性火山图[58]

随着 Au 纳米粒子尺寸减小,催化剂的整体电流密度急剧增加,但相比之下 HER 反应更为剧烈[59]。尤其是当粒径缩小至 2 nm 以下,相较于 CO_2RR,表面存在的大量低配位活性位点更有利于 HER 活性的提高,从而调节还原产物中 CO 与 H_2 的比例。布朗大学孙守恒团队合成了粒径为 4~10 nm 的单分散 Au 纳米粒子,其中 8 nm Au 纳米粒子表现出最高的 CO 选择性(90%)[60]。通过密度泛函理论(DFT)计算,研究者指出,Au 催化剂的边缘活性位点更有利于 CO 的脱附,而拐角活性位点则更有利于 HER 反应。8 nm 的 Au 粒子可以维持较高比例的边结构位点,从而具有高催化活性。与纳米粒子相比,一维纳米线含有更多的边缘活性位点,而拐角位点相对较少。孙守恒团队进一步利用种子生长法合成了宽 2 nm、长 500 nm 的超细 Au 纳米线,使边缘位点的比例达到 16%,在低超电势下(−0.35 V(vs. RHE))实现了 1.84 A/g 的高质量活性,CO 法拉第效率达到 94%[61]。

　　相对 Au 元素,Ag 的价格较低,且同样接近活性火山图的顶部,CO 的催化选择性与 Au 相近,是理想的 CO_2RR 电催化剂之一。R. Masel 团队研究了粒径尺寸对 Ag 催化剂反应活性的影响,当粒径从 200 nm 减小到 5 nm 时,Ag 的催化活性相比于块体 Ag 提高了近 10 倍,但继续减小粒径至 1 nm 时催化性能急剧降低[62]。研究表明,随着粒径减小,表面低配位位点增加,可以稳定 *COOH,提高反应活性。但粒径小于 5 nm 时 *CO 与 Ag 结合强度过高,导致难以从表面脱附和反应速率下降。Y. J. Hwang 团队针对催化剂构效关系的研究表明,在表面锚定剂加入的情况下,粒径为 5 nm 的 Ag/C 具有最高的 CO_2RR 活性,CO 选择性(79.2%)为块体 Ag 的 4 倍[63]。纳米结构调控也将影响 Ag 纳米粒子的表面位点平均配位度。哈尔滨工业大学王志江团队通过阳极氧化法将 Ag 表面粗糙化,有效促进了 CO 的产生,并将其归因于所形成纳米多孔结构,增加了催化剂未占据轨道的轨道电子态密度。焦锋教授设计的纳米多孔 Ag 催化剂(np−Ag)活性是多晶 Ag 的 20 倍,并认为其多孔结构中高度弯曲的内表面可以稳定 $^*CO_2^-$ 中间体,加速了 CO$_2$ 活化的决速步骤[65],并在之后与 W. Smith 团队的研究中均证明了纳米结构中低配位表面位点形成 $^*COOH$ 的能垒更低,增强了 CO$_2$ 的还原活性[66-67]。

Zn 成本低廉且储量丰富,但作为 CO$_2$RR 电催化剂,CO 的法拉第效率相对较低,并在电解过程中会被氧化并伴有溶解现象发生。在早期研究中,S. Ikeda 等利用块体 Zn 电极可以将 CO$_2$ 转化为 CO,但由于表面快速氧化,催化性能难以进一步提高[68-69]。焦锋团队利用电沉积方法制备了树枝状 Zn 催化剂,在 −0.7 V(vs. RHE)的电势下可以保持金属态,实现了 79% 的 CO 选择性[70]。除了金属 Zn 催化剂,ZnO 作为催化材料也被部分学者研究。曾杰团队研究了氧空位对 ZnO 纳米片催化性能的影响,氧空位缺陷的引入显著降低了反应能垒,富含氧空位的 ZnO 纳米片的 CO 法拉第效率达到 83%[71]。

如前文所提到的,在高超电势下 Pd 可以将 CO$_2$ 还原为 CO,理论研究认为,在较高的超电势下表面 $^*H$ 覆盖率降低,为 $^*COOH$ 和 $^*CO$ 提供了更多的活性位点。但受 $^*CO$ 中毒影响,反应选择性与稳定性远低于 Au 和 Ag。因此通过材料设计调节关键中间产物的结合能是提高 Pd 催化性能的研究方向。包信和团队研究了粒径(2.4~10.3 nm)对 Pd 催化性能的影响,发现 3.7 nm 的 Pd 粒子的 CO 分电流密度比 10.3 nm 的 Pd 粒子的 CO 分电流密度增加了近 18.4 倍,法拉第效率也由 5.8% 增加到 91.2%[72]。研究者认为小粒径 Pd 粒子的边缘活性位点同样是增强 CO$_2$ 吸附加速 $^*COOH$ 中间体形成的关键。

除金属催化剂外,近年来由氮掺杂碳材料负载的金属单原子催化剂(金属−氮−碳,M−N−C)由于其极高的金属原子利用率和催化活性引起了研究者的关注。部分未表现出 CO$_2$ 反应活性的金属元素,如 Fe、Co、Ni、Cu 等以孤立原子位点与载体上氮原子发生配位时,表现出了惊人的 CO$_2$RR 性能[73-79]。2017 年 P. Strasser团队证明了 Fe−N−C、Mn−N−C 和 FeMn−N−C 具有 CO$_2$ 还原活性[80]。经过对比研究,通常 Fe−N−C 和 Co−N−C 的起始电势比 Ni−N−C 更小,但选择性相对较低,这主要由金属中心对 $^*COOH$ 和 $^*CO$ 结合能差异引起。通过调节金属中心与氮原子的配位数和配位结构,Ni−N−C 材料可以达到接近 100% 的 CO 选择性[81]。

第三类可以将 CO$_2$ 还原为碳氢产物的只有 Cu 金属,这主要得益于 Cu 元素

是唯一的对 * H 吸附能力弱而对 * CO 吸附能力适中的金属[82]（图 2.7），使得在 HER 反应不太强烈的同时，* CO 可以在 Cu 表面进一步被还原，但纯 Cu 金属催化剂可能的产物多达 16 种[32]，对单一产物的选择性较低，且反应复杂，机理与路径尚不明晰，针对特定碳氢产物的催化剂设计难度较大。

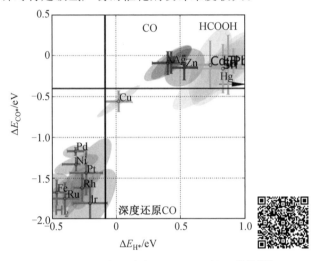

图 2.7 过渡金属对 * H 和 * CO 的吸附能[82]

目前改性的 Cu 基催化剂可以实现对 CO、甲烷、乙烯、乙醇和乙酸的高选择性，反应效率已达到或超过工业热催化水平。华东理工大学杨化桂团队设计了由疏水碳层包覆的铜核－壳催化剂，使 Cu 基催化剂对甲烷的选择性达到 81%，分电流密度超过 400 mA/cm²[83]。理论研究认为疏水结构可以降低表面的水覆盖率，促进 * CO 中间体的质子化并抑制其脱附，促进甲烷的产生。伊利诺伊大学香槟分校 A. Gewirth 团队利用共沉积制备了多胺修饰 Cu 基催化剂，配体分子氨基的甲基化程度显著影响了 Cu 电极表面的 pH，从而影响 C_2 产物的选择性，在高碱性电解液中 C_2H_4 选择性达到 87%[84]。天津大学张生团队设计了 Cu/Au 双金属电催化剂，Cu/Au 异质结有效稳定了中间体 * OCCOH，在大于 500 mA/cm² 的电流密度下乙醇选择性达到 60%[85]。相比于 CO_2 还原过程，直接将 CO 还原为乙酸往往有更高的选择性。复旦大学郑耿锋团队设计了 CuPd 有序合金以调节中间体乙烯酮（ * CH_2—C ═O）的结合能，使 CO 到乙酸盐的选择性达到 70%，分电流密度超过 425 mA/cm²[86]。而针对 Cu 基电催化剂生产乙烷、甲酸、甲醇、正丙醇等的研究报道相对较少。阿德莱德大学乔世璋团队报道了碘化铜衍生的 Cu(ID－Cu) 催化剂，在 CO_2RR 反应过程中在催化剂内部仍残存 1.4%（原子数分数）的碘物质，利用原位光谱和理论计算证明，Cu 晶格中残余的 I 物质增强了对乙氧基中间体（*OCH₂CH₃）的吸附，乙烷选择性为 5.2%[28]。曾杰团队通过引入 Pb、Bi 和 In 单原子位点调控 Cu 的性质，使 Cu 表面 CO_2 分子加氢的位置由氧端转变为碳端，使其选择性还原 CO_2 为 HCOOH，其中 Pb_1Cu 的甲酸法拉第效率在安培级电流密度下依然保持在 92%，而 Bi_1Cu 和 In_1Cu 对甲酸的反应活性与 Pb_1Cu 类似，但 In_1Cu 与甲酸反应时伴有少量 CO 产生。郑耿锋团队受硬—软酸碱理论的启发，设计并合成了 Cu_2NCN 晶体，调节 Cu 位点的电子离域状态，降低了表面 Cu—*O—CH₃ 中 Cu—O 键的强度，易于从 *OCH₃ 的氧端加氢形成甲醇，最终实现了 70% 的 CH_3OH 选择性[87]。相比之下，C_3 产物丙醇的反应路径更为复杂，涉及 C_1-C_1 偶联和 C_1-C_2 偶联，因此催化剂需要具有 *CO 与 C_2 中间体恰当的结合能力。Ed. Sargent 团队结合理论计算筛选出 Ag—Ru 共掺杂的 Cu 基催化剂（Ag—Ru—Cu），在大于 100 mA/cm² 电流密度下的丙醇选择性达到 36%，相比纯 Cu 基催化剂提高了 1.8 倍[88]。

除了 Cu 元素外，新加坡国立大学 Boon Siang Yeo 团队研究发现无机氧化镍（如磷酸镍）衍生 Ni 催化剂可以将 CO_2 还原为 C_{3+} 碳氢化合物，$C_3 - C_6$ 烃类产物的法拉第效率为 6.5%[89]。该团队的研究表明，调节 Ni 位点的极化（$Ni^{\delta+}$）是将 CO_2 还原为长链产物的关键，且反应路径与 Cu 基催化剂有明显差异。

2.3　催化剂主要改性方法

2.3.1　影响催化剂效率的因素

除了金属催化剂本征特性外，CO_2RR 的选择性和反应活性还受到反应温度、反应压力、电解质等因素的影响，合理的调节反应条件是改进催化剂性能的重要策略之一。由于电解质的选择与反应装置类型有关，将在第 6 章详细说明。

（1）反应温度。

反应温度是影响 CO_2 在电解液中溶解度的重要因素，温度越高，CO_2 在水系电解液中的溶液度越低（图 2.8）。测试表明，在 0.65 mol/L 的 $NaHCO_3$ 水溶液中，271 K、278 K 及 288 K 下 CO_2 的溶解度分别为 0.054 mol/L、0.038 mol/L 和 0.027 mol/L，温度升高 20 ℃，CO_2 溶解度几乎减少一半。在 H 型电解池中电解液的 CO_2 溶解度将影响向电极表面的传质效率，因此反应温度的变化对 CO_2 反应具有较大影响。单纯从电化学反应角度而言，温度升高可以加快反应动力学，将一部分 CO_2 转化所需的电能转变为热能，从而减轻电化学极化。Y. Hori

团队研究发现,温度升高不利于 Cu 电极表面 CH_4 的生成,而 H_2 和 C_2H_4 产物选择性则随升温而提高[90]。G. T. R. Palmore 团队同样研究了 $2\sim42$ ℃ 温度区间内多晶 Cu 片在 0.1 mol/L $KHCO_3$ 溶液中的催化性能[91]。研究发现由于反应温度升高,CO_2 溶解度减小,电解液 pH 略上升,同时温度对反应速率的影响显著,电流密度从 2 ℃ 时的 2.9 mA/cm^2 增加到 42 ℃ 时的 16.6 mA/cm^2。此外,不同还原产物对温度的响应不同,随温度上升,CH_4 的法拉第效率由 50% 减小到 10%,而 CO、HCOOH 和 C_2H_4 的法拉第效率变化较小,H_2 选择性由 13% 上升到 55%。此外,不同金属电极催化性能对温度的响应也有所差异。A. Kawabe 团队研究了高压下 In、Sn 和 Pb 电极上不同温度对甲酸选择性的影响,研究发现,In 电极在 $20\sim60$ ℃ 均保持约 100% 的甲酸选择性;Sn 电极的甲酸选择性随温度升高而降低;与之相反,Pb 电极的甲酸选择性随温度升高而升高[92]。

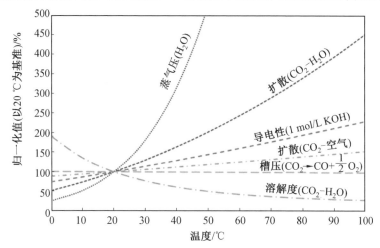

图 2.8　以 20 ℃ 为基准不同参数随温度的变化[93]

(2)反应压力。

除了温度因素外,压力也可以显著改变 CO_2 的溶解度,由于 CO_2 在电解质中的溶解度随压力升高而增大,进而影响还原产物分布。G. Mul 团队研究了不同压力下 Cu_2O 电极在 -1.8 V(vs. Ag/AgCl)施加电势下的 CO_2 还原产物分布[94]。随着压力的升高,HER 反应相对受到抑制,在较低压力下,主要产物为 CH_4、C_2H_4 和少量的 CO;当压力增至 4 atm(1 atm=101.325 kPa)时。C_2H_4 的选择性大幅增加,而 CH_4 选择性显著降低至 3% 左右,与 CO 产物相当。T. Sakata 团队报道了压力对铜丝电极产物选择性的影响,当压力从 1 atm 升高到 30 atm 时,主要产物由 H_2 转变为 CH_4、C_2H_4 等碳氢化合物,并在高压下最终变成 CO 与 HCOOH[95]。该团队还研究了 Ni 催化剂产物选择性随压力的变化规律,在常压下几乎没有 CO$_2$ 还原产物,而在 60 atm 高压下,出现了 CO、HCOOH 和甲烷、乙烯等碳氢化合物[29]。高压的反应环境有利于 CO$_2$ 的还原,但条件较为苛刻,不利于实际操作,目前大部分研究都在常温、常压条件下进行。

2.3.2　催化剂改性策略

由 J. K. Nørskov 教授提出的 d 电子能带(d−band,简称 d 带)理论常被用于分析和预测过渡金属与反应中间体的吸附强度[96-97]。当吸附质与金属表面发生键合时,吸附质 p 轨道与金属 sp 能带形成的重整轨道将进一步与金属 d 带发生偶联,形成成键轨道与反键轨道。d−band 理论认为[98],对于过渡金属,2p 轨道与 sp 能带所形成的重整轨道能量范围和形状相似,而重整轨道与 d 带的偶联决定了成键轨道与反键轨道的能量范围。d 带的高度是评估吸附质在金属表面结合能的关键参数,通常以 d 带的平均能量(d−band center,d 带中心)描述 d 带的能级高度。一般来说,相对于费米能级,d 带能级越高,反键轨道的能级也越高,吸附质与金属表面的成键越强。因此,d 带中心的能级高低决定了反键轨道被电子填充的程度,从而影响吸附成键的强度与稳定性,并由此影响电催化反应的动力学。

对于 CO$_2$ 还原反应来说,调控催化剂选择性的一个难点在于反应过程中的不同中间产物与金属表面的吸附键相似(如 *COOH、*CO 和 *CHO 均涉及碳原子端在金属表面成键),导致不同中间产物与金属的结合能相互关联,一般称为标度关系(scaling relationship)[99](图 2.9、图 2.10)。当调节金属表面 d 带高度以优化某一中间产物的吸附能时,也必定会影响其他中间产物的吸附强度,这也是 CO$_2$RR 催化剂改性的难点。

如对于简单的两电子转移产生 CO 的过程,通常涉及 *COOH 和 *CO 两种中间产物,反应路径为

$$CO_2(g) + * + H^+(aq) + e^- \longrightarrow COOH^* \tag{2.5}$$

$$COOH^* + H^+(aq) + e^- \longrightarrow CO^* + H_2O(l) \tag{2.6}$$

$$CO^* \longrightarrow CO(g) + * \tag{2.7}$$

由于每个反应步骤的能垒与反应中间体的吸附能有关,因此 *COOH 与电极表面结合能应尽量大,以利于 CO$_2$ 分子活化为 *COOH,*CO 与电极的结合能应尽量小,从而易于从表面脱附。实际上对于 Au、Ag 而言,较低的 *CO 吸附能保证了其具有较高的 CO 选择性,但受到标度关系的影响,*COOH 的结合能较 *CO 更弱,根据 BEP(Bronsted−Evans−Polanyi)关系,CO$_2$ 活化的反应能其

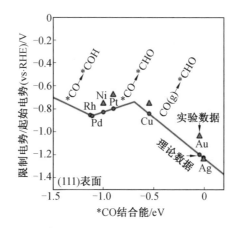

图 2.9　过渡金属表面 CO_2RR 的火山曲线图[100]

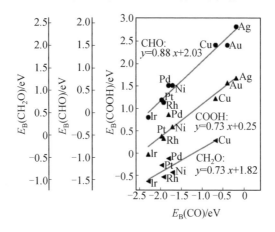

图 2.10　不同金属电极上 $^*CHO$、$^*COOH$ 和 $^*CH_2O$ 中间体的
结合能与 $^*CO$ 结合能的标度关系[17]

实很高,限制了整体的反应速率。改进催化剂以适量增大 $^*COOH$ 与 $^*CO$ 的吸附能可以提高催化活性,但同时也将增大金属对 $^*H$ 的吸附能力,HER 副反应加剧。类似地,有研究表明 $^*CO$ 加氢形成 $^*CHO$ 是部分还原产物(如 CH_4)的决速步骤,其较高的能垒(0.74 eV)源于 $^*CO$ 比 $^*CHO$ 有更高的结合能。因此,研究金属对 $^*CO$ 中间体的吸附强弱可以预测实验过程中可能出现的产物[17]。而根据 Sabatier 原理,Cu 金属对 $^*CO$ 中间体的吸附能力最接近火山曲线的顶端,既不太强而导致催化剂中毒,也不至于太弱使 CO 从催化剂表面脱附,这也决定了 Cu 是唯一能够将 CO_2 深度还原的金属催化剂。

目前设计催化剂以打破标度关系的方法有很多,主要包括表面分子修饰、催化剂合金化、晶面或纳米结构调控及单原子催化等。选择合适的描述符(descriptors)可以预测相应反应中间体与催化剂的吸附能,同时根据 BEP 关系,将具体反应步骤的热力学与动力学参数相联系,以预测最优的反应路径。已有部分相关研究借此筛选、设计催化剂。通过理论与实验相结合,可促进更高效催化剂的开发。

(1)晶面效应。

金属表面原子的配位数差异会导致 d 带中心的移动。以面心立方结构(fcc)的金属(如 Pt、Pd、Au、Ag、Cu、Ni 等)为例(图 2.11),体相中原子的配位数为 12,由于表层原子没有外围原子的包围,表面原子的配位数将低于体相原子。面心立方结构基础晶面(100)、(110)和(111)上的原子配位数分别为 8、7 和 9。其中,(110)晶面配位数最低,表面原子排布最为疏松;而(111)晶面配位数最高,表面原子排布最为紧密。当原子排布紧密时,表面轨道波函数重叠更充分,能级分裂程度更强,导致能带更宽。因此从(111)晶面到(110)晶面,能带将逐渐变窄。能带的宽度不会影响总能级数,较宽的能带形状将更加扁平,但由于金属中填充的原子数是确定的(即费米能级以下部分面积一定),当能带变窄时,整个能带将上移以保持相同的填充电子数,能带的逐渐上移将导致 d 带中心随之上移。因此,表面原子排布越疏松,d 带中心越高,吸附能越强。对 Cu 的晶面而言,按吸附能大小排序为(110)>(100)>(111)。

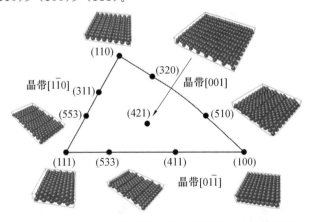

图 2.11　面心立方金属单晶面的赤平投影立体三角形[101]

E. H. Sargent 团队通过 DFT 计算认为,Cu(100)晶面上 *CO—CO 偶联的活化能低于 Cu(111)和 Cu(211)晶面,并在 CO₂ 还原条件下原位电沉积 Cu 基催化剂,使 CO₂ 还原的反应中间体(如 *CO)发挥类似于封端剂的效果,择优暴露

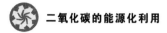

出 Cu(100)晶面,得到了 Cu(100)晶面比例高达 70％的高活性催化剂,显著促进了 C—C 偶联的效率,在大于 500 mA/cm² 的高电流密度下,C₂₊ 产物的法拉第效率达到 90％[102]。

(2)合金催化剂。

引入第二种元素形成合金是催化剂改性的常用手段(图 2.12)。CO₂ 还原电催化剂的表面组成与材料结构对催化活性有很大影响,即使选择引入相同的杂原子,由于合成方法、反应条件等因素存在差异,所获得的催化剂结构、表面组分与尺寸等不尽相同,催化性能也因此有所差异。为明确合金化对催化剂性能的影响,通常将其分为配体效应(ligand effect)、集团效应(ensemble effect)和几何效应(geometric effect)[103]展开研究。

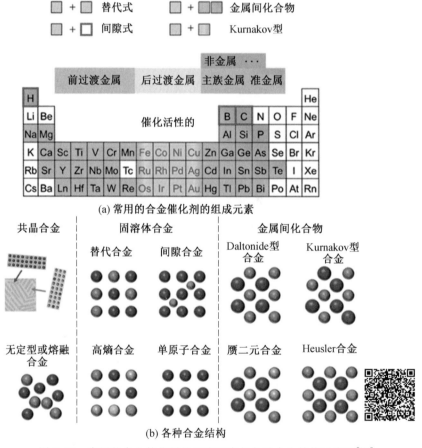

图 2.12　常用的合金催化剂的组成元素与各种合金结构示意图[104]

①配体效应。配体效应指不同表面原子电负性引起的电子或电荷转移导致催化剂电子结构发生改变。

加州大学伯克利分校杨培东团队研究了 Au—Cu 合金催化剂对电子结构的影响，Au—Cu 合金的价带谱图表明，随着合金中 Cu 含量的增加，d 带中心逐渐上移，使 *H 更紧密地结合在催化剂表面，$AuCu_3$ 催化剂的 H_2 选择性达到 55%，CH_4 和 C_2H_4 选择性则受到明显抑制（FE_{CH_4} 约为 4.5%，$FE_{C_2H_4}$ 约为 0.5%）；随着合金中 Au 含量的增加，d 带中心下移，对 *CO 和 *COOH 的吸附能降低，但仍高于纯 Au 电极对 *CO 和 *COOH 的吸附能，提高了对 CO 的选择性，在 -0.73 V（vs. RHE）下 FE_{CO} 约为 66%，与纯 Au 纳米粒子接近，但活性中心稳定 *COOH 中间体能力增强，显著提高了反应活性，反应电流密度超过 200 $A/g^{[105]}$。

②集团效应。集团效应是指不同种类表面原子单独存在或相互之间组合存在时，表现出对反应物分子不同的反应活性，例如原子对的存在对不同构型的反应物分子或中间产物分子具有有利或者有害的吸附作用。因此，可以利用集团效应改变中间产物的结合方式。Y. Hori 等研究结果显示，不同金属对 CO_2 及其中间产物具有不同的结合方式，如 Au、Ag 和 Zn 倾向于与 *CO 中间体的碳原子端结合，而 Ti、Sn 和 Pd 更易与氧原子端结合[8]。因此，通过形成的双金属体系调控催化剂表面与 CO_2 还原不同中间体的结合强度，可以使反应定向进行，增加产物选择性。如 CODH 在室温下可以以 95 s^{-1} 的周转频率（TOF）将 CO_2 还原为 CO，超电势仅为 0.15 V（vs. RHE）[106]。CODH 的催化活性中心为 Ni 和 Fe 位点，经表征发现在 CODH 表面 CO_2 分子的 C 端和 O 端分别与 Ni、Fe 位点结合，降低反应活化能以破坏 CO_2 分子中的 C≡O 键，可实现对 CO_2 的还原。但当纯 Ni 和纯 Fe 做催化剂时，它们均容易因与 CO 的结合能力过强而出现催化剂中毒现象。

③几何效应。几何效应又称为应变效应（strain effect），是指在其他原子的影响下，由于基底金属与引入金属晶格常数差异产生局部应力，改变界面原子排列的紧密度，从而影响原子间波函数的重叠与能带宽度，引起 d 带中心移动。此外，当半径较小的原子掺入基体金属中时，可能会占据基体金属晶格的空隙位置形成填隙型合金，使基体金属的晶格因此而变形，也将改变晶格常数并影响基体原子的配位数。通常将应变分为压缩应力和扩张应力。P. Strasser 和 T. M. Koper 研究了在 Pt 基底上负载不同厚度 Cu 层对产物选择性的影响[107]。由于纯 Cu（晶格参数 $a=3.93$ Å）与纯 Pt（晶格参数 $a=3.61$ Å）之间的晶格失配，表面 Cu 层原子间距加大，引起拉伸应变效应。当 Cu 层厚度至少达到 15 nm 时，

Cu/Pt 催化剂表现出类似于块体 Cu 的催化选择性。当降低 Cu 层厚度时,甲烷和乙烯选择性均急剧下降,但通过调节 Cu 层厚度可以改变甲烷与乙烯产物的比例,研究者将 Cu 层还原 CO_2 产物分布的变化归因于不同覆盖层厚度引起的拉伸应变程度差异。

(3)分子修饰。

自然界的光合作用主要依靠生物酶对 CO_2 的捕获和转化,其中催化反应发生在单个或多个金属位点组成的活性中心,周围的蛋白质等形成的配位环境与活性中心的相互作用是生物酶具有高反应活性的关键因素[103]。在非均相催化剂表面引入含特殊官能团的分子配体构建类似生物酶的仿生结构,可以调节界面局部反应微环境,将为金属基催化剂的改性引入新的自由度,从而打破标度关系以调节反应路径并提高催化剂活性。王志江课题组设计了含氨基、羧基与巯基的谷胱甘肽分析修饰的 Cu 基催化剂,材料表征表明谷胱甘肽分子中的巯基通过 Cu—S 键将分子固定在纳米离子表面,借助原位拉曼光谱实验证明了分子中的氨基调节了 *CO 的吸附结构,而羧基则起到局部缓冲作用,降低了界面的局部 pH,为 *CO 加氢提供了更多的质子,将 Cu 基催化剂的主要产物由 C_2H_4 变为 CH_4,CH_4 的法拉第效率达到 63%[108]。

(4)纳米结构调控。

对于纳米催化材料,粒径是重要的控制变量。粒径的变化将显著改变边缘位点比例和比表面积,其中边缘的欠配位活性位点的原子配位数和表面能有很大区别,足以显著影响催化性能。纳米结构调控在大幅提高活性表面积的同时,特殊的材料结构也将影响表面应力应变等性质,改善活性位点的电子结构与催化性能。曾杰教授构筑了八面体与二十面体的 Pd 纳米颗粒,使其具有不同的应力性质,测试结果表明具有更高表面应力的二十面体 Pd 纳米颗粒具有更高的 CO_2 还原活性与 CO 选择性,在 -0.8 V(vs. RHE)的电势下 CO 选择性达到 91.1%[109]。理论计算结果表明,表面应力使 Pd 纳米颗粒的 d 带中心升高,表面对 *COOH 的吸附能力增强。此外,如纳米花、纳米线、纳米针和纳米片等特殊结构的金属催化剂也被应用于 CO_2 还原研究。中国科学技术大学高敏锐团队设计了纳米树枝状的 Cu 基催化剂,增大了 Cu 表面的结构疏水性以产生气—液—固三相反应界面,有效防止了高反应电流密度下气体扩散电极的水淹现象,同时在催化剂尖端部位可以产生高电场区域,使 C_{2+} 产物的选择性超过 64%,并可以在高电流密度下持续反应超过 45 h[110]。

(5)其他改性方法。

除了以上提到的改性方法外,还有构筑单原子位点催化剂、金属有机框架

(MOF)分子催化剂、金属—载体相互作用和缺陷调控等多种提高催化剂性能的途径。自 2011 年张涛院士团队首次报道了单原子催化的概念以来,得益于其极高的原子利用率与反应活性,单原子催化极大地提高了贵金属催化剂的可用性。此外,由于单原子催化较低的配位数形成了特殊的电子结构,一些被认为没有 CO_2 还原活性的过渡金属被设计为孤立的原子位点时表现出极高的催化活性。与金属化合物载体相比,碳基载体材料(石墨烯、碳纳米管和有机框架衍生碳等)具有良好的化学稳定性和导电性,更适用于电化学反应。洛桑联邦理工学院胡喜乐教授和我国台湾大学陈浩铭教授报道了由氮—碳材料担载的铁单原子位点催化剂(Fe—N—C),Fe 原子与载体材料的吡咯氮原子配位,在反应过程中保持 Fe^{3+} 氧化态,加速了 CO_2 吸附并削弱了 $^*CO$ 的结合能,实现了超高的 CO_2 反应活性,反应起始超电势仅为 80 mV,超电势为 340 mV 时 CO 分电流密度达到了 94 mA/cm^2[76]。此外,Ni—N—C[74]、Co—N—C[75]和 Cu—N—C[79]等单原子催化剂都表现出良好的 CO_2 还原活性,但大多 M—N—C 材料的还原产物局限于 CO,且超电势高于 Au、Ag 基催化剂。金属有机配合物具有与单原子催化剂相似的结构,过渡金属中心(Fe、Co、Ni、Mn、Cu 等)与周围分子配体(卟啉、酞菁、聚吡啶等)结合的分子配体被应用于 CO_2RR 中[111]。耶鲁大学王海梁团队将钴酞菁(CoPc)分子均匀锚定在碳纳米管上,碳纳米管载体的引入改善了分子催化剂的导电性,提高了 CO_2 还原的电流密度与催化剂稳定性[112]。在分子水平上,该团队还在 CoPc 分子中引入了氰基(—CN),进一步增强分子催化剂的性能,CoPc—CN/CNT 在较大的电势窗口内对 CO 的选择性超过 95%。

纳米催化剂在实际应用中通常负载于载体上以提高其稳定性并控制其空间分布,暴露更大的活性表面积。对于负载型纳米金属催化剂,金属与活性载体材料的相互作用往往形成新的反应界面,对催化剂的性能产生深远影响。根据作用特点可以将金属与活性载体材料的相互作用分为电荷转移、界面位点、形貌调控、反应性金属—载体相互作用与强金属—载体相互作用等[113]。包信和院士团队将 Au 纳米粒子担载于 CeO_2 载体上,利用原位扫描隧道显微镜观测到 CO_2 分子在 Au 颗粒与 CeO_x 载体界面处活化[114]。借助 DFT 计算,Au 和 CeO_x 载体的协同作用增强了界面位点对 $^*COOH$ 的吸附,使 CO_2 还原为 CO 的几何电流密度相比于 Au/C 样品提高了 60%。

在金属氧化物或硫化物中引入空位缺陷,也是调节中间体吸附能和表面电子转移过程的有效策略之一。研究发现,即使极微量的表面缺陷也将显著影响催化剂的局域电子结构,并可以诱导生成催化活性中心,载体材料的缺陷还将与金属形成强金属—载体相互作用,进而影响催化剂的电化学性能。对于主要产

物为甲酸的 SnO_x、InO_x 等氧化物电催化剂,缺陷调控是提高其性能的常用手段。苏州大学黄小青教授报道了不同氧空位浓度对 InO_x 纳米带(InO_x NR)选择性的影响,其中较高浓度的氧空位可以优化 CO_2 的吸附与活化过程并促进电子转移,实现了 91.7% 的 HCOOH 选择性[67]。

对于不同过渡金属催化剂,由于催化反应路径、材料本征特性不同,改性的方法也不尽相同,将在 Ag、Au 和 Cu 金属基催化剂的讨论章节中详细说明。

2.4 本章小结

近十多年来,在电催化还原 CO_2 理论与电催化剂研究方面已经取得了很大成绩。借助原位光谱表征技术与理论计算,已基本明确了 CO_2 简单还原产物(HCOOH 和 CO)的反应机理,初步明确了深度还原产物(甲烷、乙烯、乙醇等)的反应路径,已经可以部分实现理论计算预测与实验验证相结合的催化剂筛选方式。在电催化剂研究方面,借助成熟的纳米粒子表面控制合成方法,通过筛选金属前驱体、采用合理的制备方法,可以实现包括形貌、晶面、组分等多维度的催化剂改性方法,为 CO_2 还原技术提供规模庞大的电催化剂"数据库",为 CO_2 还原的理论研究与催化剂设计原则的制定提供良好的基础。

从技术角度而言,目前还存在以下问题:①催化剂性能有待进一步提高。电催化还原 CO_2 的反应效率已接近或超过热催化 CO_2 转化技术的反应效率,但相对而言稳定性是制约 CO_2RR 的最大问题,绝大多数 CO_2 电催化剂的稳定性测试低于 100 h,这对于工业化应用而言是远远不够的。②合金纳米粒子表面结构的控制合成问题。当前已有许多合金纳米粒子作为 CO_2 还原催化剂的报道,但在相关研究中对于催化剂表面组分的表征比较模糊,对合金催化剂中表面原子排列方式(有序结构、无序结构或相分离等)的分析不够明晰,导致不同研究中相同组分的合金催化剂表现出很大差异,阻碍了对催化剂构效关系规律的研究。借助先进表征手段明确合金催化剂的结构,对于合金效应对催化性能的影响研究具有重要意义。③反应微环境对催化剂性能的影响尚不明晰。已有研究报道合成的纳米粒子表面的分子配体(如表面活性剂、封端剂等)会影响催化剂的选择性与活性,但多数研究聚焦于分子配体对纳米粒子形貌、中间体吸附能等方面,但对于反应微环境如界面亲疏水性、界面 pH、局部电场强度等的影响报道较少。

由于甲酸、乙酸等液相产物在中性或碱性电解质溶液中通常以阴离子形式存在,后续产物分离的难度很大。使用固态电解质的 MEA 反应器可以直接合成高浓度甲酸与乙酸溶液,关于液相产物相关催化剂研究进展将在第 6 章反应器设计中详细讨论。第 3~5 章将分别讨论 Ag、Au 和 Cu 金属基催化剂还原 CO_2 的研究进展。

本章参考文献

[1] International Renewable Energy Agency. Renewable power generation costs in 2022[R]. Abu Dhabi: IRENA, 2023.

[2] HAEGEL N M, MARGOLIS R, BUONASSISI T, et al. Terawatt-scale photovoltaics: trajectories and challenges[J]. Science, 2017, 356(6334): 141-143.

[3] SHIN H, HANSEN K U, JIAO F. Techno-economic assessment of low-temperature carbon dioxide electrolysis[J]. Nature Sustainability, 2021, 4(10): 911-919.

[4] BIRDJA Y Y, PÉREZ-GALLENT E, FIGUEIREDO M C, et al. Advances and challenges in understanding the electrocatalytic conversion of carbon dioxide to fuels[J]. Nature Energy, 2019, 4(9): 732-745.

[5] PACANSKY J, WAHLGREN U, BAGUS P S. SCF ab-initio ground state energy surfaces for CO_2 and $CO_2^{\cdot-}$[J]. The Journal of Chemical Physics, 2008, 62(7): 2740-2744.

[6] FIRET N J, SMITH W A. Probing the reaction mechanism of CO_2 electroreduction over Ag films via operando infrared spectroscopy[J]. ACS Catalysis, 2017, 7(1): 606-612.

[7] SAKAKI S. An ab initio MO/SD-CI study of model complexes of intermediates in electrochemical reduction of carbon dioxide catalyzed by $NiCl_2$(cyclam)[J]. J Am Chem Soc, 1992, 114(6): 2055-2062.

[8] HORI Y. Electrochemical CO_2 reduction on metal electrodes[M]. New York: Springer, 2008.

[9] KEPP K P. A quantitative scale of oxophilicity and thiophilicity[J]. Inorg Chem, 2016, 55(18): 9461-9470.

[10] YOO J S, CHRISTENSEN R, VEGGE T, et al. Theoretical insight into the

trends that guide the electrochemical reduction of carbon dioxide to formic acid[J]. Chem Sus Chem, 2016, 9(4): 358-363.

[11] TAGUCHI T, AKIKO A. Surface-structure sensitive reduced CO_2 formation on Pt single crystal electrodes in sulfuric acid solution[J]. Electrochim Acta, 1994, 39(17): 2533-2537.

[12] KUHL K P, HATSUKADE T, CAVE E R, et al. Electrocatalytic conversion of carbon dioxide to methane and methanol on transition metal surfaces[J]. J Am Chem Soc, 2014, 136(40): 14107-14113.

[13] COOK R L, MACDUFF R C, SAMMELLS A F. Evidence for formaldehyde, formic acid, and acetaldehyde as possible intermediates during electrochemical carbon dioxide reduction at copper[J]. J Electrochem Soc, 1989, 136 (7): 1982-1984.

[14] HORI Y, MURATA A, TAKAHASHI R. Formation of hydrocarbons in the electrochemical reduction of carbon dioxide at a copper electrode in aqueous solution[J]. Journal of the Chemical Society, 1989, 85 (8): 2309-2326.

[15] LONG C, LI X, GUO J, et al. Electrochemical reduction of CO_2 over heterogeneous catalysts in aqueous solution: recent progress and perspectives [J]. Small Methods, 2019, 3(3): 1800369.

[16] PETERSON A A, ABILD-PEDERSEN F, STUDT F, et al. How copper catalyzes the electroreduction of carbon dioxide into hydrocarbon fuels[J]. Energy & Environmental Science, 2010, 3(9): 1311-1315.

[17] PETERSON A A, NØRSKOV J K. Activity descriptors for CO_2 electroreduction to methane on transition-metal catalysts [J]. The Journal of Physical Chemistry Letters, 2012, 3(2): 251-258.

[18] NIE X, ESOPI M R, JANIK M J, et al. Selectivity of CO_2 reduction on copper electrodes: the role of the kinetics of elementary steps[J]. Angew Chem Int Ed, 2013, 52(9): 2459-2462.

[19] HORI Y, TAKAHASHI R, YOSHINAMI Y, et al. Electrochemical reduction of CO at a copper electrode [J]. The Journal of Physical Chemistry B, 1997, 101(36): 7075-7081.

[20] NITOPI S, BERTHEUSSEN E, SCOTT S B, et al. Progress and perspectives of electrochemical CO_2 reduction on copper in aqueous electrolyte[J]. Chem

Rev，2019，119(12)：7610-7672.

[21] ROSS M B，DE LUNA P，LI Y，et al. Designing materials for electrochemical carbon dioxide recycling[J]. Nature Catalysis，2019，2 (8)：648-658.

[22] CALLE-VALLEJO F，KOPER M T M. Theoretical considerations on the electroreduction of CO to C_2 species on Cu(100) electrodes[J]. Angew Chem Int Ed，2013，52(28)：7282-7285.

[23] ZHOU Y S，CHE F L，LIU M，et al. Dopant-induced electron localization drives CO_2 reduction to C_2 hydrocarbons[J]. Nature Chemistry，2018，10 (9)：974-980.

[24] GARZA A J，BELL A T，HEAD-GORDON M. Mechanism of CO_2 reduction at copper surfaces：pathways to C_2 products[J]. ACS Catalysis，2018，8(2)：1490-1499.

[25] GOODPASTER J D，BELL A T，HEAD-GORDON M. Identification of possible pathways for C－C bond formation during electrochemical reduction of CO_2：new theoretical insights from an improved electrochemical model[J]. The Journal of Physical Chemistry Letters，2016，7(8)：1471-1477.

[26] XIAO H，CHENG T，GODDARD W A. Atomistic mechanisms underlying selectivities in C_1 and C_2 products from electrochemical reduction of CO on cu(111)[J]. J Am Chem Soc，2017，139(1)：130-136.

[27] HANSELMAN S，KOPER M T M，CALLE-VALLEJO F. Computational comparison of late transition metal(100)surfaces for the electrocatalytic reduction of CO to C_2 species[J]. ACS Energy Letters，2018，3(5)：1062-1067.

[28] GAO D，ZHANG Y，ZHOU Z，et al. Enhancing CO_2 electroreduction with the metal-oxide interface[J]. J Am Chem Soc，2017，139(16)：5652-5655.

[29] VASILEFF A，ZHU Y，ZHI X，et al. Electrochemical reduction of CO_2 to ethane through stabilization of an ethoxy intermediate[J]. Angew Chem Int Ed，2020，59(44)：19649-19653.

[30] ROYER M E. Reduction of carbonic acid to formic acid[J]. Compt Rend，1870，70：731-732.

[31] YOSHIO H，KATSUHEI K，SHIN S. Prodution of CO and CH₄ in electrochemical reduction of CO₂ at metal electrodes in aqueous hydrogencarbonate solution[J]. Chem Lett，1985，14(11)：1695-1698.

[32] KUHL K P，CAVE E R，ABRAM D N，et al. New insights into the electrochemical reduction of carbon dioxide on metallic copper surfaces[J]. Energy & Environmental Science，2012，5(5)：7050-7059.

[33] WHITE J L，BARUCH M F，PANDER J E，et al. Light-driven heterogeneous reduction of carbon dioxide：photocatalysts and photoelectrodes[J]. Chem Rev，2015，115(23)：12888-12935.

[34] ITO K，IKEDA S. Electrochemical reduction of carbon dioxide to organic-compounds[J]. Bulletin of the nagoya institute of technology，1976，29(16)：209-214.

[35] HORI Y，WAKEBE H，TSUKAMOTO T，et al. Electrocatalytic process of CO selectivity in electrochemical reduction of CO₂ at metal electrodes in aqueous media[J]. Electrochim Acta，1994，39(11)：1833-1839.

[36] FEASTER J T，SHI C，CAVE E R，et al. Understanding selectivity for the electrochemical reduction of carbon dioxide to formic acid and carbon monoxide on metal electrodes[J]. ACS Catalysis，2017，7(7)：4822-4827.

[37] HOUSE C I，KELSALL G H. Potential—pH diagrams for the Sn/H₂O Cl system[J]. Electrochim Acta，1984，29(10)：1459-1464.

[38] CHEN Y，KANAN M W. Tin oxide dependence of the CO₂ reduction efficiency on tin electrodes and enhanced activity for Tin/Tin oxide thin-film catalysts[J]. J Am Chem Soc，2012，134(4)：1986-1989.

[39] LEI F C，LIU W，SUN Y F，et al. Metallic tin quantum sheets confined in graphene toward high-efficiency carbon dioxide electroreduction [J]. Nature Communications，2016，7(1)：12697.

[40] ZHENG X L，DE LUNA P G，GARCÍA DE ARQUER F P，et al. Sulfur-modulated tin sites enable highly selective electrochemical reduction of CO₂ to formate[J]. Joule，2017，1(4)：794-805.

[41] LIU S B，XIAO J，LU X F，et al. Efficient electrochemical reduction of CO₂ to HCOOH over Sub-2 nm SnO₂ quantum wires with exposed grain boundaries[J]. Angew Chem Int Ed，2019，58(25)：8499-8503.

[42] KOMATSU S，YANAGIHARA T，HIRAGA Y，et al. Electrochemical

reduction of CO_2 at Sb and Bi electrodes in $KHCO_3$ solution[J]. Denki Kagaku Oyobi Kogyo Butsuri Kagaku, 1995, 63(3): 217-224.

[43] HOFMANN P. The surfaces of bismuth: structural and electronic properties[J]. Prog Surf Sci, 2006, 81(5): 191-245.

[44] ZHANG W J, HU Y, MA L B, et al. Liquid-phase exfoliated ultrathin Bi nanosheets: uncovering the origins of enhanced electrocatalytic CO_2 reduction on two-dimensional metal nanostructure[J]. Nano Energy, 2018, 53: 808-816.

[45] KIM S, DONG W J, GIM S, et al. Shape-controlled bismuth nanoflakes as highly selective catalysts for electrochemical carbon dioxide reduction to formate[J]. Nano Energy, 2017, 39: 44-52.

[46] GARCÍA DE ARQUER F P, BUSHUYEV O S, DE LUNA P D, et al. 2D metal oxyhalide-derived catalysts for efficient CO_2 electroreduction [J]. Adv Mater, 2018, 30(38): 1802858.

[47] HAN N, WANG Y, YANG H, et al. Ultrathin bismuth nanosheets from in situ topotactic transformation for selective electrocatalytic CO_2 reduction to formate[J]. Nature Communications, 2018, 9(1): 1320.

[48] FAN K, JIA Y F, JI Y F, et al. Curved surface boosts electrochemical CO_2 reduction to formate via bismuth nanotubes in a wide potential window[J]. ACS Catalysis, 2020, 10(1): 358-364.

[49] GONG Q F, DING P, XU M Q, et al. Structural defects on converted bismuth oxide nanotubes enable highly active electrocatalysis of carbon dioxide reduction[J]. Nature Communications, 2019, 10(1): 2807.

[50] DETWEILER Z M, WHITE J L, BERNASEK S L, et al. Anodized indium metal electrodes for enhanced carbon dioxide reduction in aqueous electrolyte[J]. Langmuir, 2014, 30(25): 7593-600.

[51] WANG Z T, ZHOU Y S, LIU D Y, et al. Carbon-confined indium oxides for efficient carbon dioxide reduction in a solid-state electrolyte flow cell [J]. Angew Chem Int Ed, 2022, 61(21): e202200552.

[52] SHANG H S, WANG T, PEI J J, et al. Design of a single-atom indium δ^+-N_4 interface for efficient electroreduction of CO_2 to formate[J]. Angew Chem Int Ed, 2020, 59(50): 22465-22469.

[53] ZHENG T T, LIU C X, GUO C X, et al. Copper-catalysed exclusive CO_2

to pure formic acid conversion via single-atom alloying [J]. Nature Nanotechnology, 2021, 16(12): 1386-1393.

[54] HOONLC, KANAN MATTHEW W. Controlling H^+ vs CO_2 reduction selectivity on Pb electrodes[J]. ACS Catalysis, 2015, 5(1): 465-469.

[55] MIN X, KANAN M W. Pd-catalyzed electrohydrogenation of carbon dioxide to formate: high mass activity at low overpotential and identification of the deactivation pathway[J]. J Am Chem Soc, 2015, 137(14): 4701-4708.

[56] ZHOU Y, ZHOU R, ZHU X, et al. Mesoporous PdAg nanospheres for stable electrochemical CO_2 reduction to formate[J]. Adv Mater, 2020, 32(30): e2000992.

[57] KLINKOVA A, DE LUNA P, DINH C T, et al. Rational design of efficient palladium catalysts for electroreduction of carbon dioxide to formate[J]. ACS Catalysis, 2016, 6(12): 8115-8120.

[58] HANSEN H A, VARLEY J B, PETERSON A A, et al. Understanding trends in the electrocatalytic activity of metals and enzymes for CO_2 reduction to CO[J]. The Journal of Physical Chemistry Letters, 2013, 4(3): 388-392.

[59] MISTRY H, RESKE R, ZENG Z, et al. Exceptional size-dependent activity enhancement in the electroreduction of CO_2 over au nanoparticles [J]. J Am Chem Soc, 2014, 136(47): 16473-16476.

[60] ZHU W L, MICHALSKY R, METIN Ö, et al. Monodisperse au nanoparticles for selective electrocatalytic reduction of CO_2 to CO[J]. J Am Chem Soc, 2013, 135(45): 16833-16836.

[61] ZHU W L, ZHANG Y J, ZHANG H Y, et al. Active and selective conversion of CO_2 to CO on ultrathin au nanowires[J]. J Am Chem Soc, 2014, 136(46): 16132-16135.

[62] SALEHI-KHOJIN A, JHONG H R M, ROSEN B A, et al. Nanoparticle silver catalysts that show enhanced activity for carbon dioxide electrolysis [J]. The Journal of Physical Chemistry C, 2013, 117(4): 1627-1632.

[63] KIM C, JEON H S, EOM T, et al. Achieving selective and efficient electrocatalytic activity for CO_2 reduction using immobilized silver nanoparticles[J]. J Am Chem Soc, 2015, 137(43): 13844-13850.

[64] SUN K, WU L, QIN W, et al. Enhanced electrochemical reduction of CO₂ to CO on Ag electrocatalysts with increased unoccupied density of states[J]. Journal of Materials Chemistry A, 2016, 4(32): 12616-12623.

[65] LU Q, ROSEN J, ZHOU Y, et al. A selective and efficient electrocatalyst for carbon dioxide reduction [J]. Nature Communications, 2014, 5(1): 3242.

[66] ROSEN J, HUTCHINGS G S, LU Q, et al. Mechanistic insights into the electrochemical reduction of CO₂ to CO on nanostructured Ag surfaces [J]. ACS Catalysis, 2015, 5(7): 4293-4299.

[67] MA M, TRZEŚNIEWSKI B J, XIE J, et al. Selective and efficient reduction of carbon dioxide to carbon monoxide on oxide-derived nanostructured silver electrocatalysts[J]. Angew Chem Int Ed, 2016, 55(33): 9748-9752.

[68] IKEDA S, HATTORI A, ITO K, et al. Zinc ion effect on the electrochemical reduction of carbon dioxide at zinc electrode in aqueous solutions[J]. Electrochemistry, 1999, 67(1): 27-33.

[69] SHOICHIROIK E D A, ATSUSHIHA T T O R I, MASUNOBU M A E DA, et al. Electrochemical reduction behavior of carbon dioxide on sintered zinc oxide electrode in aqueous solution[J]. Electrochemistry, 2000, 68(4): 257-261.

[70] ROSEN J, HUTCHINGS G S, LU Q, et al. Electrodeposited Zn dendrites with enhanced CO selectivity for electrocatalytic CO₂ reduction [J]. ACS Catalysis, 2015, 5(8): 4586-4591.

[71] GENG Z G, KONG X D, CHEN W W, et al. Oxygen vacancies in ZnO nanosheets enhance CO₂ electrochemical reduction to CO [J]. Angew Chem Int Ed, 2018, 57(21): 6054-6059.

[72] GAO D F, ZHOU H, WANG J, et al. Size-dependent electrocatalytic reduction of CO₂ over Pd nanoparticles[J]. J Am Chem Soc, 2015, 137(13): 4288-4291.

[73] JIANG K, SIAHROSTAMI S, AKEY A J, et al. Transition-metal single atoms in a graphene shell as active centers for highly efficient artificial photosynthesis[J]. Chem, 2017, 3(6): 950-960.

[74] YANG H P, LIN Q, ZHANG C, et al. Carbon dioxide electroreduction on

single-atom nickel decorated carbon membranes with industry compatible current densities[J]. Nature Communications, 2020, 11(1): 593.

[75] WANG Y C, LIU Y, LIU W, et al. Regulating the coordination structure of metal single atoms for efficient electrocatalytic CO_2 reduction[J]. Energy & Environmental Science, 2020, 13(12): 4609-4624.

[76] GU J, HSU C S, BAI L C, et al. Atomically dispersed Fe^{3+} sites catalyze efficient CO_2 electroreduction to CO[J]. Science, 2019, 364(6445): 1091-1094.

[77] YANG H B, HUNG S F, LIU S, et al. Atomically dispersed Ni(l) as the active site for electrochemical CO_2 reduction[J]. Nature Energy, 2018, 3(2): 140-147.

[78] WANG X Q, CHEN Z, ZHAO X Y, et al. Regulation of coordination number over single Co sites: triggering the efficient electroreduction of CO_2[J]. Angew Chem Int Ed, 2018, 57(7): 1944-1948.

[79] ZHENG W Z, YANG J, CHEN H Q, et al. Atomically defined undercoordinated active sites for highly efficient CO_2 electroreduction[J]. Adv Funct Mater, 2020, 30(4): 1907658.

[80] JU W, BAGGER A, HAO G P, et al. Understanding activity and selectivity of metal-nitrogen-doped carbon catalysts for electrochemical reduction of CO_2[J]. Nature Communications, 2017, 8(1): 944.

[81] ZHENG T, JIANG K, TA N, et al. Large-scale and highly selective CO_2 electrocatalytic reduction on nickel single-atom catalyst[J]. Joule, 2019, 3(1): 265-278.

[82] BAGGER A, JU W, VARELA A S, et al. Electrochemical CO_2 reduction: a classification problem[J]. Chem Phys Chem, 2017, 18(22): 3266-3273.

[83] ZHANG X Y, LI W J, WU X F, et al. Selective methane electrosynthesis enabled by a hydrophobic carbon coated copper core-shell architecture[J]. Energy & Environmental Science, 2022, 15(1): 234-243.

[84] CHEN X Y, CHEN J F, ALGHORAIBI N M, et al. Electrochemical CO_2-to-ethylene conversion on polyamine-incorporated Cu electrodes[J]. Nature Catalysis, 2021, 4(1): 20-27.

[85] KUANG S, SU Y, LI M, et al. Asymmetrical electrohydrogenation of

CO_2 to ethanol with copper-gold heterjurctions; gold heterojunctions[J]. PNAS,2023,120(4): e2214175120.

[86] JI Y L, CHEN Z, WEI R L, et al. Selective CO-to-acetate electroreduction via intermediate adsorption tuning on ordered Cu-Pd sites[J]. Nature Catalysis, 2022, 5(4): 251-258.

[87] KONG S, LV X, WANG X, et al. Delocalization state-induced selective bond breaking for efficient methanol electrosynthesis from CO_2 [J]. Nature Catalysis, 2023, 6(1): 6-15.

[88] WANG X, OU P F, OZDEN A, et al. Efficient electrosynthesis of n-propanol from carbon monoxide using a Ag-Ru-Cu catalyst[J]. Nature Energy, 2022, 7(2): 170-176.

[89] ZHOU Y S, MARTÍN A J, DATTILA F, et al. Long-chain hydrocarbons by CO_2 electroreduction using polarized nickel catalysts [J]. Nature Catalysis, 2022, 5(6): 545-554.

[90] HORI Y, KIKUCHI K, MURATA A, et al. Production of methane and ethlyene in electrochemical reduction of carbon dioxide at copper electrode in aqueous hydrogencarbonate solution[J]. Chem Lett, 1986, 15 (6): 897-898.

[91] AHN S T, ABU-BAKER I, PALMORE G T R. Electroreduction of CO_2 on polycrystalline copper: effect of temperature on product selectivity[J]. Catal Today, 2017, 288: 24-29.

[92] MIZUNO T, OHTA K, SASAKI A, et al. Effect of temperature on electrochemical reduction of high-pressure CO_2 with In, Sn, and Pb electrodes[J]. Energy Sources, 1995, 17: 503-508.

[93] KIBRIA M G, EDWARDS J P, GABARDO C M, et al. Electrochemical CO_2 reduction into chemical feedstocks: from mechanistic electrocatalysis models to system design [J]. Adcanced Materials, 2019, 31 (31): e1807166.

[94] KAS R, KORTLEVER R, YILMAZ H, et al. Manipulating the hydrocarbon selectivity of copper nanoparticles in CO_2 electroreduction by process conditions[J]. Chem Electro Chem, 2015, 2(3): 354-358.

[95] HARA K, TSUNETO A, KUDO A, et al. Electrochemical reduction of CO_2 on a Cu electrode under high pressure: factors that determine the

product selectivity[J]. J Electrochem Soc, 1994, 141(8): 2097.

[96] NILSSON A, PETTERSSON L G M, HAMMER B, et al. The electronic structure effect in heterogeneous catalysis[J]. Catal Lett, 2005, 100(3): 111-114.

[97] NØRSKOV J K, ABILD-PEDERSEN F, STUDT F, et al. Density functional theory in surface chemistry and catalysis[J]. Proceedings of the National Academy of Sciences, 2011, 108(3): 937-943.

[98] NØRSKOV J K, ABILD-PEDERSEN F, STUDT F, et al. Density functional theory in surface chemistry and catalysis[J]. Proceedings of the National Academy of Sciences, 2011, 108(3): 937-943.

[99] ABILD-PEDERSEN F, GREELEY J, STUDT F, et al. Scaling properties of adsorption energies for hydrogen-containing molecules on transition-metal surfaces[J]. Phys Rev Lett, 2007, 99(1): 016105.

[100] SEH Z W, KIBSGAARD J, DICKENS C F, et al. Combining theory and experiment in electrocatalysis: insights into materials design[J]. Science, 2017, 355(6321): eaad4998.

[101] KOPER M T M. Structure sensitivity and nanoscale effects in electrocatalysis[J]. Nanoscale, 2011, 3(5): 2054-2073.

[102] WANG Y H, WANG Z Y, DINH C T, et al. Catalyst synthesis under CO_2 electroreduction favours faceting and promotes renewable fuels electrosynthesis[J]. Nature Catalysis, 2020, 3(2): 98-106.

[103] PROPPE A H, LI Y C, ASPURU-GUZIK A, et al. Bioinspiration in light harvesting and catalysis[J]. Nature Reviews Materials, 2020, 5(11): 828-846.

[104] NAKAYA Y, FURUKAWA S. Catalysis of alloys: classification, principles, and design for a variety of materials and reactions[J]. Chem Rev, 2023, 123(9): 5859-5947.

[105] KIM D, RESASCO J, YU Y, et al. Synergistic geometric and electronic effects for electrochemical reduction of carbon dioxide using gold-copper bimetallic nanoparticles[J]. Nature Communications, 2014, 5(1): 4948.

[106] APPEL A M, BERCAW J E, BOCARSLY A B, et al. Frontiers, opportunities, and challenges in biochemical and chemical catalysis of CO_2 fixation[J]. Chem Rev, 2013, 113(8): 6621-6658.

［107］RESKE R，DUCA M，OEZASLAN M，et al. Controlling catalytic selectivities during CO_2 electroreduction on thin Cu metal overlayers［J］. The Journal of Physical Chemistry Letters，2013，4(15)：2410-2413.

［108］SHI Y X，SUN K，SHAN J J，et al. Selective CO_2 electromethanation on surface-modified Cu catalyst by local microenvironment modulation［J］. ACS Catalysis，2022，12(14)：8252-8258.

［109］HUANG H W，JIA H H，LIU Z，et al. Understanding of strain effects in the electrochemical reduction of CO_2：using Pd nanostructures as an ideal platform［J］. Angew Chem Int Ed，2017，56(13)：3594-3598.

［110］NIU Z Z，GAO F Y，ZHANG X L，et al. Hierarchical copper with inherent hydrophobicity mitigates electrode flooding for high-rate CO_2 electroreduction to multicarbon products［J］. J Am Chem Soc，2021，143(21)：8011-8021.

［111］BOUTIN E，MERAKEB L，MA B，et al. Molecular catalysis of CO_2 reduction：recent advances and perspectives in electrochemical and light-driven processes with selected Fe，Ni and Co aza macrocyclic and polypyridine complexes［J］. Chem Soc Rev，2020，49(16)：5772-5809.

［112］ZHANG X，WU Z S，ZHANG X，et al. Highly selective and active CO_2 reduction electrocatalysts based on cobalt phthalocyanine/carbon nanotube hybrid structures［J］. Nature Communications，2017，8(1)：14675.

［113］VAN DEELEN T W，HERNÁNDEZ MEJÍA C，DE JONG K P. Control of metal-support interactions in heterogeneous catalysts to enhance activity and selectivity［J］. Nature Catalysis，2019，2(11)：955-970.

第3章

银基催化剂上的 CO_2 电催化还原

基于环境和经济方面考虑,越来越多的人开始关注催化还原二氧化碳的途径,包括光催化、电催化、热力学催化等,其中电催化由于具有诸多优点已成为研究者们的首选途径。对于以产业化为目标的催化剂制备,催化剂自身的成本也是制约其发展的重要因素。因此,催化剂选择时要兼顾催化材料的成本因素。Ag 对产物的选择性极高,只将 CO_2 还原为 CO,而且其化学稳定性良好,方便保存和使用,成本比同样性能优异的 Pt 和 Au 要低廉得多,本身没有毒性,对环境无安全隐患,可以有效应用于电催化还原 CO_2 中试实验,为 CO_2 工业化应用奠定基础并推动其快速发展。

目前研究的 CO_2 电化学还原催化剂主要有金属单质和金属氧化物催化剂、合金催化剂、碳基催化剂等。CO_2 电催化还原产物中,2(个)电子转移反应生成的产物为 CO 或甲酸。其中,CO 易分离并可于水溶液中在电化学条件下发生副反应——析氢反应的产物 H_2 共同收集,合成气可以应用于火电机组回炉调控,也可以进一步进行费托合成反应生成碳氢化合物或醇类并存储成为可用燃料[1-6]。产物中的甲酸等也可以成为液体化学产品,用于化工应用或生成 CO 和 H_2,但相对来说甲酸作为液体产物与电解液的分离较为困难且产量远小于电解液成分,因此在水溶液中电催化 CO_2 生成 CO 和 H_2 的合成气更具有工业研究价值[7]。

3.1　电化学还原 CO_2 生成 CO 的催化剂

金属基催化剂是电化学还原 CO_2 技术领域研究和应用最广泛的一类[8-9]。金属单质和金属氧化物催化剂主要由金属单质和(或)金属氧化物构成,很多时候被附着在电极支持体上使用。该类催化剂具有结构简单、传导性好、易制备和易获得等特点。由于该类催化剂的性能受制备条件和方法及其在电极表面上的形貌影响较大,因此通过改变制备方法对电极表面结构进行调控可以提高催化活性、稳定性及选择性[10]。

因为电极制作使用不同金属材料,所以产物、转化率和电流效率也不相同[11]。Y. Hori 系统地研究了不同金属电极上的电化学还原 CO_2,在水溶液电解液中金属催化剂根据其反应产物的不同常被分为四类,其中,金属 Zn、Ag 和 Au 可电化学还原 CO_2 生成 CO;金属 Al、Ga 和 ⅧB 族元素(Pb 除外)对电化学还原 CO_2 的活性较低,CO 为其初级产物且法拉第效率较低[12]。发生在 Ag 和 Au 电极上的催化反应,CO 的法拉第效率可高达 90%,略大于 Zn 电极在水溶液中的形成效率[13-14],表 3.1 中列出了水溶液中不同金属催化剂电极生成产物的法拉第效率。

表 3.1　水溶液中不同金属催化剂电极生成产物的法拉第效率[12]

电极	电位 (vs. NHE)/V	电流密度 /(mA·cm^{-2})	法拉第效率/%			
			CO	HCOO^{-}	H$_2$	合计
Zn	−1.54	5.0	79.4	6.1	9.9	95.4
Ag	−1.37	5.0	81.5	0.8	12.4	94.7
Au	−1.14	5.0	87.1	0.7	10.2	98.0
Ga	−1.24	5.0	23.2	0.0	79.0	102.2
Sn	−1.48	5.0	7.1	88.4	4.6	100.1

注：电解液为 0.1 mol/L 的 KHCO$_3$；温度为 (18.5±0.5)℃。

　　金属催化剂也可以根据 d 轨道的电子构型分为两类：sp 族和 d 族金属电极[15]。这种分类能够更好地理解与各自电子特性相关的电催化活性。sp 族金属是指最外层的 d 轨道完全充满 d10 电子构型的金属：Hg、Pd、In、Sn、Cu、Zn、Ag、Au 和 Cd。在水溶液电解质中，Hg、Pb、In、Sn 等 sp 族金属有利于 CO$_2$ 还原为甲酸或甲酸盐。CO 主要在几个 sp 族金属电极（Zn、Cu、Ag、Au）和 d 族金属电极（Pd、Pt、Ni）上形成。选择性生成 CO 的金属中，催化活性依次为 Au＞Ag＞Cu＞Zn≫Cd＞Sn＞In＞Pb＞Tl，并且可电催化 CO$_2$ 还原生成 CO 的 Ag、Au、Zn 和 Ga 等金属的析氢过电位适中。

3.2　Ag 单质金属催化剂

　　sp 族金属的高 d 电子的 Ag 金属可以给 CO$_2$ 未占据轨道提供充足的电子，使其快速吸附成键，因此 Ag 电极对 CO$_2$ 的吸附能力较强。同时，Ag 电极对 CO 的结合能较低，并且有较高的析氢反应过电位，因此在电催化 CO$_2$ 还原生成 CO 反应中具有较高的活性，且 Ag 与 Au 相比经济性更好，且矿产更丰富，更具有工业应用潜力。Y. Hori 等首先提出纯 Ag 电极在水溶液中对 CO$_2$ 还原生成 CO 的选择性可达 82%[14]，并且 Ag 的不同晶面具有不同的电子态和电子结构，从而导致不同的催化性能，催化活性为 Ag(110)＞Ag(111)＞Ag(100)[16]。第一性原理（DFT）模拟研究结果也证实了质子偶联电子转移在 Ag(110) 面上的能垒小于 Ag(111) 和 Ag(100)，使其更易形成稳定的关键中间体*COOH，从而具有更高的 CO$_2$ 还原活性，图 3.1 所示为在不同 Ag 晶面上电化学还原 CO$_2$ 制 CO 和 H$_2$

的分电流密度和法拉第效率[17]，图 3.2 所示为在不同 Ag 晶面上电化学还原 CO₂ 制 CO 的自由能图[18]。

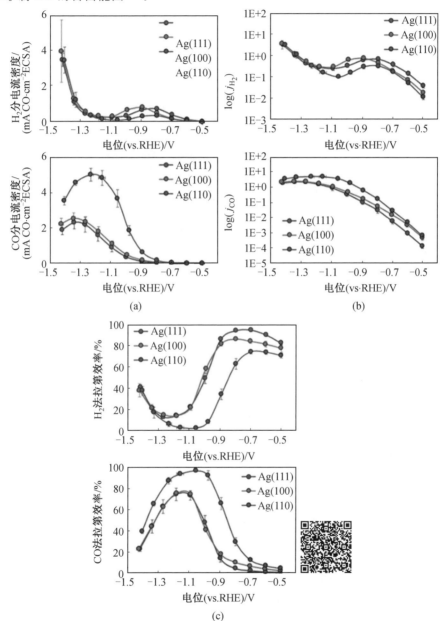

图 3.1　在不同 Ag 晶面上电化学还原 CO₂ 制 CO 和 H₂ 的分电流密度和法拉第效率

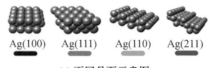

(a) 不同晶面示意图

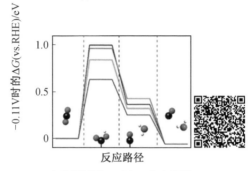

(b) 电化学还原CO_2制CO自由能图

图 3.2　在不同 Ag 晶面上电化学还原 CO_2 制 CO 的自由能图

　　将传统 Ag 电极进行改性,可有效强化传质及增加催化剂活性位点,进而提高目标产物的选择性和反应速率。而电极的改进主要通过两个方面:一方面,调控催化剂形貌如孔隙、颗粒尺寸,改进电极结构,强化传质,增加比表面积和活性位点;另一方面,调整催化剂成分如表面元素修饰、双金属催化剂、金属－碳催化剂等来提高电极材料的催化性能。

3.2.1　形貌调控

　　许多研究工作集中在催化剂表面改性,通过增加活性比表面积和活性位点数量来获得更好的催化性能[19]。定向调控催化剂的结构形态可以为反应提供更多的低配位数活性位点,降低初始电子转移能垒,且可以增加比表面积,进而增加表面吸附 CO_2 和中间体的能力,提高还原活性和选择性。其中,多孔 Ag、枝晶 Ag 和纳米 Ag 结构催化剂均有不同程度的研究。

　　多孔 Ag 结构催化剂不仅可以提供更多的曲面活性位点,而且使反应物、电子、离子和产物的运输、扩散更加容易,从而提高催化性能。采用阳极氧化法和电化学(cyclic voltammetry,CV)还原法制备的纳米多孔 Ag 催化剂催化性能良好,在-0.8 V 电位下 CO 的法拉第效率可达 90%,并能够保持 10 h 以上的稳定性,具有商业应用价值。根据 DFT 模拟计算结果,Ag 的成核和生长方式及在基体中引入其他元素都会影响未占据态密度(DOS),催化剂未占据的 DOS 越多,对中间体 *COOH 和 CO 的结合能越接近"火山口",有利于还原形成 CO[20]。

采用电沉积方法制备的枝晶 Ag 同样具有独特的几何结构和电子结构,边缘和角活性位点丰富,如图 3.3 所示,具有较高的孔隙率,表现出优异的催化性能。通过调整电镀液和沉积电位,可以制备不同形貌的枝晶 Ag 结构催化剂。不同枝晶结构暴露出不同的 Ag 晶面,晶面比的变化可以影响还原 CO_2 的催化活性,其中 Ag(110) 晶面被认为是低折射率表面中还原反应发生的最有效的催化面[21]。

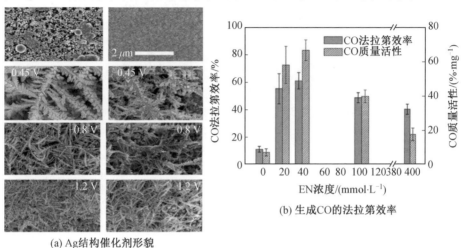

(a) Ag 结构催化剂形貌

(b) 生成 CO 的法拉第效率

图 3.3　不同电沉积条件下形成的 Ag 结构催化剂形貌[21]

纳米 Ag 结构催化剂表面具有更大的比表面积,可以暴露更多的低配位边缘或角活性位点,有利于反应物的快速扩散,使其催化活性远大于块体 Ag 金属[18]。内表面高度弯曲的纳米 Ag 结构催化剂,其高折射率内表面也可以为反应提供更丰富的催化活性位点,对 CO_2 电催化生成 CO 具有显著优势[22]。因此,通过调控纳米 Ag 结构催化剂形貌增加边缘或角活性位点,有利于提高反应活性。例如 S. B. Liu 等通过直接合成化学还原法制备三角 Ag 纳米板,该催化剂具有丰富的边缘活性位点,能够提升 CO_2 还原活性,并且其产物 CO 的法拉第效率可以达到 96.8%,同时,在 96 mV 超低过电位下就可以观察到 CO 的生成,能够大大节约还原能量[23]。

纳米 Ag 催化剂的内表面不仅可以为反应提供更多的本征活性位点,而且可以使 $^*CO_2^-$ 中间体在表面的稳定性增强,从而降低反应能垒,减小反应所需过电势。Q. Lu 等在 HCl 水溶液中对 Ag—Al 前驱体进行两步脱合金处理,得到 Ag 原子三维互联的纳米结构催化剂,电催化还原 CO_2 制 CO 的法拉第效率为 92%[24]。制备的纳米 Ag 颗粒具有弯曲的内表面,比多晶 Ag 颗粒的电化学表面积大 150 倍,具有大量的可以用于参与 CO_2 转化的活性位点。具有高度弯曲内表面的纳米 Ag 结构催化剂的形貌表征示意图如图 3.4 所示,纳米 Ag 与多晶 Ag 结构催化剂的还原性能如图 3.5 所示。

图 3.4　具有高度弯曲内表面的纳米 Ag 结构催化剂的形貌表征示意图

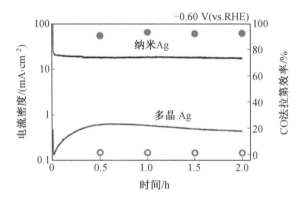

图 3.5　纳米 Ag 与多晶 Ag 结构催化剂的还原性能[24]

值得注意的是,虽然纳米 Ag 结构催化剂尺寸越小、比表面积越大时暴露的活性位点越多,但是纳米 Ag 结构催化剂存在尺寸效应,并非颗粒粒径越小催化活性越好。不同颗粒尺寸的纳米 Ag 结构催化剂电流密度变化曲线如图 3.6 所示,当颗粒尺寸小于 5 nm 时,反应速率和催化活性反而降低,这是由反应中间体与纳米颗粒结合发生变化而引起的[25]。

3.2.2　成分调控

Ag 单质与其他种类金属或非金属元素都有各自的电化学还原特性,利用双金属或元素间的相互作用,将 Ag 与不同的元素形成合金复合、表面元素掺杂修饰或碳材料配位来调控催化剂中不同元素成分与比例,可以提高 CO_2 还原反应动力学,有效强化传质及增加催化剂活性点,进而提高目标产物的选择性和反应速率[26]。

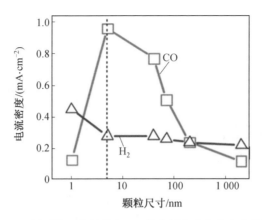

图 3.6　不同颗粒尺寸的纳米 Ag 催化剂电流密度变化曲线[25]

对 Ag 结构催化剂进行双金属改性,可以调控材料电子结构。例如 Z. Chang 等通过多元醇法制备出 Cu 修饰的 Ag 双金属纳米电催化剂,加热 7 min 形成的微量 Cu 修饰 Ag 结构催化剂(Ag@Cu-7)具有较高的 CO 选择性(82%),并且在 -1.06 V 电位下表现出 5 h 的稳定性[27],如图 3.7 所示。从电子结构角度,根据双金属的"稀释效应",Cu 的引入会降低 Ag 对 CO 的还原活性,因为 Cu 对 *CO 中间体的结合能力比 Ag 强,通过对 *CO 的强吸附可进一步进行质子化反应,生成碳氢化合物。但结果是 Ag@Cu-7 的 CO 生成效果最优,说明 CO 的活性不仅仅取决于电子效应。Cu 和 Ag 的双金属之间具有较强的氧亲和性,有助于稳定 *COOH 中间体,并且 Ag@Cu-7 中微量的 Cu 无法稳定 *CO 进而质子化形成烃类,因此 CO 为主要产物。同时,Cu 与 Ag 偶联较少时,主要受几何效应影响,改变活性位点的局部原子排列对中间体的结合强度同样有很大影响[28]。

Ag 与 Zn 都是主要催化 CO_2 还原生成 CO 的金属,且 Ag 的 CO 选择性优于 Zn。考虑到工业应用的经济性,AgZn 双金属复合材料受到关注。Q. Yu 等使用电沉积方法通过控制沉积时间在 Zn 纳米板上沉积纳米 Ag 颗粒,制备不同 AgZn 复合双金属催化剂[29]。负载 2 nm Ag 纳米颗粒的 Zn-Ag2 电极在 -0.8 V 处的 CO 法拉第效率高达 84%,电流密度为 1.89 mA/cm²,该电极的 TEM 形貌和电化学还原 CO_2 性能如图 3.8 所示。AgZn 双金属催化剂性能提升的原因是 Ag 的修饰为 Zn 增加了比表面积,有利于反应物吸附并改善了 $CO_2^{·-}$ 中间体的形成,使电化学还原 CO_2 反应的活性位点增加。同时,在 Ag 沉积过程中 Zn 与 Ag 金属之间产生了金属间化学键,使 Ag 的电子结构得到优化,因此提高了反应的催化活性。

通过控制 Cl^- 浓度和阳极电位,制备不同的卤化物衍生 Ag 纳米片催化剂,

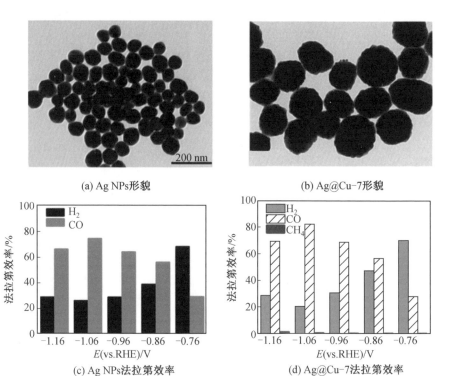

(a) Ag NPs形貌

(b) Ag@Cu-7形貌

(c) Ag NPs法拉第效率

(d) Ag@Cu-7法拉第效率

图 3.7　纳米 Ag 颗粒和 Ag@Cu－7 双金属（加热 7 min）催化剂形貌和 CO 法拉第效率

(a)

(b)

(c)

(d)

图 3.8　AgZn 双金属催化剂 TEM 形貌和电化学还原 CO₂ 性能[29]

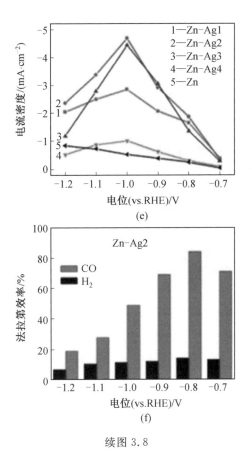

续图 3.8

其分层结构可以增强比表面积并且能够为 CO_2 在电极内部的传输和扩散提供充足空间。尺寸在 45 nm 左右的互相连接的纳米 Ag 薄片具有最好的电催化还原 CO_2 生成 CO 的性能,CO 的法拉第效率可达 95%[30]。同时,催化剂表面吸附的卤化物阳离子具有抑制质子吸附的作用,减少析氢反应发生,提升电催化还原 CO_2 生成 CO 的选择性[31]。Y. C. Hsieh 等通过氧化再还原方法将卤化物阴离子固定在纳米 Ag 催化剂表面形成纳米珊瑚状 Ag 催化剂[32-33]。少量卤化物附着在 Ag 表面,其阴离子大小和电负性与 Ag 催化剂的电化学性能有直接关系。他们认为卤化物与 Ag 会形成 X—Ag_{n+} 团簇,为催化活性位点。图 3.9 所示为卤化物修饰 Ag 结构催化剂的 CO 电流密度分布情况。其中,Cl—Ag 表现出最好的 CO_2 还原活性。

　　Ag 与碳基催化剂的相互作用也可以促进 CO_2 还原反应生成 CO[34-37]。Ag_2/石墨烯催化剂可以构建 AgN_3—AgN_3 的双原子 Ag 活性位点,并通过 Ag—C

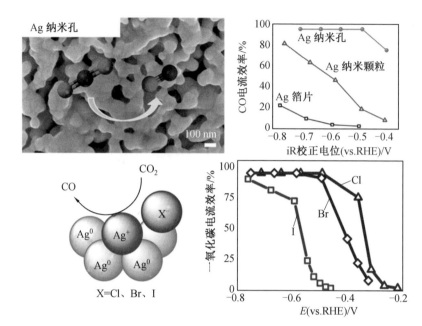

图 3.9　卤化物修饰 Ag 结构催化剂的 CO 电流密度分布情况[32-33]

键固定在石墨烯基体上,在 -0.7 V 时 CO 的法拉第效率可达 93.4%,电流密度为 11.87 mA/cm^2。双原子位点通过 CO_2 的 C、O 原子相互作用,从而增加中间体吸附能,降低 $^*COOH$ 能垒,获得优异的催化性能[35]。在 Ag 表面负载量子级别的碳同样可以通过改变活性位点吸附能力而达到很好的催化性能,图 3.10 所示为碳量子点覆盖多孔 Ag 复合材料 CO_2 还原为 CO 的机理图[36]。

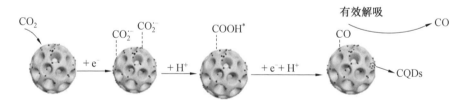

图 3.10　碳量子点覆盖多孔 Ag 复合材料 CO_2 还原为 CO 的机理图

3.2.3　Ag 基催化剂电化学还原 CO_2 反应机理

对于电化学还原 CO_2 的机理研究,许多研究团队为探明金属电极上的 CO_2 还原机制进行了持续且具有前瞻性的报道[14,38-40]。电化学还原 CO_2 为 CO 的反应路径被提出由 3 个或 4 个基本反应步骤组成。

在第一步反应中,CO_2 以 $^*COOH$(* 表示表面位点,分子上的 * 表示被吸

附的物质)的形式吸附在金属表面,如式(3.1)所示:

$$CO_2(g) + * + H^+(aq) + e^- \longrightarrow {}^*COOH \tag{3.1}$$

R. Kortlever 等提出,第一步反应可能为上述的质子偶联电子转移反应,也有可能是这一步反应解耦的两步反应[41]。在更为各方学者接受的两步反应机理中,CO_2 电催化还原的第一步反应是 CO_2 分子与金属表面结合形成 ${}^*COO$ 并得到一个电子生成反应中间体 ${}^*COO^-$(或表示为 $CO_2^{\cdot-}$),CO_2 这一步骤需要克服非常高的能垒(-1.9 V, vs. SHE)[42],因此在电催化还原 CO_2 反应中是速率控制步骤。$CO_2^{\cdot-}$ 中间体的分子轨道中 84% 的未占据电子轨道位于 C 原子上[43],说明 C 原子更易吸附在催化剂表面形成碳配位键,是较活跃的反应位点。无论最初的步骤是在一个质子偶联电子转移反应或两个不偶联的反应中发生,${}^*COOH$ 中间产物都会形成。在中性或酸性电解质中,H^+ 为主要质子源,质子与被吸附的分子反应形成 ${}^*COOH$ 两步反应如式(3.2)和式(3.3)所示:

$$CO_2(g) + * + e^- \longrightarrow {}^*COO^- \tag{3.2}$$

$${}^*COO^- + H^+(aq) \longrightarrow {}^*COOH \tag{3.3}$$

在偏碱性条件下,H_2O 为主要质子源,两步反应中的得质子反应为

$${}^*COO^- + H_2O(aq) \longrightarrow {}^*COOH + OH^-(aq) \tag{3.4}$$

随后,与另一个质子和电子反应生成 ${}^*CO$ 和 H_2O,即

$${}^*COOH + H^+(aq) + e^- \longrightarrow {}^*CO + H_2O(aq) \tag{3.5}$$

$${}^*COOH + H_2O(aq) + e^- \longrightarrow {}^*CO + H_2O(aq) + OH^-(aq) \tag{3.6}$$

最后一步是 CO 从催化剂表面脱附[44],如式(3.7)所示,或者与其他溶液中存在的物质反应[45],包括其他 CO_2 分子。

$${}^*CO \longrightarrow CO(g) + * \tag{3.7}$$

相比于第一步,随后的反应步骤几乎是瞬间发生的。在电催化还原 CO_2 生成 CO 的反应中,催化剂表面固定高能量 $CO_2^{\cdot-}$ 中间体的能力同样是提高 CO_2 还原反应速率与效率的关键因素。Au、Ag、Zn 和 Ga 能够以不同的程度结合 $CO_2^{\cdot-}$ 中间体[46],并且过渡金属催化剂表面进行的电催化还原 CO_2 生成 CO 的反应活性通常受到 ${}^*COOH$ 中间体形成的限制[47],催化剂与 ${}^*COOH$ 结合能力强则总反应所需克服的能垒降低。同时,当催化剂与 ${}^*CO$ 的结合能力足够弱而不能还原 CO[48]时,才可以很容易地从表面脱附 CO,无须进一步质子化反应生成不需要的产物。

一些研究者也提出了其他的基元反应步骤,如反应路径中不包含 ${}^*COOH$ 中间体的产生,CO 由吸附的 $CO_2^{\cdot-}$ 分解产生,如式(3.8)[49]和式(3.9)[50]所示,或由电极液中的 HCO_3^- 与 CO_2 共同作用在 Ag 上生成,如式(3.10)[18]所示。

$$* + CO_2 \xrightarrow{e^-} * CO_2^{\cdot -} \longrightarrow * CO + O^- \xrightarrow{H^+ + e^-} * CO + OH^- \qquad (3.8)$$

$$* + CO_2 + 2H_2O \xrightarrow{2e^- - 2OH^-} * C(OH)_2 \xrightarrow{-H_2O} \overset{*}{CO} \longrightarrow * + CO \quad (3.9)$$

$$* + CO_2 + HCO_3^- \xrightarrow{e^- - CO_3^{2-}} * COOH \xrightarrow{H_2O + e^- - OH^- - H_2O} * CO \longrightarrow * + CO$$
$$\qquad (3.10)$$

以上反应路径多为根据经验积累和化学直觉的猜测,缺少光谱观测、理论分析和微动力学分析。

在光谱观测方面,从实验角度检测反应中间体可以更准确地确定反应中间步骤。N. J. Firet 等人使用原位电化学衰减总反射率傅里叶变换红外光谱(ATR—FTIR)观察电化学还原 CO_2 过程中催化剂表面形成的中间体[51]。将 Ag 沉积在 ATR 晶体表面作为阴极催化剂,检测到 Ag—H 和 Ag—CO 中间产物,它们分别导致 H_2 和 CO 的生成(图 3.11),并证明了 $* COOH$ 中间体在 Ag 催化剂表面的存在,且反应机理取决于催化剂应用电位。当外加电位为 $-1.4 \sim -1.5$ V(vs. Ag/AgCl)时,还原机制为质子偶联电子转移反应,符合式(3.1)反应机制;当外加电位在 -0.16 V(vs. Ag/AgCl)以上时,遵循 $* COO^-$ 先于 $* COOH$ 生成的两步反应机理。在较负电位下,克服了 CO_2 与 Ag 表面结合的势垒,此时两者的结合不依赖于质子的存在,在此条件下更易形成 $* COO^-$ 中间体。

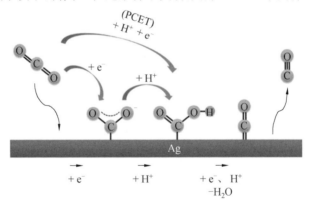

图 3.11　在薄膜 Ag 催化剂上 CO_2 还原成 CO 的反应机理示意图[51]

在理论分析方面,对于还原机理的研究常以密度泛函理论进行模拟研究[52]。由于电化学界面的复杂性,使用从头计算方法研究反应动力学是非常有难度的,需要对离子、溶剂、界面电荷和电位等所有因素都进行精确的描述。常用在模拟电化学反应的方法有计算氢电极(CHE)[53]、表面充电(SC)方法[54]、线性泊松—玻尔兹曼(PB)方程[55]和自洽连续溶剂化机制[56]。

将 DFT 方法与显式电化学界面模型结合,建立包含电场效应和电化学势垒的动力学模型,可以研究 Ag(111) 晶面上的电催化还原 CO_2 为 CO 的反应路径[57]。研究结果表明双电层溶剂化阳离子的电场及其在金属表面对应的镜像电荷显著地稳定了反应的关键中间体——$^*CO_2$ 和 $^*COOH$。在磁场稳定的位置,$^*CO$ 的形成是决速步骤。模拟的反应路径符合式(1.2)、式(1.4)、式(1.6)和式(1.7)。图 3.12 所示为在 Ag(111) 晶面及 Pt(111) 晶面上的 CO_2 还原为CO 的自由能变化。

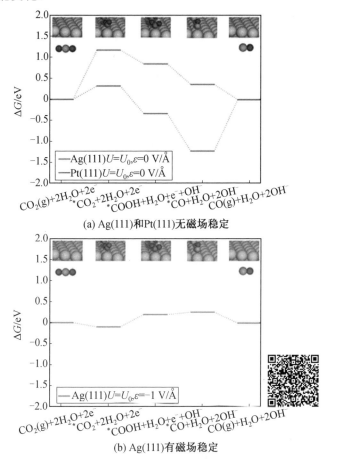

(a) Ag(111)和Pt(111)无磁场稳定

(b) Ag(111)有磁场稳定

图 3.12　在 Ag(111) 晶面及 Pt(111) 晶面上的 CO_2 还原为 CO 的自由能变化[57]

　　因为电化学还原 CO_2 反应是在三相反应体系中进行的,整个系统不仅需要考虑催化剂表面形态和电解液成分,而且需要考虑电解池的尺寸和膜分离器的作用。M. R. Singh 等首次使用物质传输连续模型与微动力学模型相结合,系统地模拟了在 Ag(110)晶面上发生的电催化还原 CO_2 反应,考虑了上述影响因素[58]。研究应用包括反应路径的量子化分析、反应动力学的微动力学模型和所有物质在电解液中输运的连续模型相结合的多尺度模型,模拟了 CO 和 H_2 电流密度、法拉第效率等对阴极电压的依赖关系,并且对三种可能的反应机制进行了完整的预测[58]。三种反应机理的不同在于氢供体,分别为 *H、*H_2O 和游离 H_2O。吸附的 *CO_2 加氢生成 *COOH 是 CO 生成的决速步骤。

已有的研究对反应的决速步骤仍有争议[18,58-59],根据 Tafel 分析[59]、反应顺序分析[24]和理论计算[60],反应决速步骤一般在以下几个步骤中产生:CO_2 在电催化剂表面的吸附[23-24,61]、质子转移到 CO_2^- 形成 *COOH[59]、质子偶联电子转移形成 *COOH[51]或 *CO 解析(在 Pd 电极上适用)[60]。确定不同条件下的反应决速步骤可以为设计高效的电化学还原 CO_2 催化剂生产 CO 和 H_2 合成气提供更有效的策略。

3.3　本章小结

基于环境和经济方面考虑,越来越多的人开始关注催化还原二氧化碳的途径,包括光催化、电催化、热力学催化等。其中,电催化由于前文中所提的诸多优点已成为研究者们的首选途径。过渡金属由于其 d 轨道的存在,一般都具有比较丰富的电子性质,其电子云较大且易变形,这对于接触反应物十分有利,同时松散的电子云也有利于反应产物的离去,因此,过渡金属元素相对于其他元素而言具有较好的催化性能。

当催化剂对还原产物具有单一选择性时,会避免后期复杂的分离步骤,对于催化反应的产业化具有极大的成本优势。催化剂的化学稳定性一直是所有催化反应选择催化剂时着重考虑的问题。如果催化剂化学稳定性不好,可能会造成催化剂无法维持其有效催化活性成分,这在实际的催化反应中将会表现出催化性能的迅速衰减,甚至会掩盖催化性能,这在催化反应的产业化中会对流程和仪器设备提出更高要求,直接增加了成本。对于以产业化为目标的催化剂制备,催化剂自身的成本也是制约其发展的重要因素,因此,选择催化剂时要兼顾催化材料的成本因素。除此之外,还需考虑催化材料的污染性和毒性,污染太强的物质会对环境造成安全隐患,不符合目前提倡的环保型产业要求,这也将制约其发展。

Ag 能很好地满足上述要求,Ag 对产物的选择性极高,只将 CO_2 还原为

CO,而且其化学稳定性良好,方便保存和使用,成本比同样性能优异的 Pt 和 Au 低廉得多,本身没有毒性,对环境无安全隐患,可以有效应用于电催化还原 CO$_2$ 中试实验,为工业化应用奠定基础并推动其快速发展。

本章参考文献

［1］GATTRELL M, GUPTA N, CO A. A review of the aqueous electrochemical reduction of CO$_2$ to hydrocarbons at copper［J］. Journal of Electroanalytical Chemistry, 2006, 594(1): 1-19.

［2］ROSS M B, LI Y F, DE LUNA P, et al. Electrocatalytic rate alignment enhances syngas generation［J］. Joule, 2019, 3(1): 257-264.

［3］HERNÁNDEZ S, AMIN FARKHONDEHFAL M, SASTRE F, et al. Syngas production from electrochemical reduction of CO$_2$: current status and prospective implementation［J］. Green Chemistry, 2017, 19(10): 2326-2346.

［4］FOIT S R, VINKE I C, DE HAART L G J, et al. Power-to-syngas: an enabling technology for the transition of the energy system?［J］. Angewandte Chemie, 2017, 56(20): 5402-5411.

［5］JIAO F, LI J J, PAN X L, et al. Selective conversion of syngas to light olefins［J］. Science, 2016, 351(6277): 1065-1068.

［6］ARESTA M, DIBENEDETTO A, ANGELINI A. Catalysis for the valorization of exhaust carbon: from CO$_2$ to chemicals, materials, and fuels. technological use of CO$_2$［J］. Chem Rev, 2014, 114(3): 1709-1742.

［7］ZHANG W, HU Y, MA L, et al. Progress and perspective of electrocatalytic CO$_2$ reduction for renewable carbonaceous fuels and chemicals［J］. Advanced Science, 2018, 5(1): 1700275.

［8］白晓芳,陈为,王白银,等.二氧化碳电化学还原的研究进展［J］.物理化学学报, 2017, 33(12): 2388-2403.

［9］殷中枢,郭建伟,王博.二氧化碳电化学还原催化剂［J］.科学技术与工程, 2013, 13(35): 10560-10570.

［10］张琪,许武韬,刘予宇,等.二氧化碳电化学还原概述［J］.自然杂志, 2017, 39(4): 242-250.

［11］赵晨辰,何向明,王莉,等. 电化学还原 CO_2 阴极材料研究进展［J］. 化工进展, 2013, 32(2): 373-380.

［12］HORI Y. Electrochemical CO_2 reduction on metal electrodes［M］. New York: Springer, 2008.

［13］HARA K, KUDO A, SAKATA T. Electrochemical reduction of carbon dioxide under high pressure on various electrodes in an aqueous electrolyte［J］. Journal of Electroanalytical Chemistry, 1995, 391(1-2): 141-147.

［14］HORI Y, WAKEBE H, TSUKAMOTO T, et al. Electrocatalytic process of CO selectivity in electrochemical reduction of CO_2 at metal electrodes in aqueous media［J］. Electrochim Acta, 1994, 39(11): 1833-1839.

［15］JITARU M, LOWY D A, TOMA M, et al. Electrochemical reduction of carbon dioxide on flat metallic cathodes［J］. Journal of Applied Electrochemistry, 1997, 27(8): 875-889.

［16］HOSHI N, KATO M, HORI Y. Electrochemical reduction of CO_2 on single crystal electrodes of silver Ag(111), Ag(100) and Ag(110)［J］. Journal of Electroanalytical Chemistry, 1997, 440(1): 283-286.

［17］CLARK E L, RINGE S, TANG M, et al. Influence of atomic surface structure on the activity of ag for the electrochemical reduction of CO_2 to CO［J］. ACS Catalysis, 2019, 9(5): 4006-4014.

［18］ROSEN J, HUTCHINGS G S, LU Q, et al. Mechanistic insights into the electrochemical reduction of CO_2 to CO on nanostructured Ag surfaces［J］. ACS Catalysis, 2015, 5(7): 4293-4299.

［19］李泽洋,杨宇森,卫敏. 二氧化碳还原电催化剂的结构设计及性能研究进展［J］. 化学学报, 2022, 80(2): 199-213.

［20］SUN K, WU L N, QIN W, et al. Enhanced electrochemical reduction of CO_2 to CO on Ag electrocatalysts with increased unoccupied density of states［J］. Journal of Materials Chemistry A, 2016, 4: 12616-12623.

［21］HAM Y S, CHOE S, KIM M J, et al. Electrodeposited Ag catalysts for the electrochemical reduction of CO_2 to CO［J］. Applied Catalysis B: Environmental, 2017, 208: 35-43.

［22］LU Q, ROSEN J, JIAO F. Nanostructured metallic electrocatalysts for carbon dioxide reduction［J］. Chemcatchem, 2015, 7(1): 38-47.

［23］LIU S B, TAO H B, ZENG L, et al. Shape-dependent electrocatalytic reduction of CO₂ to CO on triangular silver nanoplates[J]. Journal of the American Chemical Society, 2017, 139(6): 2160-2163.

[24] LU Q, ROSEN J, ZHOU Y, et al. A selective and efficient electrocatalyst for carbon dioxide reduction [J]. Nature Communications, 2014, 5 (1): 3242.

[25] SALEHI-KHOJIN A, JHONG H R M, ROSEN B A, et al. Nanoparticle silver catalysts that show enhanced activity for carbon dioxide electrolysis [J]. The Journal of Physical Chemistry C, 2013, 117(4): 1627-1632.

[26] BANDA-ALEMAN J A, OROZCO G, BUSTOS E, et al. Double-layer effect on the kinetics of CO₂ electroreduction at cathodes bearing Ag, Cu, and Ag/Cu nano-arrays electrodeposited by potentiostatic double-pulse[J]. Journal of CO₂ Utilization, 2018, 27: 459-471.

[27] CHANG Z, HUO S Y, ZHANG W J, et al. The tunable and highly selective reduction products on Ag@Cu bimetallic catalysts toward CO₂ electrochemical reduction reaction[J]. The Journal of Physical Chemistry C, 2017, 121(21): 11368-11379.

[28] CHOI J, KIM M J, AHN S H, et al. Electrochemical CO₂ reduction to CO on dendritic Ag-Cu electrocatalysts prepared by electrodeposition[J]. Chemical Engineering Journal, 2016, 299: 37-44.

[29] YU Q, MENG X G, SHI L, et al. Superfine Ag nanoparticle decorated Zn nanoplates for the active and selective electrocatalytic reduction of CO₂ to CO[J]. Chemical Communications, 2016, 52(98): 14105-14108.

[30] LEE C Y, ZHAO Y, WANG C Y, et al. Rapid formation of self-organised Ag nanosheets with high efficiency and selectivity in CO₂ electroreduction to CO[J]. Sustain Energ Fuels, 2017, 1(5): 1023-1027.

[31] QIU W B, LIANG R P, LUO Y L, et al. A Br-anion adsorbed porous Ag nanowire film: in situ electrochemical preparation and application toward efficient CO₂ electroreduction to CO with high selectivity[J]. Inorg Chem Front, 2018, 5(9): 2238-2241.

[32] HSIEH Y C, SENANAYAKE S D, ZHANG Y, et al. Effect of chloride anions on the synthesis and enhanced catalytic activity of silver nanocoral electrodes for CO₂ electroreduction [J]. ACS Catalysis, 2015, 5 (9): 5349-5356.

[33] HSIEH Y C, BETANCOURT L E, SENANAYAKE S D, et al. Modification of CO_2 reduction activity of nanostructured silver electrocatalysts by surface halide anions [J]. ACS Applied Energy Materials, 2018, 2(1): 102-109.

[34] CHEN J, WANG Z, LEE H, et al. Efficient electroreduction of CO_2 to CO by Ag-decorated S-doped g-C_3N_4/CNT nanocomposites at industrial scale current density[J]. Mater Today Phys, 2020, 12:100176.

[35] LI Y F, CHEN C, CAO R, et al. Dual-atom Ag-2/graphene catalyst for efficient electroreduction of CO_2 to CO [J]. Applied Catalysis B: Environmental, 2020, 268: 118747.

[36] GAO J, ZHAO S Q, GUO S J, et al. Carbon quantum dot-covered porous Ag with enhanced activity for selective electroreduction of CO_2 to CO[J]. Inorg Chem Front, 2019, 6(6): 1453-1460.

[37] 杜亚东,孟祥桐,汪珍,等. 石墨烯基二氧化碳电化学还原催化剂的研究进展 [J]. 物理化学学报, 2022, 38(2): 84-100.

[38] OLAH G A, PRAKASH G K S, GOEPPERT A. Anthropogenic chemical carbon cycle for a sustainable future[J]. Journal of the American Chemical Society, 2011, 133(33): 12881-12898.

[39] OLAH G A, GOEPPERT A, PRAKASH G K S. Chemical recycling of carbon dioxide to methanol and dimethyl ether: from greenhouse gas to renewable, environmentally carbon neutral fuels and synthetic hydrocarbons [J]. The Journal of Organic Chemistry, 2009, 74(2): 487-498.

[40] JONES J P, PRAKASH G K S, OLAH G A. Electrochemical CO_2 reduction: recent advances and current trends [J]. Israel Journal of Chemistry, 2014, 54(10): 1451-1466.

[41] KORTLEVER R, SHEN J, SCHOUTEN K J, et al. Catalysts and reaction pathways for the electrochemical reduction of carbon dioxide[J]. Journal of Physical Chemistry Letters, 2015, 6(20): 4073-4082.

[42] LAMY E, NADJO L, SAVEANT J M. Standard potential and kinetic parameters of the electrochemical reduction of carbon dioxide in dimethylformamide[J]. Journal of Electroanalytical Chemistry and Interfacial Electrochemistry, 1977, 78(2): 403-407.

[43] PACANSKY J, WAHLGREN U, BAGUS P S. SCF ab-initio ground state

energy surfaces for CO_2 and $CO_2^{\cdot-}$ [J]. The Journal of Chemical Physics, 1975, 62(7): 2740-2744.

[44] HATSUKADE T, KUHL K P, CAVE E R, et al. Insights into the electrocatalytic reduction of CO_2 on metallic silver surfaces [J]. Physical Chemistry Chemical Physics, 2014, 16(27): 13814-13819.

[45] CHEN Y, KANAN M W. Tin oxide dependence of the CO_2 reduction efficiency on tin electrodes and enhanced activity for tin/tin oxide thin-film catalysts[J]. Journal of the American Chemical Society, 2012, 134(4): 1986-1989.

[46] HORI Y, MURATA A, TAKAHASHI R, et al. Chem in form abstract: electroreduction of CO to CH_4 and C_2H_4 at a copper electrode in aqueous solutions at ambient temperature and pressure[J]. Chem Inform, 1987, 18 (47): 71.

[47] PETERSON A A, ABILD-PEDERSEN F, STUDT F, et al. How copper catalyzes the electroreduction of carbon dioxide into hydrocarbon fuels[J]. Energy & Environmental Science, 2010, 3(9): 1311-1315.

[48] HORI Y, KOGA O, YAMAZAKI H, et al. Infrared spectroscopy of adsorbed CO and intermediate species in electrochemical reduction of CO_2 to hydrocarbons on a Cu electrode[J]. Electrochimica Acta, 1995, 40(16): 2617-2622.

[49] IKEDA S, TAKAGI T, ITO K. Selective formation of formic acid, oxalic acid, and carbon monoxide by electrochemical reduction of carbon dioxide [J]. Bulletin of the Chemical Society of Japan, 1987, 60(7): 2517-2522.

[50] KOSTECKI R, AUGUSTYNSKI J. Electrochemical reduction of CO_2 at an activated silver electrode[J]. Berichte der Bunsengesellschaft Für Physikalische Chemie, 1994, 98(12): 1510-1515.

[51] FIRET N J, SMITH W A. Probing the reaction mechanism of CO_2 electroreduction over Ag films via operando infrared spectroscopy[J]. Acs Catalysis, 2017, 7(1): 606-612.

[52] CALLE-VALLEJO F, KOPER M T M. First-principles computational electrochemistry: achievements and challenges [J]. Electrochimica Acta, 2012, 84: 3-11.

[53] NØRSKOV J K, ROSSMEISL J, LOGADOTTIR A, et al. Origin of the

overpotential for oxygen reduction at a fuel-cell cathode[J]. The Journal of Physical Chemistry B, 2004, 108(46): 17886-17892.

[54] STEINMANN S N, MICHEL C, SCHWIEDERNOCH R, et al. Modeling the $HCOOH/CO_2$ electrocatalytic reaction: when details are key[J]. Chemphyschem, 2015, 16(11): 2307-2311.

[55] MATHEW K, SUNDARARAMAN R, LETCHWORTH-WEAVER K, et al. Implicit solvation model for density-functional study of nanocrystal surfaces and reaction pathways[J]. Journal of Chemical Physics, 2014, 140 (8): 084106.

[56] ANDREUSSI O, DABO I, MARZARI N. Revised self-consistent continuum solvation in electronic-structure calculations [J]. Journal of Chemical Physics, 2012, 136(6): 064102.

[57] CHEN L D, URUSHIHARA M, CHAN K, et al. Electric field effects in electrochemical CO_2 reduction [J]. ACS Catalysis, 2016, 6 (10): 7133-7139.

[58] SINGH M R, GOODPASTER J D, WEBER A Z, et al. Mechanistic insights into electrochemical reduction of CO_2 over Ag using density functional theory and transport models[J]. Proceedings of the National Academy of Sciences of the United States of America, 2017, 114(42): E8812-E8821.

[59] DUNWELL M, LUC W, YAN Y S, et al. Understanding surface-mediated electrochemical reactions: CO_2 reduction and beyond[J]. ACS Catalysis, 2018, 8(9): 8121-8129.

[60] GAO D, ZHOU H, WANG J, et al. Size-dependent electrocatalytic reduction of CO_2 over Pd nanoparticles[J]. Journal of the American Chemical Society, 2015, 137(13): 4288-4291.

[61] DENG W, ZHANG P, SEGER B, et al. Unraveling the rate-limiting step of two-electron transfer electrochemical reduction of carbon dioxide[J]. Nature Communications, 2022, 13(1): 803.

第 4 章

金基催化剂上的 CO_2 还原电催化

Au 是理论上将 CO_2 电还原为 CO 本征活性最高的过渡金属。本章分别概述了 Au 单质金属和 Au 基复合催化剂在电催化还原 CO_2 技术中的发展现状。依次从 Au 纳米粒子的尺寸效应与纳米结构方面总结了提高 Au 单质金属催化剂催化活性并降低贵金属用量的相关研究。对于 Au 基复合催化剂,分别介绍了通过合金化、表面分子修饰和引入载体提高 Au 催化性能的策略。

理论上 Au 比 Ag 等其他元素更接近 CO_2 还原为 CO 反应火山图的火山口位置,对 CO 的生产具有先天性优势。Y. Hori 及后续研究者的实验结果也证明了 Au 基催化剂具有比 Ag、Zn 基等催化剂更高的电还原 CO_2 为 CO 的反应活性与产物选择性,但其更高的成本与稀有性是阻碍其应用的主要问题。通过设计新型活性位点,进一步增加 Au 基催化剂的活性,在减少 Au 元素用量的同时实现高催化性能是当前 Au 基催化剂的主要研究方向。根据前面的分析,纯 Au 催化剂的活性也受到标度关系的影响,虽然其具有较高的 CO 产物选择性,但反应活性相对不足。随着研究者们对 Au 基催化剂构效关系和反应机制的深入研究,已提出了粒径调整、形貌控制、构建晶界、合金化、表面修饰和金属—载体相互作用等策略来提高 Au 基催化剂的性能。

4.1　Au 单质金属催化剂

早期 Y. Hori 等[1]学者研究发现,块体 Au 基催化剂可以将 CO_2 以接近 90% 的法拉第效率电化学还原为 CO 产物,是第二类以 CO 为主要产物的过渡金属(Ag、Au 和 Zn)中起始电势最低、CO 选择性最高的金属,即纯 Au 具有较强的催化性能[2]。但是,Au 的成本较高,在保证催化剂活性的前提下将催化剂纳米化以降低 Au 的负载量是常用的策略,一定的纳米结构也将影响 Au 基催化剂的活性与催化选择性。

4.1.1　尺寸效应

通常纳米颗粒的粒径越小,比表面积越大,催化剂的原子利用率越高,因此减小粒径是降低贵金属用量的策略之一。除了对比表面积的影响外,材料尺寸也直接影响边缘位点与表面位点的比例,边缘位点的原子配位数较低,表面能较高,常常表现出不同于表面或体相位点的活性。孙守恒团队首先研究了 Au 纳米粒子(Au NPs)电催化还原 CO_2 反应的尺寸效应,他们合成了粒径为 4~10 nm

的单分散 Au NPs,其中粒径为 8 nm 的 Au NPs 的 CO 选择性整体高于其他粒子,在 -0.67 V(vs. RHE)施加电势下 CO 法拉第效率为 90%,但粒径更小的 Au NPs 的反应电流密度更高,因此 4 nm Au 的 CO 部分电流密度最高[3]。为了明确尺寸效应对 CO 选择性的影响,基于对 Au(111)、Au(211)和 Au_{13} 的 DFT 计算,研究者推测边缘位点具有更高的 CO_2 还原活性,而拐角位点则更有利于 HER 反应。8 nm 的 Au NPs 可以保持相对较高的边缘位点密度并将拐角位点数量最小化,因此具有最高的 CO 选择性(图 4.1、图 4.2)。P. Strasser 和 B. R. Cuenya 进一步研究了 Au 尺寸对催化剂活性和选择性的影响,以粒径为 $1.1\sim$ 7.7 nm 的 Au 纳米粒子/团簇(Au NPs/NCs)为研究对象,反应电流密度随着粒径的减小而急剧增加,但对 CO 的选择性逐渐降低,由 DFT 计算可知,小粒径的 Au NPs 上低配位位点密度增大导致了 HER 反应更加剧烈,与孙守恒团队的结果相似[4]。Y. Jung 等通过理论计算明确 Au 的低指数晶面、边缘位点与拐角位点的 CO_2 催化活性(图 4.3)[5]。计算结果表明拐角位点具有最高的 CO_2 还原活性,同时 HER 反应的能垒最高,而边缘位点的反应活性则低于拐角位点,当 Au 纳米粒子尺寸低于 2 nm 时也将导致 HER 反应激增。

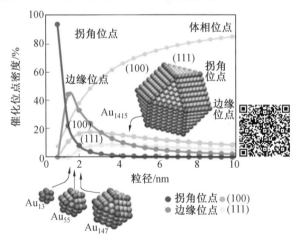

图 4.1 Au NPs 的拐角与边缘位点相对含量随粒径的变化

D. R. Kauffman 等对更小尺寸的 $Au_{25}(PET)_{18}^-$ 团簇的研究发现,粒径约为 1 nm 的 Au_{25} 具有良好的 CO_2 电催化性能,反应起始超电势仅为 90 mV,大大低于大尺寸的 Au 纳米粒子(200~300 mV),且 CO 法拉第效率接近 100%,表现出极高的催化活性与 CO 选择性[6]。非水溶剂中的原位光谱电化学法研究发现带负电荷的 Au_{25} 与 CO_2 分子间存在可逆的电子相互作用,这种较大尺寸的 Au

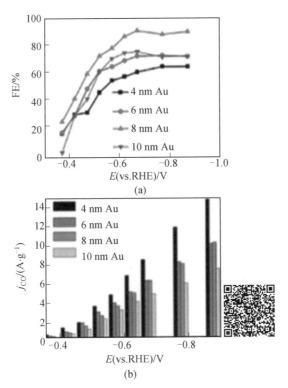

图 4.2　不同粒径 Au NPs 的 CO 法拉第效率与质量活性[3]

NPs 与 CO_2 分子间几乎不存在相互作用。DFT 计算表明这一电子相互作用主要来源于 CO_2 分子与 Au_{25} 壳层中的硫原子的相互作用,诱导了电荷再分配。尽管小尺寸 Au NPs/NCs 的高密度低配位位点不利于 CO_2 还原反应,但通过一定的表面修饰依然可以抑制这些低配位位点的 HER 副反应,增大 Au NCs 的催化活性与 CO 选择性[7-9]。值得注意的是,有研究表明小尺寸的 Au NPs 在 CO_2 还原过程中极易发生团聚与生长,即使在有机配体保护下尺寸也将在短时间内增大,有必要利用载体或更强的表面封端剂提高反应过程中 Au NPs 的稳定性[10]。

4.1.2　纳米结构

基于尺寸效应的研究,边缘、拐角等欠配位位点在 CO_2 还原中发挥着重要作用,因此在设计材料结构时应尽可能暴露更多的边缘位点,减少拐角位点相对密度是提高 Au 基催化剂性能的可行策略之一。一维纳米线具有更高的边缘位点比例,孙守恒团队利用种子辅助生长法合成了直径约为 2 nm 的超细 Au 纳米线（Au NWs）[11]。其中,长度为 500 nm 的 Au 纳米线表现出最低的起始电势

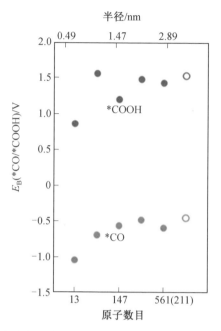

图 4.3　理论计算研究拐角位点对 *CO 与 *COOH 结合能随粒径尺寸的变化[5]

（－0.2 V(vs. RHE)）和约 94％的峰值 CO 选择性（－0.35 V(vs. RHE)）。理论计算结果表明,500 nm Au 纳米线具有高质量密度边缘活性位点（边缘位点所占比例约为 16％）,有利于 CO₂ 向 COOH 的活化和 CO 的脱附（图 4.4）。E. H. Sargent 团队报道了具有尖端结构的 Au 纳米针,其针尖部分可以在低超电势下产生局部高电场区域,有利于电解液中碱金属阳离子 K⁺ 在针尖部位的富集,进而增大局部 CO₂ 浓度并降低活化能垒,CO₂ 还原的起始电势仅为 0.07 V(vs. RHE),CO 选择性超过 95％的同时反应电流密度大幅提高（图 4.5、图 4.6）[12]。尖端结构对 CO₂ 还原的增强效应也可能与拐角/边缘的高活性位点有关。钱立华教授团队认为台阶/扭结位点具有较高的 CO₂ 还原活性[13]。研究者利用电化学脱合金的方法制备了纳米多孔 Au 电极,在脱合金过程中产生了丰富的台阶/扭结位点,实现了 98％的高 CO 选择性。利用 Pb 欠电位沉积测量表明,随着电解时间延长,电解质中的杂质离子（Zn、Pb 和 Cu 等）将占据这些欠配位点,同时导致 CO 选择性急剧下降,通过施加多次 CV 循环溶出杂质离子可以恢复 Au 电极的活性。陈爱成教授利用相同的方法制备了具有高催化活性的纳米多孔 Au 基催化剂,但他们将较高的催化活性归因于多孔结构提供的较大的活性表面积。

除了影响催化剂本征活性外,多孔结构在促进传质、提高局部 pH 等方面具

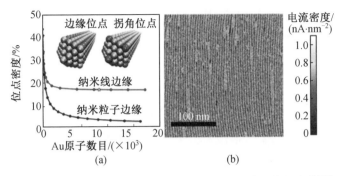

图 4.4　Au NWs 的边缘/拐角位点比例随纳米线长度的变化[11]

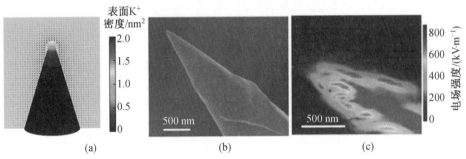

图 4.5　Au 纳米针的形貌与尖端结构电场强度分布

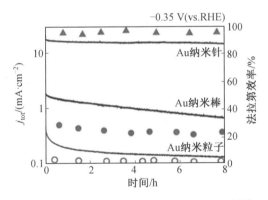

图 4.6　金纳米针的催化活性与反应稳定性[12]

有重要作用。S.Jeon 团队通过光刻设计了具有三维分级多孔结构的 Au 基催化剂,其中互连的亚微米孔道结构可以为电解质提供有效的质量传递途径,并具有较大的活性表面积,在低超电势(0.264 V)下 CO 选择性为 85.8%,与脱合金形成的多孔 Au 相比质量活性提高了近 4 倍[14]。H.A.Atwater 团队设计了孔径为 10～30 nm 的纳米多孔 Au 膜,多孔结构容易产生局部高碱性,使 CO 最高选择性达到 99%[15]。程振民教授团队通过脱合金制备了厚度可调的高度多孔 Au 膜,增大了孔道内部的局部 pH,促进 CO_2 还原的同时抑制 HER 反应,其中膜厚度最大的多孔 Au 膜表面粗糙度最高,局部 pH 最高,在 390 mV 的超电势下 CO 法拉第效率为 90.5%[16]。

王超和 D. H. Gracias 团队对表面覆盖 Au 膜的聚苯乙烯膜施加机械应力,制备了表面有褶皱结构的折叠状 Au 膜催化剂(图 4.7),并可以通过改变施加应力大小控制松散褶皱和紧密褶皱的比例[17]。催化性能测试表明随着施加应力的增大折叠状 Au 膜中紧密褶皱所占比例增加,同时 CO 选择性与部分电流密度增大,其中施加双轴应力的 Au 膜具有最高的 CO 选择性,为 87.4%,是无应力 Au 膜的 9 倍。尽管施加的应力导致材料中晶粒尺寸逐渐变大,但未改变 CO 形成的本征活性,实际上粗糙度的增大使 HER 反应受到抑制。研究者推测高粗糙度表面较高的局部 pH 是影响产物选择性的主要因素。

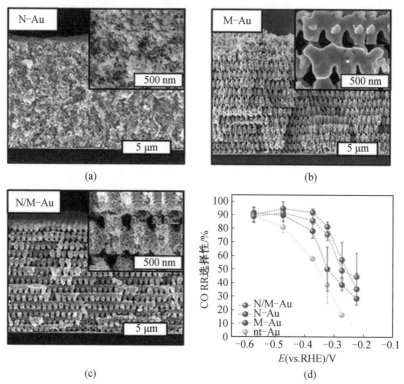

图 4.7 纳米孔 Au(N—Au)、大孔 Au(M—Au)和分级多孔 Au(N/M—Au) 的微观形貌与 CO_2RR 选择性[14]

孙守恒团队经过 DFT 计算研究发现，相比于 Au(111) 晶面，高指数晶面 (211) 活化 CO_2 为 $^*COOH$ 的能垒较低，且 $^*CO$ 形成后易于脱附；对于 HER 反应，(211) 晶面上需要很高的自由能才能形成 $^*H$，不容易发生 HER 副反应[3, 11]。K. T. Nam 团队合成了凹面菱形十二面体 Au 纳米粒子（Au concave RDs），具有高比例的 (331)、(221) 和 (553) 等高指数晶面（图 4.8）[18]。与非凹菱形的 Au NPs、Au 纳米立方与 Au 膜相比，凹面菱形 Au NPs 起始电势最低（−0.23 V (vs. RHE)），同时 CO 选择性在较大施加电势窗口内均高于其他主要暴露低指数晶面的样品，峰值 CO 法拉第效率达到 93%。夏兴华教授研究的二十四面体 Au 纳米粒子具有更高的 CO 选择性，基于 DFT 计算，二十四面体 Au 纳米粒子主要暴露的 Au(221) 晶面更有利于稳定 $^*COOH$ 中间体[19]。不同于面心立方结构，六方结构的材料将优先暴露欠配位位点。王超和 T. Mueller 合作研究的 4H Au 纳米带对 CO 的法拉第效率超过 90%[20]；张华教授研究的 fcc−2H−fcc 交替结构的 Au 纳米棒的 CO_2 还原活性也显著高于普通面心立方 Au[21]。理论计算表明反应中间体在六方相表面具有更低的活化能垒，可以优化 $^*CO$ 与 $^*COOH$ 结合能的标度关系，使 $^*CO$ 更容易脱附，在降低反应超电势的同时提高 CO 选择性。

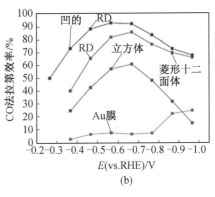

图 4.8　凹面菱形十二面体 Au NPs 边缘的原子结构（存在多种阶梯晶面）与 CO_2RR 选择性[18]

晶界是一种强应变效应产生的结构缺陷，晶界附近的局部空间对称性断裂将调节反应中间体的结合能，影响催化剂的性能。M. W. Kanan 团队通过 Au 箔电氧化再还原的方法获得了氧化物衍生 Au(OD−Au) 电极，CO 生成的起始超电势不超过 100 mV，相比于多晶 Au 电极起始电势降低了近 150 mV，在极低的超电势（140 mV）下即可将 CO_2 高选择性还原为 CO（图 4.9）[22]。

Tafel 测试表明多晶 Au 电极表面缓慢的电子传递步骤在 OD−Au 表面得

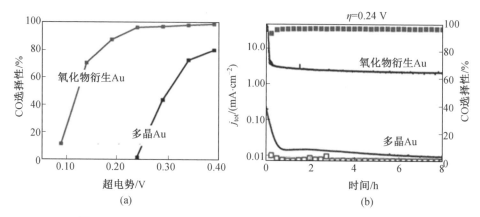

图 4.9 OD－Au 在不同超电势下的 CO 选择性与催化稳定性[22]

到改善,表现出极高的 CO_2 还原活性。在随后的研究中,该团队提出 OD－Au 的 CO_2 反应活性提高与晶界有关,并首先建立了 OD－Au 中晶界密度与催化活性的定量关系[23](图 4.10、图 4.11)。

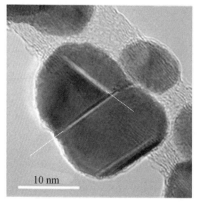

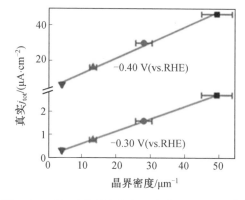

图 4.10 OD－Au 中晶界的微观结构　图 4.11 CO 反应活性与晶界密度的线性关系[23]

研究者利用其相沉积在碳纳米管上制备了具有高晶界密度的 Au NPs,并通过不同温度退火可控地降低晶界密度。经统计与建模方法得到的 Au/CNT 的晶界密度与 CO_2 还原的比活性呈线性关系,证明了晶界极有可能是 CO_2 还原的高活性位点。M. W. Kanan 团队进一步利用扫描电化学电池显微镜(SECCM)证明了晶界位置具有更高的 CO_2 还原活性[24]。通过电子背散射衍射(EBSD)解析晶界密度与几何形状,结合电化学测量研究可知,CO_2 还原活性与晶界密度呈正相关。此外,借助 SECCM 观测到在 CO_2 条件下晶界部分还原电流激增(图 4.12、图 4.13),而 Ar 条件下还原电流(H_2)主要与晶面取向有关,直接证明了晶界是高活性位点。H. Kim 团队利用 DFT 计算模拟了 Au(111) 表面晶界原子结构,并提出这种打破空间对称性的晶界位点可以稳定 * COOH 中间体,使反应超电势降低约 200 mV[25]。

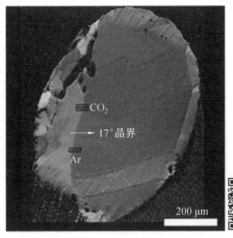

图 4.12　晶界区域的 EBSD 图像

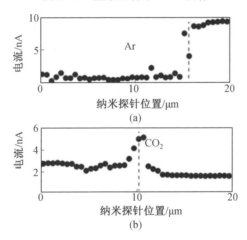

图 4.13　在不同气氛恒定电势电解下的电流密度空间分布[24]

4.2　Au 基复合催化剂

基于尺寸效应与纳米结构对 Au 基催化剂的研究已颇具成效,但部分报道中高活性的纳米 Au 基催化剂在电场作用下容易发生重构,难以保持稳定的催化性能。将纳米催化剂负载于大比表面积的载体上可以降低纳米粒子的表面能,同时增强导电性与活性表面积,是降低贵金属用量的常用方法。此外,向 Au 中引入第二种元素或表面修饰分子可以为催化剂设计引入新的自由度以打破单金属的标度关系,进一步提高催化性能。本节主要介绍 Au 基合金化催化剂、表面修饰 Au 催化剂与负载型 Au 催化剂的进展。

4.2.1 Au 基合金化催化剂

对贵金属催化剂而言,非贵金属的引入可以降低贵金属的用量,同时引入合金效应能够进一步提高催化剂的活性。过渡金属与反应物的 d 带相互作用决定了二者结合强度的大小,从而影响催化反应路径。杨培东院士团队研究表明,Au−Cu合金催化剂的 d 带中心随 Cu 含量的增加而提高,增强了催化剂对中间体的结合强度[26]。在存在少量 Cu 时,Au_3Cu 稳定中间体 *COOH 的能力增强,提高了 CO_2 还原活性;但当 Cu 含量进一步提高时,较强的 *H 结合强度有利于 HER 反应发生。基于此研究,杨培东与 E. H. Sargent 教授合作报道了利用 Cu 在 Au 表面的欠电位沉积(UPD)调节 CO_2 还原产物合成气组分比例的方法[27]。通过调节 UPD 电势窗口定量控制 Cu 覆盖度,影响了合金表面 d 带中心高度(图 4.14)。

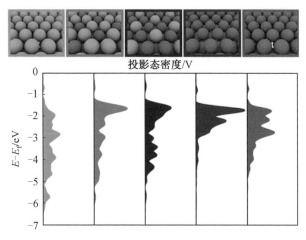

图 4.14 不同 Cu 覆盖率下的 Au 表面投影态密度[27]

原位表面增强拉曼光谱研究发现,随着 Cu 覆盖度增加 *H 和 *CO 在电极表面的结合强度均增大,而 *CO 与 *H 吸附能差值减小,使产物中 H_2 的相对含量增大,由此可以调节 H_2 与 CO 的比例以匹配费托合成生产碳氢化合物对合成气组分的要求。该团队后续的研究表明合金的晶相结构对催化性能也具有决定性作用[28],其中 Au 与 Cu 的无序合金倾向于 HER 反应,而有序的 Au—Cu 合金可以高效还原 CO_2 为 CO,本征催化活性提高了 3.2 倍,并使 CO 形成的超电势降低约 200 mV。这一性能的差异主要源于有序化的合金向表面 Au 位点施加的压缩应力,优化 Au 位点的电子结构,降低 CO_2 活化能垒。

王志江与 W. A. Goddard Ⅲ 教授合作报道了一种最外层为 Au,次外层具有杂原子的理论计算模型用于预测 20 种组分的 Au 合金的 CO_2 还原活性,发现 Au—Fe 合金活化 CO_2 形成 * COOH 的能垒最低,同时也具有较低的 CO 脱附能 (图 4.15)[29]。

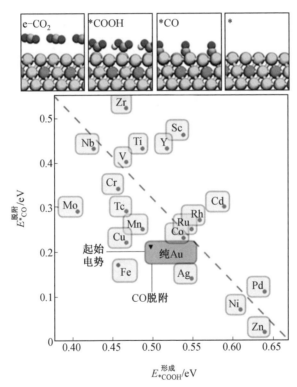

图 4.15　20 种 Au 基合金的 * COOH 形成能和 CO 脱附能

随后利用溶剂热方法合成了粒径约为 8 nm 的 Au—Fe 合金催化剂,发现 Au—Fe 合金在最初的 1 h 电解过程中表面 Fe 发生溶解形成具有 Au 外壳的核壳结构纳米粒子,在 -0.4 V(vs. RHE)电势下实现了 48.2 mA/mg 的超高质量活性,高于 Au 纳米粒子近 100 倍,CO_2 选择性接近 100%,且可以稳定运行超过 90 h(图 4.16、图 4.17)。

DFT 计算表明 Fe 溶出后壳层发生重构引入空位,优化活性中心的电子结

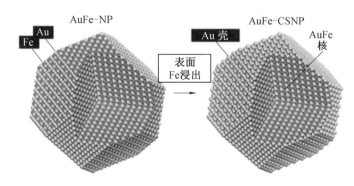

图 4.16　Au—Fe 合金结构演变示意图

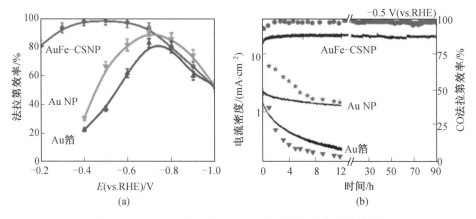

图 4.17　Au—Fe 合金的 CO_2RR 选择性与催化稳定性[29]

构,在次外层 Fe 原子的协同作用下,进一步降低了 *COOH 形成的能垒。姚涛教授团队利用原位同步辐射吸收谱进一步解析了孤立 Fe 位点与 Au 表面协同调控 CO_2RR 的动态过程,在反应中由 Au 位点向 Fe 位点转移电子,促进 CO_2 活化并增强了对 *COOH 的吸附[30]。此外,理论预测的 Au—Mo 合金具有最低的 *COOH形成能垒,王志江教授团队同样通过溶剂法合成了 Au—Mo 合金,Au、Mo 位点由于电负性差异发生电荷转移,增大 Au 位点的电子云密度的同时,表面 Mo 位点通过 Mo—O 相互作用稳定中间产物 *COOH,降低 CO_2 的活化能垒,在 $-0.4\ V(vs.RHE)$ 实现了 97.5% 的 CO 法拉第效率,电流密度是 Au 催化剂的 75 倍。Au—Mo 合金较高的 CO 脱附能可能是导致其催化活性低于 Au—Fe 合金的主要原因。

　　由于 Au 基合金对 *CO 的结合能力较弱,其 CO_2 还原产物通常以 CO 为主。M. T. M. Koper 团队的研究表明,Au 与对 *CO 吸附能力较强的 Pd 复合形成

Au—Pd 合金可以将 CO_2 还原为包括丙烯、1—丁烯与戊烯等高级烃在内的 C_1~C_5 的多种产物,通过调节 *CO 在金属表面的结合能实现了 Au 基催化剂上 *CO 的深度还原,但对 Au—Pd 合金的研究多数以 CO 为主要产物[31]。王超团队将少量 Pd 引入 Au 粒子中,DFT 计算表明随着 Pd 聚集体的减小,*CO 的结合强度降低,*COOH 的结合强度随 Pd 聚集体尺寸而增大,原子级分散的 Pd 位点(单原子 Pd 或 Pd 二聚体等)对 *CO 的吸附强度高于 Au 位点,但不至于发生 CO 中毒,同时也可以稳定 *COOH 中间体,增强了 CO_2 的还原性能[32]。邵敏华院士团队也报道了 $Au_{94}Pd_6$ 催化剂在 -0.5 V(vs. RHE)实现了 94% 以上的 CO 法拉第效率,远高于纯 Au 和 Pd 催化剂[33]。原位红外光谱与 DFT 计算表明 $Au_{94}Pd_6$ 催化剂可以在稳定 *COOH 的同时降低 *CO 的解吸能。此外,Au—Cd[34]、Au—Pt[35]、Au—Sn[36] 和 Au—Ni[37] 等合金催化剂相关研究均表现出合金效应引起的催化性能的增强。

4.2.2 表面修饰 Au 催化剂

不同于尺寸效应、纳米结构和合金化等改性策略,表面修饰有机分子也是金属催化剂性能改进的有效方法。将具有特定官能团的分子修饰在 Au 催化剂表面可以调节金属的电子结构、局部反应微环境或作用于中间体的吸附行为,影响催化反应活性与反应路径。杨培东与 C. J. Chang 合作研究的 N—杂环卡宾(NHC)改善了 Au 纳米粒子对 CO 的选择性(83%),电流密度较纯 Au NPs 提高了 7.6 倍,研究者推测 NHC 分子的强供电子能力使 Au 表面电子密度增加,同时强 NHC—Au 相互作用可能破坏 Au—Au 键的稳定性,增加表面缺陷位点,有利于 CO_2 的活化[38]。

J. C. Flake 团队在 Au 电极表面修饰含不同官能团的硫醇分子,其中 4—PEM 分子修饰 Au 基催化剂的甲酸盐产量增加了 3 倍,研究者提出吡啶鎓将转移质子到反应中间体 *HCO_2 协同 Au 表面的电子转移产生甲酸产物[39]。基于分子 pK_a 值,研究者认为 MPA 分子较低的 pK_a 值使其成为良好的质子源,在低电势下促进了 HER 反应;而 CA 分子的 pK_a 值较高,难以解离出质子,反而通过氨基与 CO_2 相互作用提高局部 CO_2 浓度,增大反应电流密度。此外,DFT 计算表明表面的卟啉配体增强对 *COOH 吸附的同时促进了 *CO 的解吸,在340 mV 的超电势下具有 93% 的高 CO 法拉第效率。受 CO 脱氢酶活性位点的启发,王志江教授团队将半胱胺修饰在 Au 纳米粒子表面,其中巯基端通过 Au—S 键将分子锚定在 Au 表面,调节表面电子结构,原位红外光谱也证明了悬垂的氨基可以稳定反应中间体,实现了高于纯 Au 催化剂 110 倍的质量活性和超过 95% 的

CO 法拉第效率[40]。同样借鉴 CODH 酶活性中心的疏水结构，E. Reisner 团队设计了葫芦脲（Cucurbit[6] uril，CB[6]）修饰的 Au 电极（图 4.18、图 4.19），CB[6] 的空腔内具有较强的疏水性并可以络合 CO_2 将其限域在纳米空腔内，从而改变了电催化剂表面的局部化学环境[41]。借助原位红外光谱分析可知还原反应发生在疏水空腔的限域空间内，抑制了水分子对中间产物的稳定作用，提高了CO 的选择性。

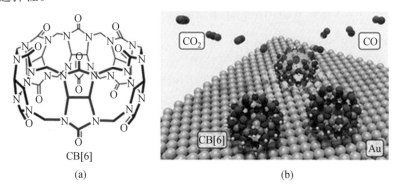

图 4.18　葫芦脲的分子结构与在 Au 表面发挥限域作用的示意图

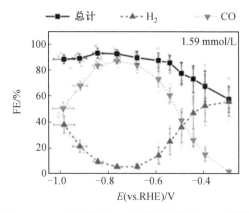

图 4.19　CB[6] 修饰 Au 催化剂的催化选择性[41]

　　表面封端剂常用于抑制纳米粒子的团聚与生长，但同时也将屏蔽部分活性位点，不利于催化反应发生。杨培东教授团队提出了表面封端剂促进 CO_2RR 的策略：在还原电势下配体分子（十四烷基磷酸，TDPA）从金属纳米粒子（Ag、Au和 Pd NPs）表面解离，由化学吸附转变为可逆的物理吸附，在电还原过程中配体分子相互作用交联并浮动在催化剂表面，形成金属/有序配体中间层（如 Au NP/ordered－interlayer，Au－NOLI）的独特层间结构（图 4.20（a））[43]。使电解液中的阳离子特性吸附在电极表面稳定 $CO_2^{\cdot-}$ 中间产物,在 $CsHCO_3$ 电解液中 $Au-NOLI$ 的起始电势仅为 27 mV,CO 选择性达到 98.9%,比活性相比 Au 箔提高了两个数量级。温晓东与刘巍教授合作报道了使用表面封端的螯合有机配体稳定 Au 纳米粒子的方法,使催化剂可以稳定反应超过 72 h[42]。与常规使用的油胺封端剂相比,四齿卟啉配体在 Au 表面形成中空支架(图 4.20(b)~(d)),避免了对活性位点的遮蔽,电化学活性表面积提高了 3.2 倍。L. R. Baker 团队制备了十二烷硫醇稳定的 Au 纳米粒子,尽管电化学活性表面积损失了 90%,但对 CO_2 还原活性几乎没有影响,并未屏蔽 CO_2 还原的活性位点[44]。疏水的十二烷基硫醇在 Au 表面组成了类似于 CO_2 的可渗透膜,排斥水合阳离子,阻断了杂质金属离子的沉积,并增大了 CO_2 浓度,大幅提高了催化剂的稳定性,在由河水制备的电解质中依然可以保持较高的 CO_2 催化活性。疏水性的 PTFE 聚合物黏合剂也被认为可以改变局部 CO_2 和 H_2O 浓度比,提高 CO_2 还原活性[45]。

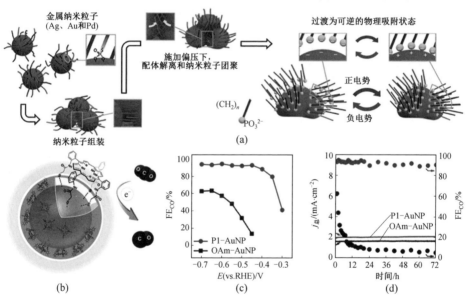

图 4.20　四齿卟啉修饰 Au NPs 的示意图与 CO_2RR 性能[42]

4.2.3　负载型 Au 催化剂

贵金属催化剂往往被负载在碳材料或金属氧化物载体上,目的是增强导电性、减少催化剂用量以及防止高表面能的小团簇团聚等,但载体与金属的相互作用往往也将调节金属位点的电子结构,影响催化性能。S. H. Hahn 团队将粒径为 5～40 nm 的 Au 纳米粒子修饰在氧化石墨烯上,结果发现,当 Au 纳米粒子的粒径减小至 5 nm 时,氧化石墨烯(GO)载体与 Au 纳米粒子的相互作用增强,优化了 Au/GO 界面的催化反应物的吸附和电子转移进程,充分证明了金属-载体相互作用的重要性[46]。F. R. Fisher 团队报道了一种自下而上方法合成的石墨烯纳米带(GNR)负载 Au 纳米粒子,改善了 Au 纳米颗粒分散性并增大活性表面积的同时还影响了催化环境,CO 最大选择性超过 90%,整体催化产率是传统多孔碳担载 Au 纳米粒子的近 100 倍[47]。Y. Kobayashi 团队利用拉曼光谱观测到单壁碳纳米管负载的 Au 纳米粒子材料在非共振区出现峰频率和强度的增强,这一结果直接证明了 Au 纳米粒子与单壁碳管的电荷转移现象[48]。基于此,王志江教授团队设计了由碳纳米管担载的分子复合物衍生 Au 纳米团簇催化剂(Au NC-CNT),在电场作用下 Au 分子复合物发生结构转变,在富含缺陷的碳纳米管表面形成粒径约为 4 nm 的团簇,材料表征与 DFT 计算证明 CNT 与 Au NCs 之间发生电荷转移,形成富电子的 Au 活性位点,并提高 d 带中心高度,增强对 *COOH 的吸附强度,在高反应速率下(> 100 mA/cm²)CO 选择性超过 90%[49]。

与碳材料相比,金属氧化物更容易与金属催化剂发生相互作用,影响催化剂的组分、电子结构等。D. H. Kim 在超薄钛酸盐纳米片上负载 Au 纳米粒子,调节 Au 的负载量将影响 Au 与钛酸盐载体的电子相互作用程度,并改变催化剂对 CO_2 还原中间产物的吸附强度,从而实现对产物合成气中 H_2 与 CO 比例的调控[51]。包信和院士团队设计的 Au-CeO_x 金属氧化物界面在-0.89 V(vs. RHE)表现出 32.4 mA/mg 的质量活性和 89.1% 的 CO 法拉第效率,显著高于 Au 和 CeO_x 催化剂[50]。原位扫描隧道显微镜(in situ STM)和 X 射线吸收谱及 DFT 计算表明,Au-CeO_x 界面是 CO_2 活化和还原为 CO 的活性位点(图 4.21),其中 Au 与 CeO_x 载体协同作用促进了 *COOH 的稳定。陈忠伟团队提出了一种利用静电相互作用合成具有可控金属-氧化物界面的 Au-CeO_2/C 自组装策略[52]。通过精确控制 Au 与 CeO_2 的表面电荷,将 3.5 nm 的 Au NPs 选择性地锚定在 CeO_2 表面,在增大活性表面积的同时增强了对 CO_2 的吸附,CO 的最大法拉第效率为 97%,并且在-0.6 V(vs. RHE)得到了 139 mA/mg 的质量活性。张亚文团队在 CeO_2 表面负载 Au(OH)₃,经电化学预处理将 Au^{3+} 诱导载体活化形成被 CeO_2 部分包裹的 Au 纳米粒子,使 Au NPs 与 CeO_2 之间形成强金属-载体相互作用,表面残存 $Au^{\delta+}$ 位点与 CeO_2 载体中的氧空位协同促进 CO_2 的活化,加速了 *COOH 中间体的生成,实现了超过 95% 的 CO 法拉第效率,质量活性达到 233 mA/mg,相比 Au 催化剂提高了 5.8 倍[53]。

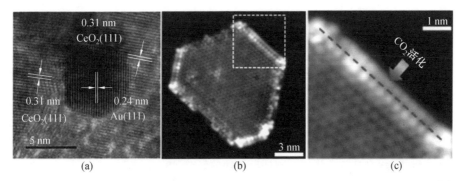

图 4.21 $Au-CeO_x$ 的微观形貌与由 STM 直接观测 $Au-CeO_x$ 界面处 CO_2 的活化[50]

4.3 本章小结

  Au 是理论上电还原 CO_2 为 CO 本征活性最高的过渡金属,本章内容着眼于 Au 单质金属催化剂与 Au 基复合催化剂对 Au 催化性能的提高策略。对于 Au、Ag 为代表的贵金属催化剂,降低使用成本并提高催化活性是主要的研究方向。缩小 Au 基催化剂的尺寸并设计特殊结构提高催化活性是减少 Au 用量最直接的方法。此外,将 Au 与其他廉价金属形成合金也可以降低催化剂中的 Au 浓度,并通过合金效应获得比单质 Au 更强的催化活性与 CO 产物选择性。由于电场作用下纳米催化剂的形貌与尺寸容易发生改变,将 Au 基催化剂负载于载体上将降低表面能,提高催化剂的稳定性,并可能与部分载体相互作用提高催化活性。

  虽然 Ag 基或近年来发现迅速的单原子催化剂也表现出对 CO 产物的高选择性,Au 基催化剂依然具有更低的起始电势与更高的反应活性,但贵金属的使用成本始终是制约 Au 催化剂应用的最大问题。未来的研究中可以考虑将催化剂中的 Au 含量进一步稀释至团簇或原子级,并借助载体、组分或配位结构设计等进一步提高 Au 基催化剂的活性与稳定性。

本章参考文献

[1] HORI Y, KIKUCHI K, SUZUKI S. Prodution of CO and CH_4 in electrochemical reduction of CO_2 at metal electrodes in aqueous hydrogencarbonate solution

[J]. Chem Lett, 1985, 14(11): 1695-1698.

[2] HANSEN H A, VARLEY J B, PETERSON A A, et al. Understanding trends in the electrocatalytic activity of metals and enzymes for CO_2 reduction to CO[J]. The Journal of Physical Chemistry Letters, 2013, 4 (3): 388-392.

[3] ZHU W L, MICHALSKY R, METIN Ö, et al. Monodisperse Au nanoparticles for selective electrocatalytic reduction of CO_2 to CO[J]. J Am Chem Soc, 2013, 135(45): 16833-16836.

[4] MISTRY H, RESKE R, ZENG Z, et al. Exceptional size-dependent activity enhancement in the electroreduction of CO_2 over Au nanoparticles [J]. J Am Chem Soc, 2014, 136(47): 16473-16476.

[5] BACK S, YEOM M S, JUNG Y. Active sites of Au and Ag nanoparticle catalysts for CO_2 electroreduction to CO[J]. ACS Catalysis, 2015, 5(9): 5089-5096.

[6] KAUFFMAN D R, ALFONSO D, MATRANGA C, et al. Experimental and computational investigation of Au_{25} clusters and CO_2: a unique interaction and enhanced electrocatalytic activity[J]. J Am Chem Soc, 2012, 134(24): 10237-10243.

[7] NAROUZ M R, OSTEN K M, UNSWORTH P J, et al. N-heterocyclic carbene-functionalized magic-number gold nanoclusters [J]. Nature Chemistry, 2019, 11(5): 419-425.

[8] YUAN S F, HE R L, HAN X S, et al. Robust gold nanocluster protected with amidinates for electrocatalytic CO_2 reduction[J]. Angew Chem Int Ed, 2021, 60(26): 14345-14349.

[9] LI G, JIN R C. Atomically precise gold nanoclusters as new model catalysts [J]. Acc Chem Res, 2013, 46(8): 1749-1758.

[10] TRINDELL J A, CLAUSMEYER J, CROOKS R M. Size stability and H_2/CO selectivity for Au nanoparticles during electrocatalytic CO_2 reduction[J]. J Am Chem Soc, 2017, 139(45): 16161-16167.

[11] ZHU W L, ZHANG Y J, ZHANG H Y, et al. Active and selective conversion of CO_2 to CO on ultrathin Au nanowires[J]. J Am Chem Soc, 2014, 136(46): 16132-16135.

[12] LIU M, PANG Y J, ZHANG B, et al. Enhanced electrocatalytic CO_2

reduction via field-induced reagent concentration[J]. Nature, 2016, 537 (7620): 382-386.

[13] LU X L, YU T S, WANG H L, et al. Electrochemical fabrication and re-activation of nanoporous gold with abundant surface steps for CO_2 reduction[J]. ACS Catalysis, 2020, 10(15): 8860-8869.

[14] HYUN G, SONG J T, AHN C, et al. Hierarchically porous Au nanostructures with interconnected channels for efficient mass transport in electrocatalytic CO_2 reduction [J]. Proceedings of the National Academy of Sciences of the United States of America, 2020, 117(11): 5680-5685.

[15] WELCH A J, DUCHENE J S, TAGLIABUE G, et al. Nanoporous gold as a highly selective and active carbon dioxide reduction catalyst[J]. ACS Applied Energy Materials, 2019, 2(1): 164-170.

[16] CHEN C Z, ZHANG B, ZHONG J H, et al. Selective electrochemical CO_2 reduction over highly porous gold films[J]. Journal of Materials Chemistry A, 2017, 5(41): 21955-21964.

[17] KWOK K S, WANG Y X, CAO M C, et al. Nano-folded gold catalysts for electroreduction of carbon dioxide[J]. Nano Lett, 2019, 19(12): 9154-9159.

[18] LEE H E, YANG K D, YOON S M, et al. Concave rhombic dodecahedral Au nanocatalyst with multiple high-index facets for CO_2 reduction[J]. ACS Nano, 2015, 9(8): 8384-8393.

[19] HOSSAIN M N, LIU Z G, WEN J J, et al. Enhanced catalytic activity of nanoporous Au for the efficient electrochemical reduction of carbon dioxide[J]. Applied Catalysis B: Environmental, 2018, 236: 483-489.

[20] WANG Y X, LI C Y, FAN Z X, et al. Undercoordinated active sites on 4H gold nanostructures for CO_2 reduction[J]. Nano Lett, 2020, 20(11): 8074-8080.

[21] FAN Z, BOSMAN M, HUANG Z, et al. Heterophase fcc-2H-fcc gold nanorods[J]. Nature Communications, 2020, 11(1): 3293.

[22] CHEN Y, LI C W, KANAN M W. Aqueous CO_2 reduction at very low overpotential on oxide-derived Au nanoparticles[J]. J Am Chem Soc, 2012, 134(49): 19969-19972.

[23] FENG X, JIANG K, FAN S, et al. Grain-boundary-dependent CO_2 electroreduction activity[J]. J Am Chem Soc, 2015, 137(14): 4606-4609.

[24] MARIANO R G, MCKELVEY K, WHITE H S, et al. Selective increase in CO_2 electroreduction activity at grain-boundary surface terminations [J]. Science, 2017, 358(6367): 1187-1192.

[25] KIM K S, KIM W J, LIM H K, et al. Tuned chemical bonding ability of Au at grain boundaries for enhanced electrochemical CO_2 reduction[J]. ACS Catalysis, 2016, 6(7): 4443-4448.

[26] KIM D, RESASCO J, YU Y, et al. Synergistic geometric and electronic effects for electrochemical reduction of carbon dioxide using gold-copper bimetallic nanoparticles[J]. Nature Communications, 2014, 5(1): 4948.

[27] ROSS M B, DINH C T, LI Y, et al. Tunable Cu enrichment enables designer syngas electrosynthesis from CO_2[J]. J Am Chem Soc, 2017, 139(27): 9359-9363.

[28] KIM D, XIE C, BECKNELL N, et al. Electrochemical activation of CO_2 through atomic ordering transformations of AuCu nanoparticles[J]. J Am Chem Soc, 2017, 139(24): 8329-8336.

[29] SUN K, CHENG T, WU L, et al. Ultrahigh mass activity for carbon dioxide reduction enabled by gold-iron core-shell nanoparticles[J]. J Am Chem Soc, 2017, 139(44): 15608-15611.

[30] SHEN X, LIU X, WANG S, et al. Synergistic modulation at atomically dispersed Fe/Au interface for selective CO_2 electroreduction[J]. Nano Lett, 2021, 21(1): 686-692.

[31] KORTLEVER R, PETERS I, BALEMANS C, et al. Palladium-gold catalyst for the electrochemical reduction of CO_2 to C1-C5 hydrocarbons [J]. Chem Commun, 2016, 52(67): 10229-10232.

[32] WANG Y, CAO L, LIBRETTO N J, et al. Ensemble effect in bimetallic electrocatalysts for CO_2 reduction[J]. J Am Chem Soc, 2019, 141(42): 16635-16642.

[33] ZHU S, QIN X, WANG Q, et al. Composition-dependent CO_2 electrochemical reduction activity and selectivity on Au-Pd core-shell nanoparticles[J]. Journal of Materials Chemistry A, 2019, 7(28): 16954-16961.

[34] JOVANOV Z P, HANSEN H A, VARELA A S, et al. Opportunities and challenges in the electrocatalysis of CO_2 and CO reduction using bifunctional surfaces: a theoretical and experimental study of Au-Cd alloys[J]. J Catal, 2016, 343: 215-231.

[35] MA M, HANSEN H A, VALENTI M, et al. Electrochemical reduction of CO_2 on compositionally variant Au-Pt bimetallic thin films[J]. Nano Energy, 2017, 42: 51-57.

[36] ISMAIL A M, SAMU G F, BALOG Á, et al. Composition-dependent electrocatalytic behavior of Au-Sn bimetallic nanoparticles in carbon dioxide reduction[J]. ACS Energy Letters, 2019, 4(1): 48-53.

[37] HAO J, ZHU H, LI Y, et al. Tuning the electronic structure of AuNi homogeneous solid-solution alloy with positively charged Ni center for highly selective electrochemical CO_2 reduction[J]. Chem Eng J, 2021, 404: 126523.

[38] CAO Z, KIM D, HONG D, et al. A molecular surface functionalization approach to tuning nanoparticle electrocatalysts for carbon dioxide reduction[J]. J Am Chem Soc, 2016, 138(26): 8120-8125.

[39] FANG Y, FLAKE J C. Electrochemical reduction of CO_2 at functionalized Au electrodes[J]. J Am Chem Soc, 2017, 139(9): 3399-3405.

[40] WANG Z, SUN K, LIANG C, et al. Synergistic chemisorbing and electronic effects for efficient CO_2 reduction using cysteamine-functionalized gold nanoparticles[J]. ACS Applied Energy Materials, 2019, 2(1): 192-195.

[41] WAGNER A, LY K H, HEIDARY N, et al. Host-guest chemistry meets electrocatalysis: cucurbit[6]uril on a Au surface as a hybrid system in CO_2 reduction[J]. ACS Catalysis, 2020, 10(1): 751-761.

[42] CAO Z, ZACATE S B, SUN X, et al. Tuning gold nanoparticles with chelating ligands for highly efficient electrocatalytic CO_2 reduction[J]. Angew Chem Int Ed, 2018, 57(39): 12675-12679.

[43] KIM D, YU S, ZHENG F, et al. Selective CO_2 electrocatalysis at the pseudocapacitive nanoparticle/ordered-ligand interlayer [J]. Nature Energy, 2020, 5(12): 1032-1042.

[44] SHANG H, WALLENTINE S K, HOFMANN D M, et al. Effect of

surface ligands on gold nanocatalysts for CO_2 reduction[J]. Chemical Science, 2020, 11(45): 12298-12306.

[45] XING Z, HU L, RIPATTI D S, et al. Enhancing carbon dioxide gas-diffusion electrolysis by creating a hydrophobic catalyst microenvironment [J]. Nature Communications, 2021, 12(1): 136.

[46] KHOA N T, KIM S W, YOO D H, et al. Size-dependent work function and catalytic performance of gold nanoparticles decorated graphene oxide sheets[J]. Applied Catalysis A: General, 2014, 469: 159-164.

[47] ROGERS C, PERKINS W S, VEBER G, et al. Synergistic enhancement of electrocatalytic CO_2 reduction with gold nanoparticles embedded in functional graphene nanoribbon composite electrodes[J]. J Am Chem Soc, 2017, 139(11): 4052-4061.

[48] JEONG G H, SUZUKI S, KOBAYASHI Y. Synthesis and characterization of Au-attached single-walled carbon nanotube bundles[J]. Nanotechnology, 2009, 20(28): 285708.

[49] SUN K, SHI Y, LI H, et al. Efficient CO_2 electroreduction via Au-complex derived carbon nanotube supported Au nanoclusters[J]. Chem Sus Chem 2021, 14(22): 4929-4935.

[50] GAO D, ZHANG Y, ZHOU Z, et al. Enhancing CO_2 electroreduction with the metal-oxide interface[J]. J Am Chem Soc, 2017, 139 (16): 5652-5655.

[51] MARQUES M F, NGUYEN D L T, LEE J E, et al. Toward an effective control of the H_2 to CO ratio of syngas through CO_2 electroreduction over immobilized gold nanoparticles on layered titanate nanosheets[J]. ACS Catalysis, 2018, 8(5): 4364-4374.

[52] FU J, REN D, XIAO M, et al. Manipulating Au-eO$_2$ interfacial structure toward ultrahigh mass activity and selectivity for CO_2 reduction[J]. Chemsuschem, 2020, 13(24): 6621-6628.

[53] SUN X C, YUAN K, ZHOU J H, et al. Au^{3+} Species-induced interfacial activation enhances metal-support interactions for boosting electrocatalytic CO_2 reduction to CO[J]. ACS Catalysis, 2022, 12(2): 923-934.

铜基催化剂上的 CO₂ 还原电催化

Cu 是唯一可以将 CO₂ 深度还原的过渡金属,与 Ag、Au 催化剂相比,Cu 催化产物适用性更广。本章主要总结可将 CO₂ 深度还原为碳氢化合物的 Cu 基催化剂,首先从 Cu 单质金属催化剂与 Cu 基复合催化剂两个角度,介绍了晶面对催化性能的影响规律,其中 Cu 基础晶面中 (100) 晶面最有利于 C—C 偶联产生多碳产物;其次,先后从尺寸与微观形貌概述了纳米结构与催化性能的构效关系;最后,总结了目前对于氧化物衍生 Cu 具有高催化活性的几种观点。在 Cu 基复合催化剂方面,主要综述了合金化、表面修饰、金属—载体相互作用与串联催化的策略,通过打破标度关系提高 Cu 基催化剂对特定产物的选择性。

在电化学还原 CO_2 的电极材料中，Cu 对 $^*CO$ 中间体具有适宜的吸附强度，是唯一能够催化 CO_2 深度还原的过渡金属。自 20 世纪 Y. Hori 教授首次研究发现 Cu 金属可以催化 CO_2 还原为甲烷、乙烯等碳氢化合物以来[1]，在大量开展的实验与理论研究下人们对 Cu 基催化剂的 CO_2RR 行为有了较为明晰的认识。T. F. Jaramillo 教授考察了铜箔上的 CO_2 还原产物，共检测到 16 种不同的 $C_1 \sim C_3$ 碳氢化合物和含氧化合物[2]。相比于简单的 2 个电子转移形成 CO 和甲酸的过程，多碳产物与碳氢化合物的形成涉及 $^*CO$ 中间体的偶联或深度还原过程，反应机理更为复杂。根据 Y. Hori 团队早期研究，在较高的超电势下才能检测到甲烷、乙烯等产物，但伴随着严重的析氢反应[1]。针对 Cu 金属对单一产物的选择性差和超电势较高等问题，研究者们已研究出晶面、尺寸、氧化态、合金化、表面修饰等多种改进策略，下面将分别总结相关方面的研究。

5.1　Cu 单质金属催化剂

尽管早期研究中，金属 Cu 电极的催化性能较差，难以高效地将 CO_2 转化为理想的催化产物，但块体 Cu 电极的研究对于明确不同晶面取向的反应活性与选择性起重要作用。随着纳米科学的发展，研究者发现催化剂的尺寸也很大程度上影响了催化反应的活性，对 Cu 电催化而言，纳米结构的 Cu 基催化剂已是目前的研究趋势，得益于材料表征技术的进步，对于构效关系的研究也日渐便利。此外，在先进原位表征技术的辅助下发现 Cu 氧化态对 CO_2RR 性能有很大影响。

5.1.1　晶面效应

Y. Hori 等[3]研究发现单晶铜电极的晶面取向显著影响 CO_2 还原的选择性。在 0.1 mol/L $KHCO_3$ 溶液中，恒定 5 mA/cm^2 电流密度下 Cu(111) 电极的主要产物为甲烷，电流效率超过 46%，乙烯的选择性低于 10%；而 Cu(100) 电极的主要产物为乙烯，其选择性超过 40%，其他 C_2 产物如乙醇、乙酸、乙醛等的选择性也比 Cu(111)电极高,所有 C_2 产物法拉第效率综合接近 60%,甲烷选择性仅为 30%。当在 Cu(111)单晶上引入(100)晶面的台阶位点时,Cu(S)$-[n(100)\times(111)]$ 对乙烯的选择性有所提高,而甲烷产物则受到抑制,且引入(100)晶面越多,乙烯选择性的增强越显著,其中高指数晶面(711)、(911)、(1111)对乙烯的选择性超过 50%;而在 Cu(100)单晶上引入(111)晶面的台阶位点时,选择性变化趋势恰恰相反,促进了甲烷的形成而抑制乙烯产物。Y. Hori 认为 Cu(111)晶面表面原子堆积密度最大,对*CO 的结合能力最弱,不利于*CO 发生二聚反应,而更容易被质子化形成 CH_4 产物;而 Cu(100)晶面或 Cu(S)$-[n(100)\times(111)]$高指数晶面的台阶位点对*CO 的吸附能适中,有利于中间产物发生二聚反应。

M. T. M. Koper 团队利用微分电化学质谱(DEMS)技术研究了磷酸缓冲溶液中 Cu 单晶电极的还原行为,研究表明对于基础晶面,Cu(100)晶面具有最小的乙烯生成的起始电势,同时几乎不产生甲烷产物;而 Cu(111)晶面上甲烷和乙烯产物的起始电势相近,产物以甲烷为主[4]。对于高指数晶面,Cu(911)晶面(取向为$[5(100)\times(111)]$)观察到与 Cu(100)相似的乙烯起始电势,而 Cu(322)晶面(取向为$[5(111)\times(100)]$)则未观察到乙烯产物。因此研究者推测 Cu(100)台阶位点(非平台位点)具有 C$-$C 偶联的反应活性。随后利用在线电化学质谱(OLEMS)研究了 Cu 单晶表面的 CO_2 反应路径[5],认为 Cu(100)表面在较低的超电势下发生*CO 偶联过程,选择性还原为 C_2H_4 产物,而在 Cu(111)晶面的 C$-$偶联机理与(100)晶面不同,主要在甲烷反应路径中发生二聚反应,因此(111)晶面的乙烯选择性较低。此外,M. T. Koper 教授利用 DFT 计算发现 Cu(100)晶面位于组成正方形的四个顶点,Cu 原子位置具有最佳的几何尺寸,可以让 CO 平行吸附且在邻位吸附的 CO 分子对吸附构型有利于 C$-$C 偶联过程,是乙烯形成的活性位点[6]。B. S. Yeo 团队同样研究了 CO_2 在 Cu(100)、(111)和(110)单晶表面的反应性,DFT 计算表明发现 Cu(100)晶面上的*CO$-$CO 偶联能垒最低,并随着*CO 覆盖率的提高偶联能垒进一步降低[7]。厦门大学李剑锋团队利用原位拉曼光谱研究了 Cu 单晶表面 CO_2 还原反应过程,仅在 Cu(110)表面观测到*OCCO(约 2 088 cm^{-1})与*CH_2CHO(约 529 cm^{-1});Cu(100)晶面的拉曼光谱与(110)晶面相似,但峰位相对红移,表明其对中间体的结合强度相对较低。Cu(111)表面可观测到中间产物*COOH 与*CO,但无 C$-$C 偶联产物特征峰[8]。

高指数晶面通常含有高密度的台阶原子及扭结位原子,这些低配位位点化学活性高,极易与反应物分子相互作用成为催化反应活性中心。J. Rossmeisl 团队利用主成分分析(PCA)研究总结了不同 Cu 晶面对 C_{2+} 产物的选择性,除了

(100)晶面,高指数晶面如(711)、(911)、(310)等也表现出极高的乙烯或乙醇选择性(图 5.1、图 5.2)[9]。T. F. Jaramillo 团队研究了物理气相沉积(PVD)获得的 Cu(111)、Cu(100)和 Cu(751)薄膜,电化学性能测试表明 Cu(100)和(751)晶面比(111)晶面具有更强的 C—C 偶联能力[10]。

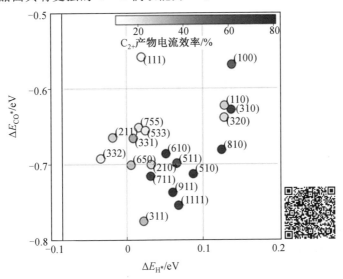

图 5.1　不同 Cu 晶面对 * H 和 * CO 的结合能与 C₂₊ 产物电流效率的关系

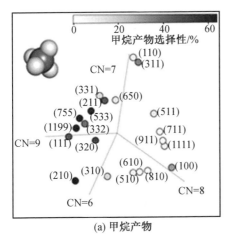

(a) 甲烷产物

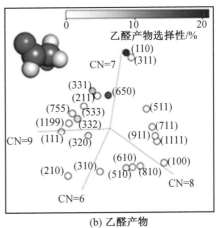

(b) 乙醛产物

图 5.2　基于主成分分析不同晶面 CO₂RR 产物的选择性趋势[9]

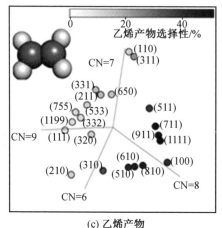

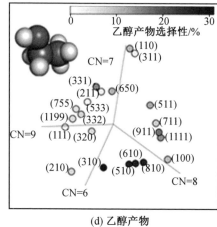

(c) 乙烯产物   (d) 乙醇产物

续图 5.2

5.1.2 纳米结构

由于纳米催化剂具有高比表面积,随着催化剂尺寸的减小可以暴露更多的活性位点,提高催化反应的活性表面积,因此 Cu 基催化剂粒径的调节是提高反应活性的重要手段。此外,纳米粒子丰富的边缘低配位原子位点与体相或表面原子位点具有不同的电子结构,将改变催化剂与中间产物的结合强度,从而影响 CO_2RR 反应路径。P. Strasser 团队报道了粒径为 2～15 nm 的 Cu 纳米粒子的催化性能(图 5.3、图 5.4),研究发现随着 Cu 粒子粒径的减小,尤其当粒径小于5 nm 时,在恒定施加电势下电流密度大幅提高,电化学活性显著增强[11]。同时相比于块体 Cu,Cu 纳米粒子的催化产物中 CO 和 H_2 所占的比例增加,而甲烷、乙烯等碳氢化合物的选择性则相对下降,但产物分布随粒径变化趋势不太明显。DFT 计算表明,由于小粒径粒子的边缘低配位原子位点占比更高,对于 *H 和 *COOH 的吸附能力增强,促进了 HER 反应和 CO 的合成。但是,O. A. Baturina 等随后研究了粒径为 10～30 nm 的 Cu 纳米粒子和光滑铜箔的 CO_2 还原性能,相比于主要产物为甲烷的铜箔,负载的 Cu 纳米粒子具有较高的 C_2H_4选择性,且反应起始电势降低[12]。其中,粒径为 12 nm 的 Cu 粒子具有最高的C_2H_4/CH_4 比值。但该研究中不同粒径 Cu 粒子的载体材料不同,可能对产物的选择性与反应活性有一定影响。在更小的尺度上,南方科技大学段乐乐团队合成了 Cu 单原子、亚纳米团簇(0.5～1 nm)与纳米团簇(1～1.5 nm),结果表明减小粒径也会降低反应活性,这可能与金属负载量相关[13]。对于主要产物的选择性,较小的粒径有利于 HER 反应的进行,同时由于孤立的原子位点不利于 C—C

偶联反应,抑制了 C_2H_4 的产生,主要产物为 CH_4(FE$_{CH_4}$约为 51.3%);而当粒径较大(纳米团簇)时,C_{2+} 产物法拉第效率超过 90%,几乎没有 CH_4 产生(FE$_{CH_4}$ 约为 0.2%)。

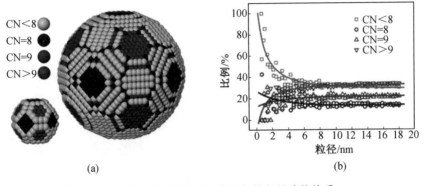

(a)　　　　　　　　　　　　(b)

图 5.3　Cu 表面不同欠配位点占比与粒径尺寸的关系

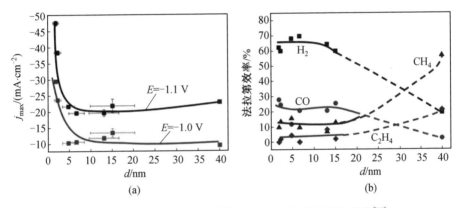

(a)　　　　　　　　　　　　(b)

图 5.4　反应电流密度与法拉第效率 Cu NPs 粒径变化趋势[11]

　　基于对 Cu 单晶电极催化选择性的研究,当将催化剂尺寸缩小到纳米尺度时,主要暴露的晶面依然影响催化剂的选择性。一般而言,对于面心立方结构,立方体结构主要暴露(100)晶面,正八面体结构主要暴露(111)晶面,而菱形十二面体结构主要暴露(110)晶面。因此通过控制合成催化剂的形貌以调控暴露的晶面可以改善催化剂对特定产物的选择性。洛桑理工学院 R.Buonsanti 教授研究了纳米级尺寸上的 Cu 晶面的产物选择性,通过设计纳米粒子的形貌调节主要暴露的晶面,其中 Cu 纳米立方体结构主要暴露(100)晶面,Cu 纳米正八面体结构主要暴露(111)晶面(图 5.5)[14]。在高反应密度下 Cu(100)晶面上的主要产物为乙烯,法拉第效率达到 57%,质量活性达到 700 mA/cm^2。对于纳米结构,催化剂粒径的变化同样影响催化剂的选择性。R.Buonsanti 教授还研究了 Cu 纳米立方体的尺寸(24～63 nm)对选择性的影响,认为 Cu 纳米立方体的边缘位点对 C—C 偶联发挥关键作用,其中 44 nm 的 Cu 纳米立方相比于 24 nm 与 63 nm 具有最佳的边缘位点比例,实现了最高的乙烯选择性(41%)[15]。

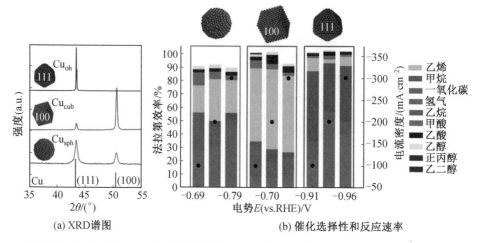

(a) XRD谱图　　　　　　　(b) 催化选择性和反应速率

图 5.5　Cu 纳米球(Cu_{sph})、Cu 纳米立方(Cu_{cub})与 Cu 纳米八面体(Cu_{oh})的 XRD 谱图与催化选择性和反应速率[14]

但 B. R. Cuenya 团队的研究认为,Cu 纳米立方体在 CO_2RR 过程中难以保持其立方体构型[16]。在线电化学原子力显微镜(Operando EC—AFM)表征发现 100 nm 的 Cu 纳米立方体在 −1.1 V(vs. RHE)的施加电势下表面粗糙化,逐渐过渡为粗糙的球形结构,导致 HER 反应加剧而 CO_2RR 反应衰减。R. Buonsanti 团队也监测了不同尺寸(16～65 nm)Cu 纳米立方体在 CO_2RR 中的结构演变过程,随着反应的进行,除了立方体结构被破坏外,多个纳米颗粒还将逐渐团聚[17]。结合理论计算认为在还原电势下,*H 或 *CO 在表面的吸附将诱导 Cu 立方结构的破坏,转变成破碎的粒子与小粒径的团簇,纳米粒子的表面能也随之升高,因此也诱导了粒子的团聚过程。催化剂活性越高,催化剂降解越快。西安交通大学金明尚团队通过调节蚀刻时间改变 Cu 纳米立方体的形貌,在超过 12 h 的蚀刻后纳米立方体几乎完全变为菱形十二面体,使(110)晶面成为优先暴露晶面,提高了 CO_2 的反应活性[18]。在产物选择性方面,CO 深度还原产物(CH_4、C_2H_4、C_2H_6 和 C_3H_8)的选择性增加,而 CO 法拉第效率降低。

此外,一些特殊的结构将改变局部反应微环境并调节催化剂的性能。E. H. Sargent 团队设计了具有空腔结构的 Cu_2O 衍生 Cu 基催化剂(图 5.6),其中纳米空腔引起的限域效应稳定了 C_2 中间体[19]。根据有限元分析,在空腔的角度适当时,中间产物之间碰撞的概率大,而产物也可以及时扩散,从而促进 C_1 与 C_2 中间产物的偶联效率,使丙醇的法拉第效率达到 21.1%。俞书宏院士团队设计了具有多个纳米空腔结构的 Cu_2O 催化剂(图 5.7),空腔区域的限域效应提高了中间产物与活性位点的吸附强度,在促进 C—C 偶联的同时可防止 Cu^+ 位点在阴极施加电势下被还原,使 C_{2+} 产物的法拉第效率达到 75.2%,部分电流密度超过 $260\ mA/cm^{2[20]}$。J. PÉrez-Ramĺrez 团队采用超短脉冲激光烧蚀方法获得了表面微孔阵列的 Cu 箔电极,通过调节烧蚀功率可以定量调节微孔深度($0\sim$ $130\ \mu m$),借助理论模拟,微孔深度将影响局部 pH,从而影响催化产物的选择性[21]。

图 5.6　具有空腔结构的 Cu_2O 纳米球的微观结构[19]

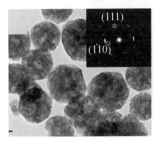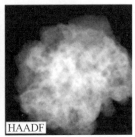

(a) TEM　　　　　　　(b) HAADF-STEM

图 5.7　具有多个纳米空腔结构的 Cu_2O 的 TEM 与 HAADF—STEM 图像[20]

　　W. A. Smith 团队设计了由 Cu 纳米线组成的纳米阵列结构,在恒定施加电势下,随着纳米阵列中 Cu 纳米线的长度与密度的增大,C_{2+} 产物的法拉第效率也随之上升[22]。纳米线长度与密度的增大限制了阴极反应产生的 OH^- 向体相电解液的扩散,提高了催化剂表面的局部 pH,从而促进了 C—C 偶联,增强了多碳产物的选择性。中南大学刘敏教授报道了由 Cu 纳米针组成的纳米阵列结构(图 5.8),由于催化剂表面是等势面,因此尖端区域的电荷分布更密集,局部电场强度更高,局部的 K^+ 浓度更大,从而增强 $^*CO$ 的吸附强度并降低 $^*CO$—CO 偶联的能垒,C_2 产物的选择性达到了 59%[23]。而无序排列的 Cu 纳米针的 C_2 产物

法拉第效率仅为 20%。G. Schmid 通过原位电沉积合成了纳米树枝状的 Cu 基催化剂(图 5.9),其对乙烯的选择性达到 57%,研究者将其归因于树枝状结构中的高指数晶面,且研究发现随着反应时间延长,催化剂结构同样发生降解,催化性能也因此明显衰减[24]。

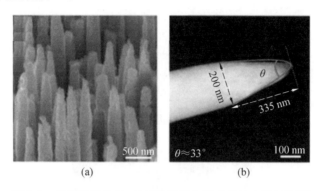

图 5.8　有序排列的 Cu 纳米针阵列与纳米针的尖端结构[23]

图 5.9　电沉积获得的 Cu 纳米树枝状结构[24]

中国科学院化学研究所韩布兴院士报道了 Cu 气凝胶的 CO_2 还原行为,发现由强还原剂制备的 Cu 气凝胶缺陷密度更高,有利于 $^*CO$ 脱附,产物大部分为 CO;而由弱还原剂($NH_3 \cdot BH_3$)制备的 Cu 气凝胶缺陷密度较低,相对平坦的结构有利于 C—C 偶联作用,使 C_{2+} 产物选择性达到 85.3%[25]。而张建玲团队对含有纳米级缺陷的 Cu 纳米片的 CO_2 还原性能研究表明(图 5.10、图 5.11),纳米片表面的纳米级缺陷可以强化对反应中间体 $^*CO$ 的吸附和对 OH^- 的富集限域,从而降低 $^*CO$ 二聚过程的反应能垒,使乙烯产物最高选择性达到 83.2%[26]。

晶界等缺陷被认为是 CO_2 还原或 C—C 偶联的活性位点,能够降低反应能垒。M. W. Kanan 团队系统研究了 Cu 电极的晶界对 CO_2 还原行为的影响[27-30](图 $5.12 \sim 5.16$)。

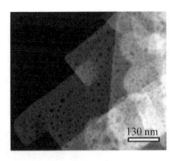

图 5.10　含有缺陷的 Cu 纳米片

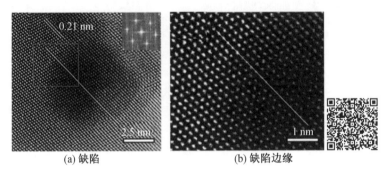

(a) 缺陷　　　　　　　　　(b) 缺陷边缘

图 5.11　缺陷与缺陷边缘区域的 HAADF－STEM 图像

（暗点表示高缺陷区域,亮点表示低缺陷区域)[25]

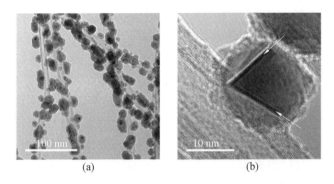

(a)　　　　　　　　　(b)

图 5.12　经电子束蒸镀获得的具有高晶界密度的碳纳米管担载的 Cu 纳米粒子

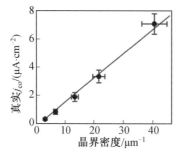

图 5.13　CO 还原活性随晶界密度变化趋势[27]

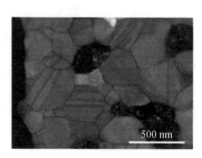

图 5.14　OD－Cu 的微观结构

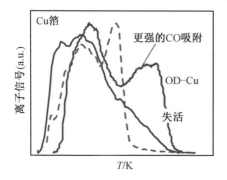

图 5.15　CO－程序升温脱附实验

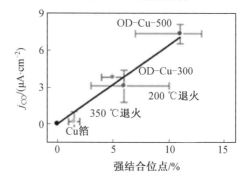

图 5.16　OD－Cu 中 CO 还原电流密度随强 CO 结合位点相对数量的变化趋

　　首先,研究者发现将铜箔在空气中退火并电还原得到的氧化物衍生 Cu 电极(OD－Cu)具有远高于多晶 Cu 箔的催化活性,在极低的起始电势下即可将 CO_2 还原为 CO[28]。其次,在随后的研究中,研究者推测 OD－Cu 中晶界的存在是提高催化剂活性的主要因素[29],并对比了具有不同晶界密度的 Cu 基催化剂的 CO 还原活性,其中晶界密度较高的 OD－Cu 基催化剂具有较高的催化活性,多碳含氧产物(乙醇、乙酸和正丙醇)的选择性达到 57%,并且研究发现 Cu 电极的催化活性与晶面密度呈正相关。M. W. Kanan 进一步将 Cu 纳米粒子担载于碳纳米管载体上,通过统计与建模定量分析不同退火温度下 Cu 颗粒上的晶界密度,随着退火温度的升高,OD－Cu 基催化剂的晶界密度降低,而 CO 还原活性也随之降低,由此证明了 OD－Cu 的 CO 还原活性与晶面密度成正比[27]。同时,程序升温脱附(TPD)测试结果表明,CO 在具有高晶界密度的 OD－Cu 上的吸附强度更高[31],因此更有利于 C－C 偶联形成 C_{2+} 产物。此外,M. W. Kanan 与 K. McKelvey 合作利用扫描电化学显微镜研究了晶界附近的 CO_2 还原电流分布,对于 HER 反应而言,电流分布的差异主要发生在两种不同取向的晶面上,HER 反应活性主要与晶面取向有关;而在晶界处的 CO_2 还原电流高于晶面,与晶面取向几乎无关,直接证明了 Cu 晶界部分具有较高的 CO_2 还原活性[30]。天津大学巩金龙团队在电沉积的 Cu 纳米粒子中引入高密度的晶界,原位红外光谱测试表明晶界的引入提高了 *CO 在催化剂表面的结合强度,同时增加了表面 *CO 的覆盖率,从而降低了 C-C 偶联的反应能垒,C_2 产物法拉第效率接近 70%[32]。

5.1.3　氧化态

在 5.1.2 节的讨论中,氧化物衍生 Cu(OD-Cu)具有极高的催化活性,但除了 M. W. Kanan 等学者认为高密度的晶界提高了催化剂的性能外,另有学者认为 CuO_x/Cu 界面是促进其 C_{2+} 选择性的主要因素。W. A. Goddard Ⅲ 教授借助理论计算研究了 Cu、Cu_2O 和 Cu 嵌入 Cu_2O 表面上 C-C 偶联反应的能垒,研究表明 Cu_+/Cu 的界面处 C-C 偶联的能垒最低,有利于形成 C_{2+} 产物[33]。根据 Pourbaix 图[34],在还原电势下 Cu 电极以金属态形式存在。B. S. Yeo 教授利用原位拉曼光谱研究 Cu_2O 电极在 CO_2 还原电势下材料的组分,在 -0.99 V(vs. RHE)施加电势下反应 200 s,表面的 Cu_2O 被迅速还原为 Cu^0 态,而反应后的 Cu 电极在无电场条件下又迅速再次被氧化[35]。这表明非原位的表征可能在相关研究中对 CO_2R 过程中 Cu 的价态分析产生误判。

部分学者的研究发现,采用一定的材料设计方法可以维持催化剂中 Cu^+ 或 Cu^{2+} 的稳定性。B. R. Cuenya 团队利用等离子体处理得到了 Cu 氧化物电极,在线 X 射线吸收谱测试表明在 CO_2R 还原过程中表面 CuO 和部分 Cu_2O 被还原,但反应 1 h 后表面仍残存 Cu_2O 参与反应[36]。催化剂中 Cu^+ 位点的引入显著降低了 CO_2 还原的起始电势,并实现了 60% 的乙烯选择性。陆奇与徐冰君教授将低浓度的 O_2 混入 CO_2 反应物中,原位拉曼光谱测试表明,在阴极电势下发生 ORR 反应产生表面羟基可以将 Cu_2O 保留至较高的超电势下而不被还原。结合理论计算表明羟基将降低 *CO 二聚反应能垒,从而大幅降低 C_{2+} 产物的起始电势。电子科技大学崔春华团队利用电子顺磁共振(EPR)发现在 HCO_3^- 电解液中 Cu 电极表面极易形成羟基自由基,实现 OD-Cu 表面动态的还原—氧化循环过程,Cu^+ 位点动态存在,也进一步证明了陆奇教授的适当 ORR 可以辅助 CO_2RR 反应的研究[37]。中国科学技术大学姚涛团队设计了 Sn 单原子位点修饰的 Cu_2O 催化剂,利用原位 X 射线吸收谱观测到,Sn 位点修饰的 Cu_2O 在 CO_2 还原过程中始终保持约 30% 的 Cu^+ 组分,而未修饰的 Cu_2O 全部被还原为 Cu^0,但 Sn 位点修饰的 Cu_2O 主要催化产物为 CO 而非碳氢化合物,意味着 Sn 位点的引入也可能改变 Cu 的电子结构从而影响催化反应路径[38]。台湾大学陈浩铭教授则开发了一种简单的动态氧化/还原电势切换模式(redox shuttle,RS)(图 5.17~5.19),周期性地将还原电势切换到 0.5 V(vs. RHE)的氧化电势,借助具有秒级时间分辨的小角度 X 射线吸收谱原位观测到,在还原电势周期内电极内的 Cu^+ 可以稳定存在,且形成了稳定的 $Cu^0 - Cu^+$ 状态,从而实现 C_1 中间产物不对称偶联,形成乙醇产物[39]。

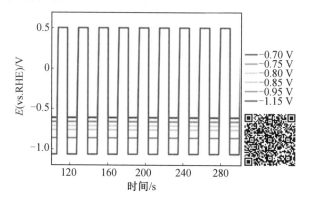

图 5.17 氧化/还原电势切换模式的电势图

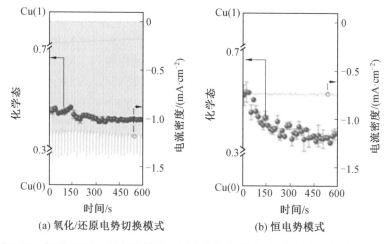

(a) 氧化/还原电势切换模式   (b) 恒电势模式

图 5.18 氧化/还原电势切换模式与恒电势模式下 Cu 氧化态随反应时间的变化

此外,部分学者认为 Cu 基催化剂在 CO_2R 条件下难以保持氧化态,但残存在亚表层的氧原子依然可以提高催化剂的性能。A. Nilsson 团队利用原位近常压 X 射线光电子能谱和准原位电子能量损失谱证明了 OD−Cu 中存在大量的残余氧,但没有 CuO 或 Cu_2O[40]。结合 DFT 模拟,催化剂表面残余的氧原子将改变催化剂的电子结构,产生更强的 *CO 结合位点。L. G. M. Pettersson 团队的理

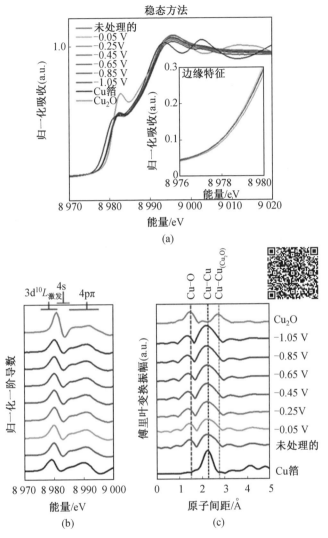

图 5.19　氧化/还原电势切换模式下 Cu 电极的时间分辨 X 射线吸收谱[36]

论计算结果表明,由于局部无序结构与 OD—Cu 的高粗糙度,亚表层的氧原子具有更高的稳定性,并通过影响表面 Cu 的电子密度增强 *CO 的结合强度,证明亚表层氧原子是提高 OD—Cu 对 C$_{2+}$ 产物选择性的因素[41]。W. A. Goddard Ⅲ 教授的理论计算结果同样表明 Cu 基催化剂亚表面层的氧化物对 CO$_2$ 的活化起到重要作用[42]。

A. T. Bell 和 M. Head—Gordon 教授的研究认为,OD—Cu 在反应过程中实

际上难以保留原始的氧原子,Cu 晶格中空隙位置过小难以填充氧原子,且氧原子从亚表面扩散到表面的速率很高,而位于材料体相的氧原子难以对表面反应产生影响[43]。K. Chan 的研究也表明还原电势下表面与亚表面氧难以稳定存在,对 CO_2 还原活性几乎没有影响[44]。在实验方面,J. W. Ager 团队设计由同位素标记的 $Cu^{18}O$ 进行 CO_2R 实验,利用二次离子质谱(SIMS)分析反应后的催化剂,发现其中没有同位素标记的 ^{18}O,表明 CuO 中的氧原子在还原过程被完全去除,而反应后 Cu 电极中检测到的氧原子来源于电解液(图 5.20)[45]。W. S. Drisdell 等学者利用原位掠入射 X 射线吸收谱(in situ GIXAS)与原位掠入射 X 射线衍射谱(in situ GIXRD)研究了 CO_2RR 过程中多晶 Cu 电极近表面区域的结构演变(图 5.21),结果表明受阴极电势驱动,在 CO_2 还原起始电位之前 Cu 表面的氧化层即被完全还原为 Cu^0[46],与 Ib Chorkendorff 团队研究结果相同[47]。在 CO_2 存在下,多晶 Cu 表面将优先向(100)晶面重构,且随着阴极电势增大重构程度增强。这为 OD−Cu 具有良好的 C_{2+} 产物选择性提供了新的解释(图5.22)。

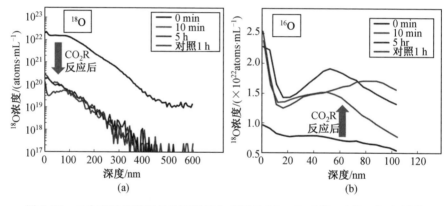

图 5.20　二次离子质谱测量的不同反应时间下 OD−Cu 中 ^{18}O 和 ^{16}O 的浓度[45]

考虑到 OD−Cu 的产物分布多与非氧化物衍生 Cu 基催化剂相似,也有观点认为并非残留的氧原子或 Cu 价态影响了 Cu 基催化剂的活性,而是 OD−Cu 的微结构发挥着更重要的作用。Y. Hori 等研究发现铜箔经热氧化后在 H_2 中退火得到的 OD−Cu 电极的电化学活性表面积(ECSA)比光滑铜箔提高了两个数量级[48]。相同的策略也被应用到铜网[49]、泡沫铜[50]和铜纳米线[51]等结构中。T. F. Jaramillo 和 C. Hahn 研究认为较低的超电势有利于 C_{2+} 产物的合成。而 OD−Cu 产生的巨大的活性表面积可以为 CO_2/CO 还原提供更多的活性位点,在反应达到理想速率时降低超电势,使施加电势对 C_{2+} 产物更有利[52]。随后 T. F. Jaramillo 团队选择层状 CuO 纳米花作为前驱体,获得的 OD−Cu 基催化剂依

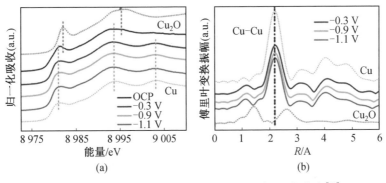

图 5.21　原位 GIXAS 分析 CO_2 还原过程中 Cu 氧化态[46]

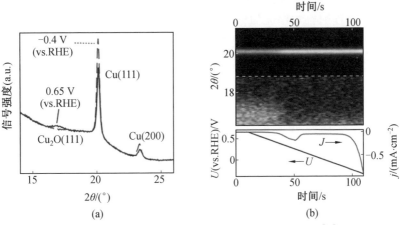

图 5.22　原位 GIXRD 研究 CO_2 还原过程表面状态[47]

然保持层状和中空结构,具有极大的电化学表面积。在施加电势仅为 -0.23 V(vs. RHE)时,CO 转化为 C_{2+} 含氧化合物(乙醛、乙醇和乙酸盐)的选择性接近 100%。A. T. Bell 团队利用不同气氛的等离子体处理 Cu 箔电极,定量调控 Cu 箔的粗糙度。随着电极粗糙度的增加观察到含氧化合物选择性相对增大[53]。利用机器学习研究,发现增大的表面粗糙度也增强了对 *CO 的吸附强度,研究者认为表面高粗糙度会增加类似于 Cu(100) 晶面的方形位点比例,并且具有更多的相邻台阶位点,从而有利于 C—C 偶联过程。OD—Cu 较高的粗糙度会使电极表面局部 pH 升高,被认为更有利于 C_2H_4 路径而非 CH_4 路径。J. W. Ager 团队报道了四种不同的 OD—Cu 电极,研究表明不同的氧化方式(热氧化、阳极氧化、氧化物)衍生的 Cu 电极的 ECSA 不同,同时意味着粗糙度的不同,通过优化前驱体氧化的条件,可以定量调节 OD—Cu 表面粗糙度,在产生局部高 pH 的同时不过分影响 CO_2 的传质,实现接近 70% 的 C_{2+} 产物选择性[54]。

5.2　Cu 基复合催化剂研究进展

　　尽管已有广泛的研究通过晶面效应、纳米结构和氧化态等角度提高纯 Cu 单质金属催化剂的性能,但受到标度关系的影响,高性能 Cu 单质金属催化剂的开发难度很大。与单金属相比,利用合金化、表面修饰或串联催化等获得的 Cu 基复合催化剂的设计更加灵活,种类丰富,结构多样,通常可以具有比 Cu 单质金属催化剂更优异的催化性能。此外,对 Cu 基复合催化剂活性中心的合理设计有望打破标度关系,在提高特定产物选择性的同时降低反应超电势。本节主要介绍利用合金化、表面修饰与串联催化策略改进 Cu 基催化剂的进展。

5.2.1　Cu 基合金催化剂

　　将第二种元素引入 Cu 基体时,基体与配体的电负性差异将导致电荷的转移,从而引起催化剂表面电子结构与 d 带中心位置的变化,影响对中间产物的吸附能。杨培东教授团队合成了粒径分布为 $10 \sim 11$ nm,组成为 Au、Au_3Cu、AuCu、$AuCu_3$ 和 Cu 的纳米粒子并组装为单层膜,借助表面价带谱表征,随着合金中 Cu 含量的增加,d 带中心逐渐上移(图 5.23)[55]。

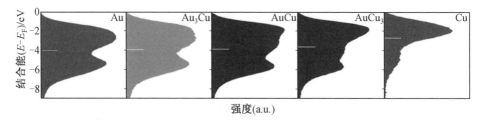

图 5.23　Au—Cu 合金的表面价带谱图(白条表示 d 带中心[55])

　　根据 d 带中心理论,Cu 含量的增加将加强催化剂表面对中间产物的吸附。电催化性能测试表明,Au_3Cu、AuCu 和 $AuCu_3$ 在 -0.73 V (vs. RHE)的施加电势下,CO 电流密度逐渐降低。但适量 Cu 的引入将改善 Au 基底对 *CO 和 *COOH 的吸附强度,Au_3Cu 的 CO 法拉第效率约为 66%,与 Au 纳米粒子接近,但反应活性则大幅提高,电流密度超过 200 A/g。西安交通大学沈少华团队研究了 Cu—Ag 合金表面组分与产物分布趋势变化,借助理论计算、原位光谱与催化性能测试,当合金表面 Ag 占比较多时,Cu—Ag 的 d 带中心降低,从而减弱了 *CO 的结合强度,使其易于脱附产生 CO,最高选择性为 74%($Ag_{83}Cu_{17}$)[56]。而

Cu 含量增加使 d 带中心逐渐上移,其中 Ag$_{43}$Cu$_{57}$ 的 d 带中心相对适中,*CO 倾向于质子化形成 *CHO,产生 CH$_4$ 或 CH$_3$OH 产物(FE 约为 41%);当表面 Cu 含量进一步增加时,d 带中心更高,*CO 倾向于发生 *CO—CO 偶联产生 C$_2$H$_4$ 或 C$_2$H$_5$OH(FE 约为 60%)。王海梁教授对不同 Cu 壳层厚度的 Ag@Cu 核壳 (core－shell)催化剂的研究也得出了与沈少华团队相似的结论[57],当 Ag 的摩尔分数较高时,*CO 的结合能较低,易于脱附产生 CO;而当 Cu 的摩尔分数较高时,主要催化产物则转变为碳氢化合物。

相同催化剂体系也可能呈现不同的催化性能,如天津大学张生和马新宾教授研究发现,*CO 更容易在 Cu 与 Au 位点上不对称吸附并发生偶联,其中 Cu 原子端的碳原子优先加氢,最终产生乙醇,最高选择性达到 60%[58]。华中师范大学张礼知教授研究的 Au－Cu 体系的主要催化产物同样为醇类(甲醇与乙醇)[59]。对于 Cu－Ag 体系,加州大学洛杉矶分校黄昱教授团队利用伽伐尼置换 (Galvanic)还原合成了双金属 CuAg 纳米线,Ag 的引入将产物选择性由 C$_2$H$_4$ (Cu 纳米线)转化为 CH$_4$,在 －1.17 V(vs. RHE)电势下 CH$_4$ 的法拉第效率达到 72%[60]。相同的催化剂体系呈现截然不同的产物选择性,意味着仅靠配体效应来解释合金化对催化性能的影响是远远不够的。

随着对 CO$_2$RR 反应路径和材料电子结构研究的逐渐深入,理论计算在催化剂筛选与催化反应路径预测等方面发挥着重要作用。已有部分研究利用机器学习(machine learning)的方法筛选产生了特定产物的催化剂体系。Z. W. Ulissi 团队以 *CO 吸附能 ΔE_{CO} 为 C—C 偶联反应的描述符,筛选了 1 499 种金属间化合物,发现其中有 54 种具有 CO$_2$ 还原活性,其中 CuSi 合金表面的 ΔE_{CO} 相当接近理想的 CO 吸附能[61]。E. H. Sargent 团队也以 ΔE_{CO} 为描述符,筛选了从 Material Project 中获取的 244 种 Cu 基合金,并将它们划分为 12 229 种催化剂表面和 228 969 种活性位点(图 5.24～5.26)[62]。结果表明 CuAl 合金可能最具 CO$_2$ 还原活性。据此通过蒸镀、共溅射与离子注入方法等合成了不同类型的 CuAl 合金,在 400 mA/cm^2 工作电流密度下 C$_2$H$_4$ 的选择性接近 80%。

合金表面不同的位点组合往往表现出对反应物分析的不同反应活性。对于涉及多种中间体的 CO$_2$ 深度还原过程而言,利用集团效应,通过构建原子对活性位点调节复杂中间体的吸附强度是一种有效的方法。对于 Cu 基催化剂而言,在表面引入亲氧或亲氢的原子可能会影响中间体的吸附结构,从而改变反应途径。Pd 是典型的强亲氢、弱亲氧金属,B. S. Yeo 等在 Cu$_2$O 衍生 Cu 基催化剂的电解质中加入 PdCl$_2$ 后,乙烷的选择性大幅上升(从小于 1% 到 30.1%),几乎填补了乙烯选择性的缺失(从 32.1% 到 3.4%),而其他产物选择性几乎没有变化[63]。

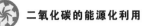
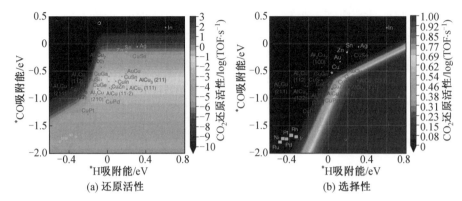

(a) 还原活性 　　　　　　　　　　　(b) 选择性

图 5.24　利用机器学习获得的 CO_2 还原活性和选择性与 $^*CO$ 和 $^*H$ 吸附能的火山曲线

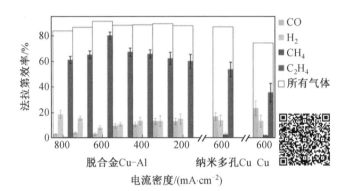

图 5.25　不同恒电流下脱合金的 Cu—Al 催化剂的催化选择性以及 $600 \ mA/cm^2$ 下纳米多孔 Cu 和蒸镀 Cu 基催化剂的选择性对比

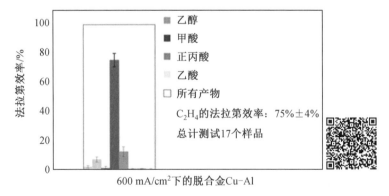

图 5.26　$600 \ mA/cm^2$ 下脱合金的 Cu—Al 催化剂的催化选择性

研究者认为 C_2H_4 首先在 Cu 位点产生,而表面吸附的 $PdCl_x$ 将促进 C_2H_4 加氢形成 C_2H_6。P. J. A. Kenis 团队研究了原子排列为有序、无序和相分离状态的 CuPd 合金的催化选择性(图 5.27),其中有序的 CuPd 合金的主要产物为 CO[64],与马丁和包信和团队对 CuPd 合金的研究相似[65],主要归因于配体效应削弱了 Pd 位点对 *CO 和 *H 的结合强度,阻止了 *CO 的加氢过程,从而更有利于脱附产生 CO,但相分离的 CuPd 则可以高选择性(大于 60%)产生 C_{2+} 产物。复旦大学郑耿锋和徐昕团队报道,有序的 CuPd 合金可以将 CO 高选择性转化为乙酸盐,法拉第效率达到 70%(图 5.28、图 5.29)[66]。通过理论计算研究,*CO 优先桥联吸附在由两个 Pd 原子和一个 Cu 原子组成的 $CuPd_2$ 位点,与纯 Cu 相比 *CO 结合强度更高,增大了表面 *CO 覆盖率,同时 Pd 的引入还将稳定乙酸盐反应路径的关键中间产物乙烯酮(*CH₂—C═O)。随后 T. Mueller 和王超教授对 Cu—Pd 合金选择性还原 CO 为乙酸的研究中认为 Pd 的引入加速了 CO 的氢化过程,使 Cu—Pd 桥联吸附的 *CO 具有更低的加氢能垒,产生的 *CHO 将与邻位 Cu 位点的 *CO 发生不对称的 *CO—*CHO 偶联,最终产生乙酸盐产物;而纯 Cu 则主要发生对称的 *CO—CO 偶联过程产生乙烯(图 5.30)[67]。

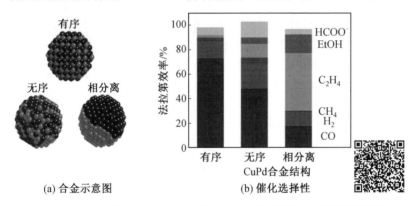

图 5.27　有序、无序与相分离状态的 CuPd 合金示意图与催化选择性[64]

杨培东教授通过同位素标记还原验证了不对称的 *C—C 偶联反应路径的可行性[68]。采用 ¹³CH₃I 作为甲基源,CH₃I 为反应物时还原产物仅为 CH₄ 和 C_2H_6,并伴随着 H₂ 和 CH₃I 的水解产物 CH₃OH;引入 ¹²CO 与 ¹³CH₃I 共电解时,还原产物中出现四种通过 ¹²C—¹³C 偶联的多碳含氧产物:CH₃CHO、CH₃CH₂OH、CH₃COOH 和 (CH₃)₂CO(图 5.31)。随后研究者将主要产物为 CH₄ 的 Cu 颗粒与主要产物为 CO 的 Ag 颗粒混合,$Cu_{50}Ag_{50}$ 催化剂中多碳含氧产物的产率比纯 Cu 提高了近 10 倍。与对称 *CO—CO 偶联不同,不对称的

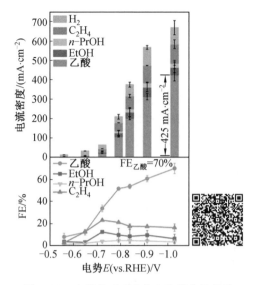

图 5.28　有序的 CuPd 合金的催化选择性

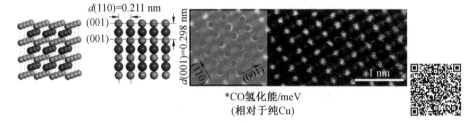

图 5.29　有序体心立方的 CuPd 晶体结构与 STEM 图像(橙色和青色分别
　　　　代表 Cu 和 Pd 原子,见二维码)[66]

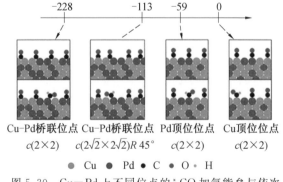

图 5.30　Cu—Pd 上不同位点的 *CO 加氢能垒与依次
　　　　提出的 CuPd 合金促进乙酸形成的机制[67]

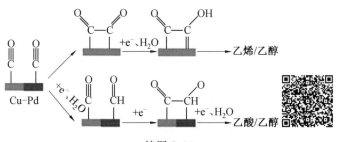

续图 5.30

*C—C 偶联不产生乙烯产物,从而为提高多碳含氧产物选择性的催化剂设计提供了思路。乔世璋和黄小青教授设计了银改性的氧化亚铜衍生催化剂(dCu$_2$O/Ag),原位红外光谱表征表明 Ag 的引入将改变 *CO 的吸附结构,dCu$_2$O/Ag$_{2.3\%}$ 表面同时有桥联吸附(*CO$_{桥联}$)和顶位吸附(*CO$_{顶位}$),而 Cu$_2$O 几乎全部为 *CO$_{顶位}$,此外在 dCu$_2$O/Ag$_{2.3\%}$ 表面还观测到 *CHO 中间体[69]。因此研究者提出相邻的 Cu、Ag 位点将调节 *CO 结合强度,优先形成 *CO$_{桥联}$ 并质子化形成 *CHO,*CHO 与 *CO$_{顶位}$ 发生不对称偶联产生乙醇产物,在 $800\ mA/cm^2$ 电流密度下乙醇选择性达到 40.8%(图 5.32、图 5.33)。除了 Cu—Ag 体系外,Cu—Au 双金属催化剂也被报道具有优异的乙醇产率。但不同的是,张生教授[58]的研究中认为,乙醇路径的关键步骤不是不对称的 *C—C 偶联过程,而是在于对称的 *CO—CO 偶联后续的不对称加氢步骤,其中 *OCCO 的两个碳原子分别吸附在 Cu 与 Au 位点,Cu 位点上碳原子结合较强,从而优先加氢形成 *OCCOH,并最终产生乙醇产物(图 5.34)。原位红外光谱测试中只观测到 *CO$_{顶位}$,同时也出现了 *OCCOH 中间产物的谱峰。

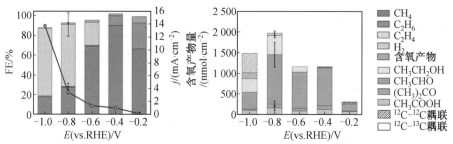

图 5.31　^{12}CO 与 ^{13}CH$_3$I 在 Cu 电极上共电解产生 ^{12}C—^{13}C 偶联产物的选择性[68]

利用不同原子的催化选择性差异,将连续的反应步骤在合金表面的两种活性位点上解偶联,使合金位点在催化过程中发挥协同作用,被称为串联催化(tandem catalyst)[70-71]。如在 CO_2 还原过程中,分别构建将 CO_2 还原为 CO 和

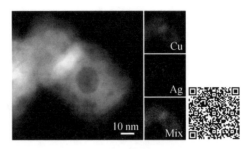

图 5.32　dCu$_2$O/Ag$_{2.3\%}$ 的微观形貌与元素分布

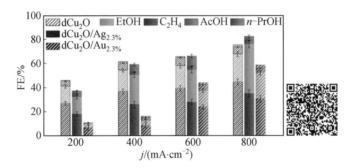

图 5.33　dCu$_2$O、dCu$_2$O/Ag$_{2.3\%}$ 与 dCu$_2$O/Au$_{2.3\%}$ 催化选择性对比[69]

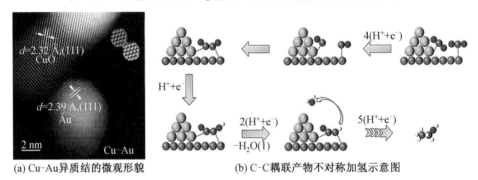

(a) Cu—Au异质结的微观形貌　　　(b) C—C耦联产物不对称加氢示意图

图 5.34　Cu—Au 异质结的微观形貌和 C—C 偶联产物不对称加氢示意图[58]

催化 CO 深度还原的两种活性位点,可以打破标度关系,降低反应的超电势并提高产物选择性。B. S. Yeo 团队首先研究了氧化物衍生的 CuZn 催化剂,在线拉曼光谱表征表明,*CO 仅吸附在 Cu 位点上,因此推测由于表面 Zn 位点对 *CO 的结合强度较低,催化产生的 CO 将"溢出(spillover)"Cu 表面发生 C—C 偶联过程最终产生乙醇[72]。任丹和 M. GrÄtzel 教授通过 Galvanic 还原获得了表面 Ag 覆盖的 Cu$_2$O 纳米线衍生 Cu 基催化剂,在线拉曼光谱证明 Ag 位点形成的 CO 将溢出到 Cu 位点上,溢出效率达到 95%,使 C$_{2+}$ 产物的选择性达到了 76%[73]。

陆奇团队利用电沉积的方法,通过调节电解液中 Cu^{2+} 的含量,在 Ag 片上沉积了不同覆盖率的 Cu[74]。随着 Cu 覆盖率的增加,催化产物中 CO 的选择性逐渐减小,CH$_4$ 选择性逐渐增大,在表面 Cu 覆盖率为 50.2% 时,CH$_4$ 的选择性达到最大值,约为 60%。但当表面 Cu 覆盖率进一步增大时(85.3%),由于 Ag 位点减少,*CO 产生量不足,CH$_4$ 选择性降低到约 35%。结合理论计算,CO 在 Ag 位点产生后迁移到 Cu 位点在热力学上有利,并通过 ATR-SEIRAS 表征证实此猜想。另外,作者推测由于 Ag 表面孤立的 Cu 位点配位数较低,对 *CO 结合力过强,其无法实现 C—C 偶联以产生多碳产物。此外,与 Cu-Ag 合金类似,合理设计 Cu-Au 体系也可以呈现串联催化效应。湖南大学黄宏文教授合成的 Au-Cu 纳米粒子,实现了 CO 从 Au 位点溢出到 Cu 位点,提高了表面 *CO 覆盖率并促进 C—C 偶联,使 C$_{2+}$ 产物的选择性达到 67%[75]。

合金中由于原子粒径差异或晶格失配产生的应力显著影响催化性能。E. H. Sargent 团队[76] 报道了具有高正丙醇选择性(FE$_{n-C_3H_7OH}$ 约为 33.1%)的 CuAg 催化剂,理论计算研究表明,由于 Ag 的原子半径比 Cu 的原子半径大,掺入 Ag 产生的表面应变使 Cu(111) 表面的 Cu—Cu 键长由 2.57 Å 变为 2.55 Å(Cu-a 位点)和 2.48 Å(Cu-b 位点);由于配体效应,Cu-a 和 Cu-b 位点的配位情况不同。因此 *CO 将在两个位点上发生不对称偶联,并在随后的反应中发生 C$_1$-C$_2$ 偶联形成 C$_3$ 产物。在随后的研究中,E. H. Sargent 进一步在 Cu-Ag 体系中引入 Ru 原子,增强了 C$_2$ 中间体的吸附强度,使 C$_{2+}$ 产物选择性超过 90%,丙醇的法拉第效率达到 36%[77]。

孙守恒团队等合成了具有相同 Cu 核半径(7 nm)、不同 SnO$_2$ 壳厚度(0.8 nm 和 1.8 nm)的两种 Cu@SnO$_2$ 核-壳结构纳米粒子,经过催化测试,结果显示具有 1.8 nm SnO$_2$ 壳的合金粒子主要产物为 HCOO$^-$,与 Sn 金属本身催化选择性相似;但当 SnO$_2$ 壳厚度为 0.8 nm 时催化剂的主要产物为 CO,选择性高达 93%[78]。如图 5.35 所示,在(001)晶面取向上的 SnO$_2$ 与(110)晶面取向上的 Cu 之间在 y 轴方向上存在晶格失配,使表面 SnO$_2$ 层晶胞弛豫,产生了约 10% 的表面应变,导致(001)晶面上的 SnO$_2$ 相邻原子距离减小。通过 DFT 计算,表面应变减小了 *COOH 的能垒,促进了 CO 的产生。

当一些半径较小的原子(如 N、B、C 和 S 等)掺入基体金属中时[79-81],可能会占据基体金属晶格的空隙形成填隙型合金,使基体金属的晶格变形,从而改变晶格常数。同时填隙原子的引入可以改变表面基体金属原子的配位数,影响表面金属原子价态,改变活性位点的电子云密度,影响其催化性能。E. H. Sargent 团队合成了 B 掺杂的 Cu 基催化剂,经热力学分析 B 在 Cu(111) 亚表面充当电子受

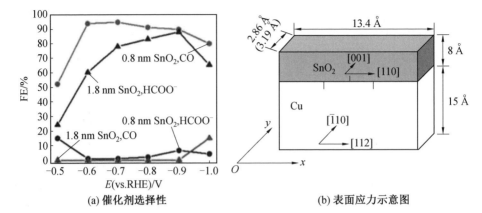

(a) 催化剂选择性　　　　　　　　(b) 表面应力示意图

图 5.35　不同 SnO$_2$ 壳层厚度的 Cu/SnO$_2$ 核壳结构催化剂的选择性及表面应力示意图[78]

体,稳定了表面 Cu$^{\delta+}$,增强了对 *CO 的吸附,并通过原位 XANES 表征发现 Cu 平均价态由 $+0.25$ 升高到 $+0.32$[79]。B 的引入也降低了 C$_2$ 产物(C$_2$H$_4$、C$_2$H$_5$OH)的起始电势,使 C$_2$ 产物的选择性达到 79%。I. Hod 团队利用电化学驱动的离子交换策略(ED-CE)将 Co$_2$S 纳米晶模板原位转化为 Cu$_2$S,并通过施加电势与通入电荷量调控离子交换反应的程度[80]。在 CO$_2$RR 过程中部分 S 被还原,催化剂表面产生缺陷与大量晶界,改变了表面原子的平均配位数。在 CO$_2$RR 测试中 Cu$_2$S 催化剂对 HCOO$^-$ 的选择性达到 87.3%,其催化活性远高于纯 Cu 基催化剂。

5.2.2　表面修饰 Cu 基催化剂

在 Cu 基催化剂表面引入修饰分子,修饰分子可能与催化位点或中间产物相互作用,影响界面的反应微环境,为催化剂设计引入新的自由度。根据催化剂与修饰分子的作用方式,可以将其分为第一配位层效应(the first sphere coordination effects)、第二配位层效应(the second sphere coordination effects)、外层效应(outer sphere effects)和限域效应(confinement effects)等[82]。

(1)第一配位层效应。

第一配位层效应是指配体分子与反应活性中心直接结合的结构中,往往存在电荷转移与表面结构转变。韩布兴院士与张建玲教授团队将离子液体(1-甲基-3-顶级咪唑硝酸盐,BmimNO$_3$)锚定在 Cu 表面获得了 IL@Cu 基催化剂[83]。由 XPS 表征发现在表面 BmimNO$_3$ 分子作用下,Cu 位点的电子将向分子配体转移,XANES 和 EXAFS 表征进一步表明 IL@Cu 中 Cu 的配位数降低至 10.6。DFT 计算证明表面 Cu 原子的电荷密度降低,使 Cu 位点上 *CO 偶联形

成 *OCCO 的能垒减小,从而实现了 77.3% 的乙烯高选择性。D. Voiry 团队利用噻二唑(N_2SN)和三唑(N_3N)修饰 Ag—Cu 双金属电极(图 5.36~5.39),由 XPS 和原位 XANES 表征发现表面 Cu 位点的电子向修饰分子转移,使 Cu 在 CO_2 还原过程中保持约 +0.5 的氧化态,研究者认为分子配体中的芳香杂环具有较强的吸电子能力,是使 Cu 位点保持氧化态的主要原因,从而调节顶位吸附 *CO_顶位 与桥联吸附 *CO_桥联 的比例使其更有利于 *CO 二聚化反应,其中由 N_2SN 修饰的 Ag—Cu 基催化剂实现了 80% 的 C_{2+} 产物法拉第效率[84]。曾杰教授团队研究发现苯硫醇(BDT)修饰 Cu 纳米粒子将降低 d 带中心位置,从而降低 *CO 覆盖率,有利于 *CO 质子化而非 *CO 二聚化,促进甲烷的形成。原位红外光谱表征证实了 BDT 分子的修饰降低了表面 *CO 的覆盖率,而 *CHO 覆盖率增大[85]。

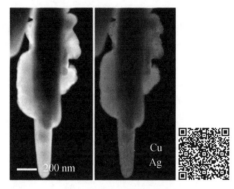

图 5.36　表面修饰的 Ag—Cu 合金微观形貌与对应的 Cu(红色)和 Ag(蓝色)元素分布

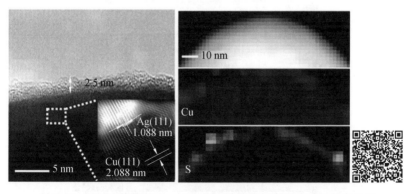

图 5.37　N_2SN 修饰的 Ag—Cu 电极的结构与表面分子层元素分布

北京工业大学孙晓明教授报道了季铵盐阳离子表面活性剂调控 CO_2RR 反应的机制。锚定在催化剂表面的季铵盐表面活性剂发挥着多种作用:增强 CO_2

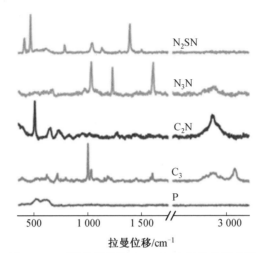

图 5.38　不同分子修饰 Ag－Cu 电极的拉曼光谱

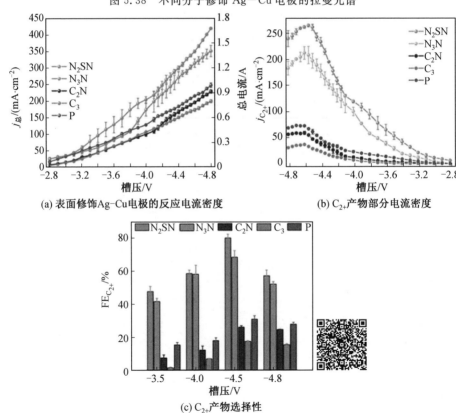

(a) 表面修饰Ag-Cu电极的反应电流密度

(b) C$_{2+}$产物部分电流密度

(c) C$_{2+}$产物选择性

图 5.39　表面修饰 Ag－Cu 电极的反应电流密度、C$_{2+}$产物部分电流密度与选择性[84]

传质；向电极表面转移电荷稳定中间产物；与表面质子静电排斥抑制 HER。其中，十六烷基三甲基氯化铵（CTAC）分子将向 Cu 转移 0.337 个电子，从而增强对 CO_2 的吸附与活化并影响电极与 $^*OCHO$ 中间体的结合强度，提高了甲酸的选择性[86]。此外，还发现 CTAC 对 Cu 与 $^*OCHO$ 吸附强度的调节可以拓展到其他金属催化剂上：CTAC 的修饰同样可以提高 Sn 催化剂对甲酸的选择性（修饰后 FE_{HCOO^-} 由 36.3％增加到 85.9％）。

有机物分子通常作为封端剂或稳定剂等参与纳米材料合成过程以调节材料的粒径、形貌等，在反应后残留的分子将稳定锚定在纳米粒子表面以降低表面能，这些材料表面的分子配体也可能对催化性能产生影响。南京大学姜立萍和华盛顿州立大学林跃河教授利用乙二胺四乙酸钠（EDTA－2Na）辅助电沉积的方法合成了 EDTA 修饰的多孔中空 Cu 微球，EDTA－2Na 除了通过螯合作用和自组装特性作为造孔剂形成了多孔中空结构外，分子中的羧基氧与金属表面结合发生电子转移使 Cu 位点局部带电，Cu(111) 与 Cu(100) 晶面的 C—C 偶联的能垒分别降低了 0.23 eV 和 0.13 eV，乙烯的法拉第效率达到 50.1％，是无配体添加的对照样品的 2 倍[87]。T. Agapie 团队以 N，N－乙烯－菲咯啉二溴化物作为分子添加剂，借助原位电还原的方法沉积在 Cu 电极表面，配体分子在沉积过程中发生聚合并腐蚀 Cu 电极使其产生优先暴露 Cu(100) 晶面的纳米立方结构。此外分子配体在催化剂表面偶联形成有机膜，有效稳定了电场作用下的纳米立方结构，使多碳产物的选择性达到 70％的同时稳定运行超过 40 h[88]。天津大学杨全红和翁哲教授团队报道，添加剂乙二胺四亚甲基膦酸（EDTMPA）在 CO_2 还原过程中选择性吸附在 Cu(110) 晶面，引发材料重构形成更多的 (110) 晶面，实现更强的 $^*CO$ 吸附强度（图 5.40）[89]。同时 EDTMPA 磷酸基团捕获电解液中的质子促进 $^*CO$ 加氢，降低了 $^*CHO$ 形成的能垒，改善了 CO_2 还原为 CH_4 路径的反应动力学，实现了 64％的甲烷法拉第效率与约 200 mA/cm^2 的部分电流密度。

（2）第二配位层效应。

第二配位层效应是指在反应过程中，配体分子不直接与氧化还原中心连接而是通过官能团与反应中间体相互作用，影响中间体的结合强度，从而改变催化性能。武汉大学庄林教授提出利用醌类修饰分子取代金属电极活化 CO_2 的方法，醌可以与 CO_2 发生 Lewis 酸碱相互作用，并具有氧化还原活性，在还原状态下与 CO_2 具有较强的结合能力[90]。研究者在电化学测试中发现含有给电子基团的苯醌（BQ）可以在还原电势下向 CO_2 分子转移电子以削弱 C＝O 键，形成的 $BQ-CO_2^{\cdot-}$ 分子间相互作用相对较弱，$CO_2^{\cdot-}$ 可以从分子上解离。将 2,5－二

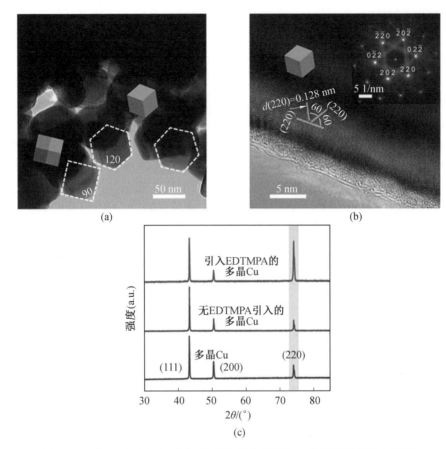

图 5.40　引入 EDTMPA 后 Cu 基催化剂表面形貌与 X 射线衍射谱表征[86]

甲氧基－1,4－苯醌聚合物(pDMBQ)修饰在 Cu 表面时,有效促进了 C_2 产物的形成,实现了 325 mA/cm^2 的高 C_2H_4 部分电流密度。原位红外与理论计算证明,由表面修饰的 pDMBQ 活化的 $CO_2^{\cdot-}$ 将转移到 Cu 表面进一步还原,提高了局部的 *CO 覆盖度,有利于 C—C 偶联过程。新加坡科技研究局的 Y. F. Lim 和 Jia Zhang 同样提出了由修饰分子替代金属电极的 CO_2 还原形成 C_2H_4 的反应路径(图 5.41),当含咪唑基团的组氨酸修饰的 Cu 表面发生 CO_2 还原反应时,原位拉曼谱图中 *CO 吸附峰缺失,结合理论计算,研究者认为具有强 CO_2 亲和力的组氨酸取代了金属表面发生 CO_2 还原为 CO 的转化,随后与 Cu 表面的 *CHO 发生偶联降低了 C—C 偶联反应能垒,在后续的反应中组氨酸也将配合 Cu 位点参与中间产物吸附/脱附过程[91]。此外,在阴极电势下组氨酸在电极表面的特性吸附提高了表面电荷密度,增强组氨酸与中间体的相互作用,最终实现了高达

76.6% 的 C_2 产物选择性。

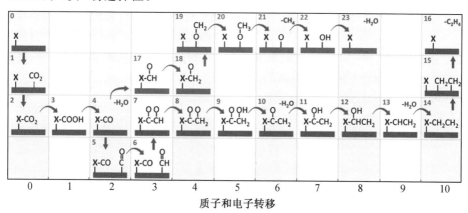

图 5.41　由修饰分子替代金属电极的 CO_2 还原形成 C_2H_4 的反应路径（X 表示修饰分子）[91]

常见含氨基（—NH_2）的分子配体往往可以通过氨基的氢键作用稳定产物，并作为 Lewis 酸吸附 CO_2 分子，增加局部 CO_2 浓度。E. Andreoli 团队提出了聚丙烯酰胺修饰泡沫铜增强电催化活性的策略，相比未改性泡沫铜乙烯的选择性提高了一倍[92]。聚丙烯酰胺通过羰基氧吸附在 Cu 表面，向催化剂表面供给电子降低 CO 偶联的反应能垒。DFT 计算表明，—NH_2 基团不仅吸附 *CO 以提高局部 CO 覆盖度，还通过氢键作用稳定 *OCCO 中间体，从而在动力学上加速了乙烯的决速步骤。

由于纯 Cu 基催化剂表面对中间产物吸附的敏感性，修饰分子与中间产物的相互作用往往可以显著地改变催化选择性。中南大学柴立元院士团队等制备了由聚多巴胺（PDA）包覆的 Cu 纳米线，催化剂表面的多巴胺单体中的酚羟基与中间产物 *CO 形成氢键作用，氨基则捕获电解液中的质子促进 *CO 加氢过程，使 CO_2R 主要产物由 C_2H_4 转变为 CH_4[93]。南洋理工大学王昕团队利用甘氨酸修饰的 Cu 纳米线提高了对多碳产物的选择性。借助理论计算分析，表面修饰的甘氨酸分子的—NH_3^+ 端稳定了 *COOH 与 *CHO 中间产物，使得催化活性提高的同时促进了 C—C 偶联过程，增加了对碳氢产物的选择性。聚苯胺（PANI）的修饰同样提高了 Cu 基催化剂对 C_{2+} 产物的选择性[95]，一方面聚苯胺修饰的电极表面疏水性提高，抑制了 HER 副反应的发生；另一方面，聚苯胺通过对 CO_2 的吸附，提高了 CO_2 与中间体 *CO 在催化剂表面的局部浓度，在 -1.08 V（vs. RHE）电势下 C_2 产物的选择性达到了 80%，几乎是纯 Cu 的两倍。

E. H. Sargent、T. Agapie 和 J. C. Peters 教授团队利用电沉积的方法在 Cu 表面将 N—芳基吡啶前驱体发生原位二聚反应并与催化剂结合形成表面四联吡啶(tetrahydro－bipyridine)层(图 5.42～5.45),表面配体中的 N 原子将电子转移到附近的水分子中,影响 $^*CO$ 周围水分子的电子密度,有利于 $^*CO$ 的顶位吸附[96]。借助理论计算,一个 $^*CO_{桥联}$ 与一个 $^*CO_{顶位}$ 发生偶联的能垒最低,由此表面配体的作用促进了 C_{2+} 产物的形成,乙烯产物的法拉第效率达到 72% 的同时部分电流密度超过 230 mA/cm^2。

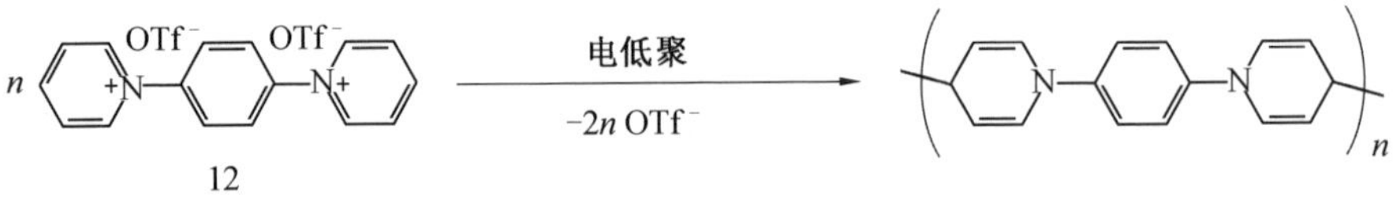

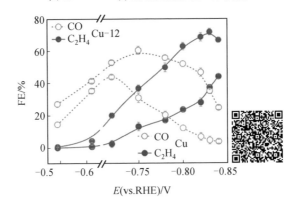

图 5.42　N－芳基吡啶的原位二聚反应

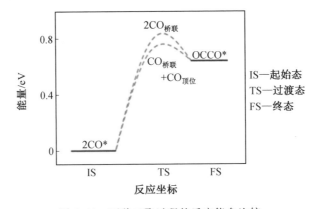

图 5.43　表面修饰 Cu 与未修饰 Cu 的催化选择性比较

图 5.44　两种二聚过程的反应能垒比较

全氟磺酸聚合物(Nafion)作为黏结剂常被用于电催化反应的电极制备过程,其作为强酸具有促进质子转移的作用。表面覆盖 15 μm 厚度 Nafion 层的 Cu

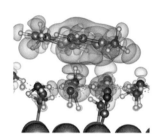

图 5.45　CO 在 Cu—配体界面吸附的电子密度差图[96]

电极的 CH_4 选择性达到 85%，是目前为止最具甲烷选择性的电催化剂之一[97]。结合在 Cu—Nafion 界面的 *CO 由磺酸基团通过氢键作用在反应界面稳定，并利用 Nafion 分子较强的质子转移能力促进 *CO 加氢产生 CH_4 关键中间体 *CHO 的步骤，有效抑制了 *CO—CO 偶联过程。

除了通过调节关键反应中间体的吸附强度优化反应路径外，对 CO_2RR 而言抑制副反应路径也可以提高产物的选择性。M. Fontecave 团队发现在 Cu 基催化剂表面的 4-疏基吡啶(SPy)可以提高甲酸的选择性[98]。DFT 计算表明 SPy 分子的修饰几乎不影响甲酸路径的能垒，但将大幅削弱 *COOH 与 *CO_2^- 的结合强度，从而抑制 CO 的形成，使 Cu 基催化剂的产物选择性由 CO 和碳氢化合物转变为 $HCOO^-$。

(3)外层效应。

外层效应是指修饰分子不与催化剂表面或反应物发生相互作用，而通过改变表面 pH、局部电场强度、界面亲疏水性以及反应物供给能力等影响催化剂表面局部反应微环境，对催化过程中起到补充作用。金属表面一般具有较高的表面能，倾向于形成亲水表面。F. M. Toma 和 F. D. Toste 团队利用不同有机物分子调节 Cu 表面的亲疏水性，以分析局部水密度对 Cu 催化选择性的影响 (图 5.46)[99]。

亲水界面下吸附态 CO_2 由局部 H_2O 的氢键作用稳定，并从 H_2O 中得到质子形成 *COOH 产物，而从第二个 H_2O 中获得质子后脱水形成 CO；在疏水界面下 CO_2 直接与表面 *H 作用生成 $HCOO^-$。由此修饰不同配体而获得不同程度疏水性的 Cu 电极呈现规律性的选择性分布。M. Fontecave 和 V. Mougel 团队借助仿生学设计的十八硫醇修饰枝晶 Cu 电极可以产生多尺度疏水表面，催化剂在电极—电解液界面处直接捕获 CO_2，电解液则被推离 Cu 电极表面而形成了三相反应界面(图 5.47)，增大局部 CO_2 浓度的同时减少表面 *H 的覆盖度，HER 副反应得到了显著抑制(10%)，同时较高的局部 CO_2 浓度有利于 *CO 覆盖，促进 C—C 偶联过程,使 C_2 产物选择性显著上升($FE_{C_2H_4} = 56\%$,$FE_{C_2H_5OH} = 17\%$)[100]。杨化桂教授团队利用 DFT 预测表明较低的表面 H_2O 含量有利于 $^*CO$ 深度还原为 CH_4,随后设计了由疏水性碳壳包裹氧化物衍生 Cu 纳米粒子的核壳催化剂(H—CuOX@C),使催化剂表面保持良好的疏水性以调节局部 H_2O 浓度,催化性能测试表明在施加电势为 -1.6 V(vs. RHE)下 CH_4 的峰值法拉第效率达到 81%,即使在高电流密度(500 mA/cm²)下 CH_4 的选择性依然保持在 73.3%[101]。R. H. Grubbs 和 W. A. Goddard Ⅲ设计了聚合物膜修饰的 Cu 电极,分子动力学(MD)模拟表明聚合物膜产生的表面疏水性使局部 CO_2 浓度升高并降低 H_2O 浓度,增加了表面电荷,有利于 CO_2 还原为 CO 和随后的 C—C 偶联过程,使 C_2 产物的选择性达到 77%,其中 C_2H_4 的法拉第效率为 55%。此外模拟结果表明聚合物较大的孔隙率也将有利于 CO_2 的传质效率[102]。

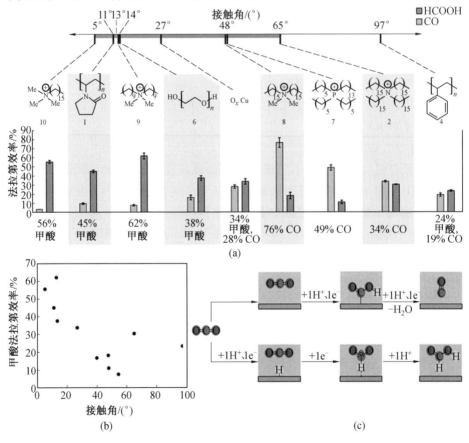

图 5.46 表面修饰调控 Cu 电极亲疏水性与催化性能

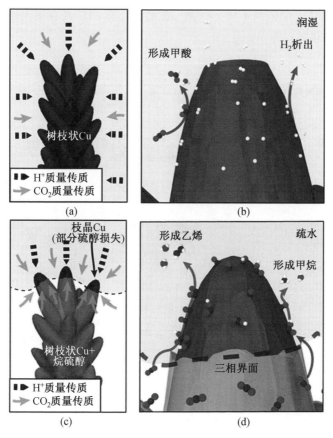

图 5.47　疏水性枝晶 Cu 结构与亲水结构的传质与产物形成特点[100]

已有研究表明，CO_2 还原反应对局部 pH 较为敏感，高碱性的反应环境可以促进多碳产物的选择性，但高碱性对 CH_4 的形成有抑制作用，主要原因在于 *CO 质子化为 *CHO 涉及质子转移，在碱性条件下能垒较高；而 CO—CO 偶联通常被认为是物理过程，几乎不受碱性条件的影响。A. A. Gewirth 团队利用共沉积的方法制备多胺修饰 Cu 基催化剂，改变配体分子中氨基的甲基化程度，显著影响了电极表面的 pH（图 5.48）[103]。原位 Raman 光谱测试含未甲基化侧胺基的配体修饰 Cu 电极表面 pH 最高，且具有最佳的 C_2 产物选择性；使用 10 mol/L KOH 的高碱性电解液时 C_2H_4 的选择性达到 87%（−0.47 V（vs. RHE））；而甲基化程度较高的电极则呈现 HER 反应逐渐加剧的趋势。L. J. Li 团队利用苯并咪唑（BIMH）修饰 Cu 箔显著提高了 C_{2+} 产物的选择性，DFT 计算表明咪唑环在还原电势下额外捕获带电 δ^+ 质子，促进 *COOH 的形成，抑制甲酸的产生，表面形成的 Cu(BIM)$_x$ 层限制了质子扩散,增大了局部 pH,并在更高的电极电势下促进 C—C 偶联过程[104]。

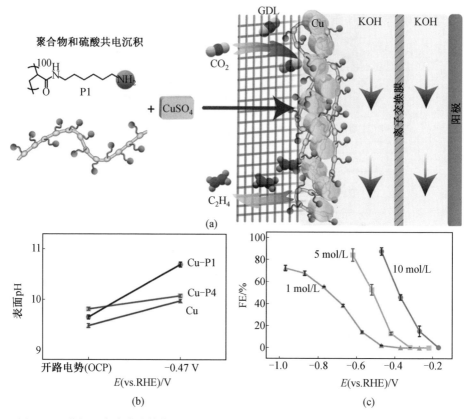

(a)

(b)   (c)

图 5.48　共沉积合成多胺修饰 Cu 基催化剂示意图,多胺配体不同甲基化程度对催化剂表面 pH 的影响及 10 mol/L KOH 溶液中的催化剂选择性[103]

利用表面修饰分子促进 $^*CO$ 的质子化过程可以提高 CH$_4$ 的选择性,尤其部分 pK_a 较小的分子。C. Hahn 和 G. Kastlunger 团队基于恒定电势 DFT 动力学计算和广泛 pH 范围下的实验分析了 Cu 表面 CO 的还原机理,其中随着电解质 pH 的增加,由于决速步骤涉及质子转移,CH$_4$ 形成的活性显著降低,因此具有比水更低的 pK_a 的缓冲阴离子可以作为质子供体加速 CH$_4$ 的产生[105]。王志江团队报道谷胱甘肽(GSH)分子修饰将影响碱性电解环境中 Cu 基催化剂的选择性[106]。不同于主要产物为 C$_2$H$_4$ 的无配体修饰的 Cu 基催化剂,GSH 分子修饰 Cu 的主要产物为 CH$_4$,峰值产物选择性达到 63.6%。利用在线拉曼光谱与对比实验研究表明 GSH 分子影响了局部反应微环境,其中羧基可以降低局部 pH 而

促进 *CO 质子化过程,而氨基则影响了 *CO 的吸附结构,抑制 C—C 偶联。庄林团队研究表明在 Cu 电极表面修饰鸟嘌呤(Gua)将影响 CO₂ 还原中的质子传递过程,原位红外表征发现 Gua 分子的引入削弱了 *CO 吸附,并降低了局部 pH,从而促进 *CO 质子化过程产生 CH₄[107]。

修饰分子悬垂的亲疏水基团可以显著改善催化剂表面的传质,突破反应物 CO₂ 的传质瓶颈,获得更高的反应电流密度。在流动电解池(flow-cell)反应体系中,虽然 CO₂ 还原反应发生在电极、电解液与气相反应物组成的三相界面上,但高电流密度下局部 OH⁻ 的生成或高碱性电解液的应用将反应物迅速溶解,降低了反应效率。E. H. Sargent 教授团队在气体扩散电极表面修饰全氟化磺酸离子导电聚物(PFSA),形成催化剂:离聚物本体异质结(CIBH)借助离聚物分子的亲疏水特性使气体、离子与电子的传输解耦(图 5.49、图 5.50)[108]。反应物气体通过—CF₂ 基团组成的侧链疏水域传输,参与反应的水分子与离子由—SO₃⁻ 组成的亲水域传输,显著拓宽了三相反应界面,在保持乙烯选择性 65%～75% 的同时,部分电流密度达到 1.34 A/cm²。表面离聚物也可以调节反应微环境以改善 C₂ 产物的选择性。A. T. Bell 团队将传导阴离子(AEI,主要为 OH⁻)的 Sustaninion 和传导阳离子(CEI,主要为 H⁺)的 Nafion 两种离聚物涂覆在 Cu 膜上形成 Naf/Sus/Cu 结构,其中 AEI 可以增加 CO₂ 溶解度,从而增大局部 CO₂ 与 H₂O 的浓度比例,而 CEI 则通过 Donnan 排斥作用限制表面形成的 OH⁻ 向外传质,保持局部高 pH 环境,在脉冲电解模式下进一步放大了局部反应微环境的影响,将 C₂ 产物法拉第效率提高到 90%,而 H₂ 选择性仅有 4%[109]。

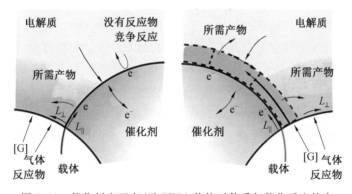

图 5.49　催化剂表面有/无 PFSA 修饰时传质与催化反应特点

不同于前文提到的表面修饰分子对局部 pH 与传质的影响,刘敏团队研究发现 Cu 纳米针表面覆盖聚四氟乙烯(PTFE)可以显著增强局部的电场强度与温度,其中电场强度相比于无 PTFE 的 Cu 纳米针提高了 7 倍,而温度增加约40 K,

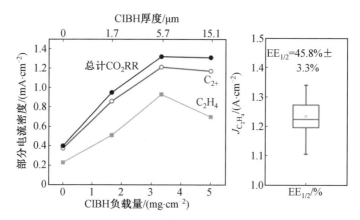

图 5.50　CIBH 的电催化性能与能量效率[105]

在高电/热场下更有利于稳定 *CO 降低 C—C 偶联能垒,使 C_2 产物选择性超过 86%[110]。

(4)限域效应。

"纳米限域催化"的概念最早由包信和研究团队提出,是指在受限空间内发生的催化反应[72]。限域的反应环境使催化剂具有与开放体系中不同的本征特性,影响限域空间内的电子传递、催化反应中间体结合与催化剂本征特性(结构、电子态)等,从而改变其催化性能。附着在催化剂表面的分子配体与催化剂本体之间也可以形成限域效应,改变关键中间产物的结合能,进而影响催化剂的选择性。将 N—C 材料通过溅射涂覆到 Cu 基催化剂表面,在分子与催化剂表面之间形成了亚纳米厚度的限域空间[111]。N—C 层向 *CO 转移电子促进了 C—C 偶联过程,并由限域效应抑制 HOCCH* 中间产物的 C—O 键断裂过程,使 Cu 基催化剂主要催化产物由乙烯变为乙醇,调控 N—C 材料的含 N 量为 34%(原子数分数)时乙醇选择性达到 52%。

此外,分子配体在保护催化剂免受中毒影响等方面也具有重要作用。电解液中普遍存在的痕量重金属杂质离子如 Fe^{3+}、Ni^{2+} 等在反应过程中沉积在电极表面是导致催化剂失活的主要原因之一。Y. Surendranath 等用亚氨基二乙酸树脂修饰催化剂表面,其与电解液中杂质离子的络合作用有效避免了催化剂中毒现象[112]。C. P. Berlinguette 等在电解液中加入乙二胺四乙酸(EDTA),EDTA 与电解液中的杂质离子形成络合物,降低了杂质离子的还原电势,从而避免了 Cu 表面杂质的沉积,纯 Cu 基催化剂经 12 h 实验,催化选择性与活性没有明显改变[113]。

5.2.3　其他改性方法

除了合金化与分子修饰外,其他改性方法如金属-载体相互作用(MSI)、串联催化反应等都被报道可以提高 Cu 基催化剂的性能。

(1)金属-载体相互作用。

MSI 涉及金属催化剂与载体材料的电荷转移、界面协同位点、纳米结构、化学组分与强金属-载体相互作用等。在多种电催化反应(HER、ORR、CO_2RR 等)中广泛使用碳材料(如炭黑、碳纳米管等)作为催化剂载体,一方面可以有效避免纳米催化剂的团聚,提高催化剂的利用率以降低贵金属用量;另一方面可以改善电极的导电性。韩布兴院士与夏川教授报道,石墨氮化碳($g-C_3N_4$)载体与 Cu 基催化剂形成的异质界面可以促进 CO 加氢产生 *CHO,*CHO 随后迁移到 Cu 表面进行中间体偶联与加氢过程,乙酸法拉第效率达到 62.8%(图 5.51、图 5.52)[114]。A. J. Rondinone 团队研究的氮掺杂碳材料担载的 Cu 基催化剂对乙醇产物具有高选择性,DFT 计算表明 N 掺杂碳材料的局部弯曲和褶皱结构可以结合 C_2 中间体,从而与 Cu 位点协同稳定 C_2 中间体,最终产生乙醇产物[115]。但通过简单物理混合得到的碳材料担载催化剂中的载体一般被认为是化学惰性的,不参与实际的电化学反应。金属氧化物由于与金属催化剂具有相似的结构,被应用为载体材料时可以与催化剂相互作用,并起到一定的助催化作用。

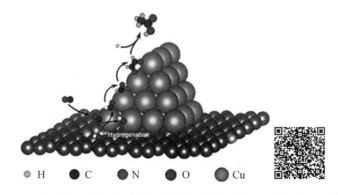

图 5.51　Cu-CN 表面中间产物形成与迁移示意图

化学惰性的金属氧化物如 Al_2O_3、ZrO_2 和 SiO_2 等结构稳定,金属价态不易改变,通常不与催化剂发生强烈的电子或组分转移,除了在热催化中广泛应用外,也被认为可以调节电催化剂的性能。W. Drisdell 和苏州大学程涛教授研究发现利用晶面选择原子层沉积(FS-ALD)技术可以在 Cu 纳米晶(111)晶面定向覆盖超薄 Al_2O_3 层,遮蔽部分(111)晶面以增大(100)与(111)的比例,从而提

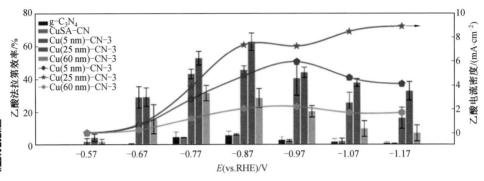

图 5.52　C_3N_4 担载不同粒径 Cu NPs 的催化选择性[114]

高 C_2H_4 选择性并抑制 CH_4 的形成,并且防止了反应过程中 Cu 纳米晶的迁移与团聚,使 C_2H_4 的法拉第效率达到 60.4%[118]。熊宇杰教授团队提出 Cu 与 Al_2O_3 界面形成的 $CuAlO_2$ 可以稳定高指数活性位点[Cu(100)＋Cu(hkl)],避免了反应过程中高活性位点的迁移[119]。理论计算表明 Cu(411) 与 $CuAlO_2$ (001)晶格失配最小,在 $CuAlO_2$ 协助下限制了(100)晶面向(111)晶面的结构演变,因此显著提高了催化剂的稳定性,在 -1.2 V(vs. RHE)下稳定反应超过 300 h 催化选择性未明显衰减,C_2 产物选择性保持在 85% 以上($FE_{C_2H_4}$＞71%)。吴浩斌教授团队认为 Al_2O_3、ZrO_2、SiO_2 等氧化物作为 Lewis 酸可以吸附 CO_2,促进 CO_2 分子活化转化[120]。借助 DFT 计算,研究者发现 ZrO_2 中不饱和的 Zr 位点可以作为 CO_2 分子结合位点降低活化能垒,同时 Zr—O 键的氧端可以稳定 *OCCO 中间体,降低 *CO 二聚的能垒,因此提高 C_{2+} 产物的选择性。清华大学陈晨教授提出了利用 SiO_2 稳定 Cu 的催化剂设计策略,将 Cu 位点均匀分散在 SiO_2 载体中形成 Cu—O—Si 界面位点并保持良好的稳定性,抑制了活性位点的重构[121]。而 DFT 计算表明 Cu—O—Si 位点上 *CO 质子化的能垒小于 *CO 二聚偶联过程的能垒,CH_4 法拉第效率达到 72.5%。值得注意的是,虽然 Al_2O_3 通常被认为是惰性氧化物载体,但王定胜与苏亚琼教授的研究表明,得益于 Al_2O_3 中强 Lewis 酸位点特性,可以调节负载于 Al_2O_3 表面的 Cu 单原子位点的电子结构,使 Cu 位点电子向载体转移[122]。相比于弱 Lewis 酸(Cr_2O_3)载体,Al_2O_3 担载的 Cu 位点保持更高的氧化态,在 CO_2RR 过程中与富电子中间体结合促进 CO_2 转化为 CH_4(FE_{CH_4}≈62%)。

　　活性氧化物载体如 CeO_2、TiO_2 等由于金属位点价态容易改变,金属催化剂与活性氧化物载体将发生电子转移等改变活性位点的氧化态反应,影响 CO_2RR 反应活性与选择性。乔世璋团队将 Cu^{2+} 嵌入 CeO_2 的晶格中,形成 Cu—Ce—O_x 固溶体(图 5.53～5.55)[116]。

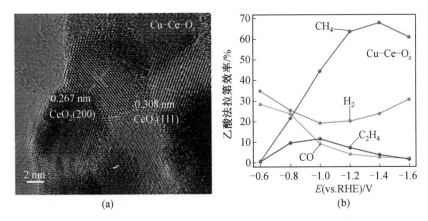

图 5.53　$Cu-Ce-O_x$ 固溶体的微观形貌与催化选择性

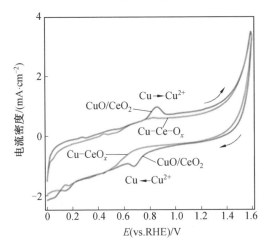

图 5.54　CO_2RR 反应后的 CV 测试

在 CO_2 还原过程中，Ce^{4+} 优先被还原形成 Ce^{3+}，同时 Ce^{4+}/Ce^{3+} 为电子提供了传输通道，从而抑制电子向 Cu^{2+} 传递。反应后样品的循环伏安(CV)测试与 XPS 精细谱证明 $Cu-Ce-O_x$ 固溶体中的 Cu 位点保持 +2 氧化态，原位光谱表征表明 CeO_2 保护了固溶体中的 Cu^{2+}，从而影响了 $^*CO$ 中间体结合强度并促进 $^*CO$ 加氢形成甲烷产物。熊宇杰团队进一步将 Cu 位点原子化，设计了 CeO_2 团簇担载的 Cu 单原子催化剂，借助原位表征与理论计算优化 Cu 负载量，CeO_2- 7% Cu 对 CH_4 峰值部分电流密度超过 $360\ mA/cm^2$，同时 FE_{CH_4} 为 67%[123]。

钙钛矿材料由于具有较强的氧化还原性，也被用作 Cu 基催化剂载体以提高催化剂的性能。朱佳伟教授团队通过原位析出的方法设计了 $La_{0.4}Sr_{0.4}Ti_{0.9}O_{3-\delta}$ (LST)担载的 Cu 纳米团簇，钙钛矿载体中的电子向 Cu 位点转移，降低表面 d 带中心(图 5.56、图 5.57)[117]。DFT 计算表明 LST 载体与 Cu 形成的异质结构降低了 C—C 偶联的能垒,此外强金属—载体相互作用也限制了 Cu 原子的迁移,在反应中保持良好的结构稳定性。

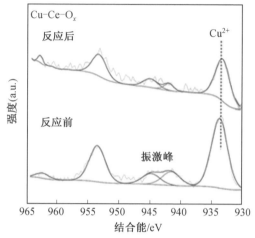

图 5.55 反应前后的 Cu XPS 精细谱[116]

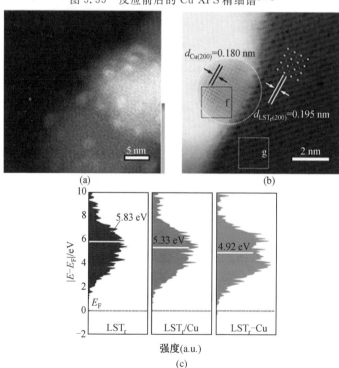

图 5.56 LST 担载 Cu 团簇的微观结构与不同样品的表面价带谱

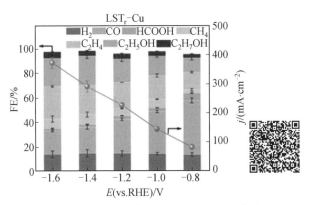

图 5.57　LST 担载 Cu 团簇的催化性能[117]

（2）串联催化反应。

通过纳米合金的方法可以将 CO₂ 还原反应解耦形成串联催化来降低 CO₂ 深度还原的能垒。除了合金方法外设计双位点的结构也可以实现串联催化效应。目前研究较成熟的分子催化剂卟啉铁氯化物（FeTPP［Cl］），可以均相电催化还原 CO₂ 生产 CO。E. H. Sargent 团队通过溅射将其附着在 Cu 表面（图 5.58），在催化过程中 FeTPP［Cl］电还原产物 CO 可以提高修饰分子与 Cu 界面附近的 CO 浓度，借助 DFT 计算与原位 X 射线吸收谱研究，中间体 *CO 分子由"溢出效应"迁移到 Cu 基催化剂表面增加表面 *CO 覆盖率，实现 C—C 偶联反应并诱导反应路线向乙醇转移（图 5.59、图 5.60）[124]。Au、Ag 作为高选择性还原 CO₂ 为 CO 的过渡金属，也被开发与 Cu 结合形成串联催化剂。C. Hahn 和 T. F. Jaramillo 教授合作首次报道了 Au—Cu 基催化剂体系的串联反应机制[125]。研究者在多晶 Cu 表面沉积 Au 纳米颗粒，催化性能测试发现在低超电势下多元醇产物的选择性较纯 Au 或 Cu 基催化剂提高了两个数量级。作者认为 Au 表面生成的大量 CO 通过界面迁移过程转移到 Cu 表面发生进一步偶联反应形成多碳产物，由于 Au 的弱亲氧性避免了中间产物脱氧从而产生多元醇。

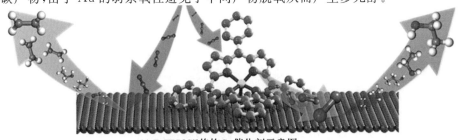

(a) FeTPP［Cl］修饰 Cu 催化剂示意图

图 5.58　FeTPP［Cl］修饰 Cu 基催化剂示意图与 Fe TPP［Cl］的分子结构

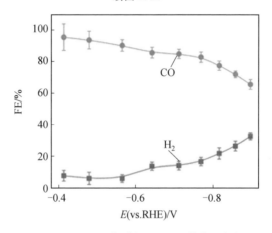

(b) FeTPP[Cl]的分子结构

续图 5.58

图 5.59　FeTPP[Cl]的 CO_2RR 催化选择性

理论上在常温下 Cu 与 Ag 难以形成稳定的固溶体合金,无法通过合金的集团效应实现串联催化过程。杨培东团队将商业化的 Cu 与 Ag 颗粒物理混合,结果表明相比于等量的纯 Cu NPs, Cu_xAg_y 复合催化剂具有更高的反应电流密度[126]。XPS 与 XRD 表征结果证明了 Cu 与 Ag 颗粒之间不存在电荷转移等相互作用,而电催化 CO 还原实验进一步证明 Ag 的存在并未改变 Cu 位点的本征活性,而是以串联反应的形式改变了反应微环境,从而获得比 CO 或 CO_2 为原料时更高的 C_{2+} 产物选择性。A. Z. Weber 和邬静杰教授基于 MEA 反应器提出了分段气体扩散电极结构(s-GDE)(图 5.61),在负载 Cu 颗粒的 GDE 靠近进气口端涂覆部分 Ag 颗粒组成 CO 选择催化层,同时保留部分裸露 Cu 的催化剂层(Cu CL)[126]。在实际反应过程中,经蛇形流道扩散的 CO_2 首先接触 CO 选择催化层产生大量 CO,随后含 CO 的气体经流道传质到 Cu CL 段,增加 Cu CL 段的

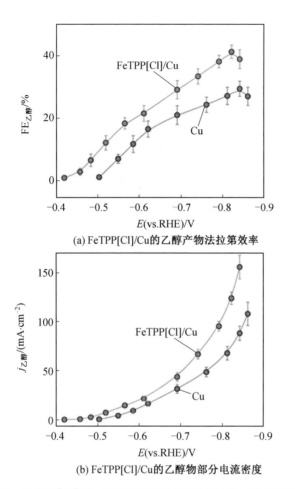

(a) FeTPP[Cl]/Cu的乙醇产物法拉第效率

(b) FeTPP[Cl]/Cu的乙醇物部分电流密度

图 5.60　FeTPP[Cl]/Cu 的乙醇产物法拉第效率与部分电流密度[124]

CO 分压,提高 CO 覆盖率,促进 C_{2+} 产物的形成,从而产生宏观尺度的串联催化效应。数值模拟与实验表明,Cu CL 表面覆盖 5% 的 CO 选择催化层时 C_{2+} 产物的选择性与部分电流密度最高。随后研究者利用更具 CO_2 还原活性的 Fe—N—C 材料替代 Ag 作为 CO 选择催化层,降低 CO 产生所需超电势的同时,C_{2+} 产物峰值电流密度达到 1 071.7 mA/cm^2,法拉第效率达到 89.3%(图 5.62)。

氮掺杂碳材料担载 Ni 单原子催化剂(Ni—N—C)具有接近 100% 的 CO 选择性与高催化活性,侯阳教授团队在具有方钠石拓扑结构的吡啶氮富集碳载体上掺杂单原子镍(Ni—SOD/NC),通过溢出效应向邻近的 Cu 纳米颗粒提供 *CO 中间体,理论计算表明 *CO 从 Ni—SOD/NC 转移到 Cu 表面的能垒低于直接脱

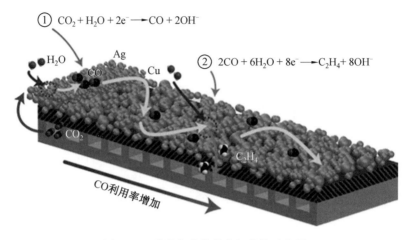

① $CO_2 + H_2O + 2e^- \longrightarrow CO + 2OH^-$

② $2CO + 6H_2O + 8e^- \longrightarrow C_2H_4 + 8OH^-$

H_2O

Ag

Cu

CO

CO_2

C_2H_4

CO利用率增加

图 5.61　分段气体扩散电极结构示意图

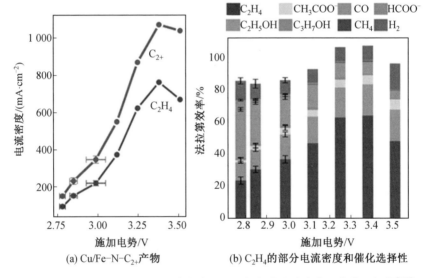

(a) Cu/Fe-N-C₂₊产物

(b) C_2H_4的部分电流密度和催化选择性

图 5.62　Cu/Fe-N-C 的 C_{2+} 产物与 C_2H_4 的部分电流密度和催化选择性[126]

附形成气相产物,实现了 62.5% 的 C_2H_4 选择性[128]。张森等与陈经广教授报道了 Ni-N-C 与主要暴露(100)晶面的 Cu 纳米线(Cu NWs)混合形成串联催化剂,并优化 Ni-N-C 与 Cu NWs 的比例使 CO 产生与消耗速率匹配,串联反应效率最大化[129]。利用原位红外表征表明在引入 Ni-N-C 后表面 *CO 覆盖率大幅提高,进一步提高了串联 Ni-N-C 催化剂对 C_2H_4 的选择性(FE$_{C_2H_4 max}$ ≈ 66%)。吴宇恩教授报道,CuO/Ni-N-C 串联催化具有较强的串联催化 CO_2

为 C$_{2+}$ 产物的性能，C$_{2+}$ 产物峰值部分电流密度达到 1 220.8 mA/cm^2，并保持了 81.4％的高选择性[130]。

5.3　本章小结

　　本章从 Cu 单质金属催化剂与 Cu 基复合催化剂两方面介绍了 Cu 催化还原 CO$_2$ 的特点与催化剂的改性方法。对于 Cu 单质金属催化剂，理论与实验研究表明不同晶面的 CO$_2$RR 催化表现差异明显，Cu(100) 晶面主要催化产物为乙烯，而 (111) 晶面更有利于甲烷形成，此外高指数晶面被认为更具有催化活性。Cu 基催化剂的尺寸与纳米结构也能够影响催化性能，大多与晶面、Cu 位点配位数等因素有关，但晶界等材料缺陷也被认为可以影响活性位点的活性。理论研究认为氧化态的 Cu 基催化剂有利于形成多碳产物，但在阴极电势下 Cu 氧化物将迅速还原为金属态，很难保持稳定的 Cu$^+$/Cu^{2+} 位点。通过分子修饰、合金化等引入第二相形成复合催化剂，可以为催化剂设计引入新自由度从而打破标度关系。本章分别从配体效应、集团效应和几何效应介绍了 Cu 合金催化剂的设计原则与研究进展。随着对 CO$_2$RR 反应机理理解的深入，反应微环境对催化性能的影响日益受到重视，本章也综述了表面修饰分子对催化剂的作用机制。此外，本章还简述了串联催化、金属—载体相互作用等提高 Cu 性能改性的方法。

　　目前研究的 Cu 基催化剂可以实现对甲烷、乙烯、乙酸等部分碳氢化合物的高选择性合成，在未来的研究中借助机器学习等理论预测与实验相结合是进一步提高催化剂选择性，甚至合成更长链产物的有效策略，但要提高反应速率离不开反应装置的进步。在第 6 章中将总结 CO$_2$ 电催化还原反应器的相关研究。

本章参考文献

[1] YOSHIO H, KATSUHEI K, AKIRA M, et al. Prodution of CO and CH$_4$ in electrochemical reduction of CO$_2$ at metal electrodes in aqueous hydrogencarbonate solution[J]. Chem Lett, 1986, 15(6): 897-898.

[2] KUHL K P, CAVE E R, ABRAM D N, et al. New insights into the electrochemical reduction of carbon dioxide on metallic copper surfaces[J]. Energy & Environmental Science, 2012, 5(5): 7050-7059.

[3] HORI Y, TAKAHASHI I, KOGA O, et al. Electrochemical reduction of carbon dioxide at various series of copper single crystal electrodes[J]. J Mol Catal A: Chem, 2003, 199(1): 39-47.

[4] SCHOUTEN K J P, PÉREZ GALLENT E, KOPER M T M. Structure sensitivity of the electrochemical reduction of carbon monoxide on copper single crystals[J]. ACS Catalysis, 2013, 3(6): 1292-1295.

[5] SCHOUTEN K J P, QIN Z S, PÉREZ GALLENT E, et al. Two pathways for the formation of ethylene in CO reduction on single-crystal copper electrodes[J]. J Am Chem Soc, 2012, 134(24): 9864-9867.

[6] BANDARENKA A S, KOPER M T M. Structural and electronic effects in heterogeneous electrocatalysis: toward a rational design of electrocatalysts [J]. J Catal, 2013, 308: 11-24.

[7] HUANG Y, HANDOKO A D, HIRUNSIT P, et al. Electrochemical reduction of CO_2 using copper single-crystal surfaces: effects of CO* coverage on the selective formation of ethylene[J]. ACS Catalysis, 2017, 7 (3): 1749-1756.

[8] ZHAO Y, ZHANG X G, BODAPPA N, et al. Elucidating electrochemical CO_2 reduction reaction processes on Cu(hkl) single-crystal surfaces by in situ Raman spectroscopy[J]. Energy & Environmental Science, 2022, 15 (9): 3968-3977.

[9] BAGGER A, JU W, VARELA A S, et al. Electrochemical CO_2 reduction: classifying Cu facets[J]. ACS Catalysis, 2019, 9(9): 7894-7899.

[10] HAHN C, HATSUKADE T, KIM Y G, et al. Engineering Cu surfaces for the electrocatalytic conversion of CO_2: controlling selectivity toward oxygenates and hydrocarbons[J]. Proceedings of the National Academy of Sciences of the United States of America, 2017, 114(23): 5918-5923.

[11] RESKE R, MISTRY H, BEHAFARID F, et al. Particle size effects in the catalytic electroreduction of CO_2 on Cu nanoparticles[J]. J Am Chem Soc, 2014, 136(19): 6978-6986.

[12] BATURINA O A, LU Q, PADILLA M A, et al. CO_2 electroreduction to hydrocarbons on carbon-supported Cu nanoparticles[J]. ACS Catalysis, 2014, 4(10): 3682-3695.

[13] RONG W F, ZOU H Y, ZANG W J, et al. Size-dependent activity and selectivity

of atomic-level copper nanoclusters during CO/CO_2 electroreduction[J].
Angew Chem Int Ed, 2021, 60(1): 466-472.

[14] DE GREGORIO G L, BURDYNY T, LOIUDICE A, et al. Facet-dependent selectivity of Cu catalysts in electrochemical CO_2 reduction at commercially viable current densities[J]. ACS Catalysis, 2020, 10(9): 4854-4862.

[15] LOIUDICE A, LOBACCARO P, KAMALI E A, et al. Tailoring copper nanocrystals towards C_2 products in electrochemical CO_2 reduction[J]. Angew Chem Int Ed, 2016, 55(19): 5789-5792.

[16] GROSSE P, GAO D, SCHOLTEN F, et al. Dynamic changes in the structure, chemical state and catalytic selectivity of Cu nanocubes during CO_2 electroreduction: size and support effects[J]. Angew Chem Int Ed, 2018, 57 (21): 6192-6197.

[17] HUANG J F, HÖRMANN N, OVEISI E, et al. Potential-induced nanoclustering of metallic catalysts during electrochemical CO_2 reduction[J]. Nature Communications, 2018, 9(1): 3117.

[18] WANG Z N, YANG G, ZHANG Z R, et al. Selectivity on etching: creation of high-energy facets on copper nanocrystals for CO_2 electrochemical reduction[J]. ACS Nano, 2016, 10(4): 4559-4564.

[19] ZHUANG T T, PANG Y J, LIANG Z Q, et al. Copper nanocavities confine intermediates for efficient electrosynthesis of C_3 alcohol fuels from carbon monoxide[J]. Nature Catalysis, 2018, 1(12): 946-951.

[20] YANG P P, ZHANG X L, GAO F Y, et al. Protecting copper oxidation state via intermediate confinement for selective CO_2 electroreduction to C_{2+} fuels[J]. J Am Chem Soc, 2020, 142(13): 6400-6408.

[21] VEENSTRA F L P, ACKERL N, MARTÍN A J, et al. Laser-microstructured copper reveals selectivity patterns in the electrocatalytic reduction of CO_2 [J]. Chem, 2020, 6(7): 1707-1722.

[22] MA M, DJANASHVILI K, SMITH W A. Controllable hydrocarbon formation from the electrochemical reduction of CO_2 over Cu nanowire arrays[J]. Angew Chem Int Ed, 2016, 55(23): 6680-6684.

[23] ZHOU Y J, LIANG Y Q, FU J W, et al. Vertical Cu nanoneedle arrays enhance the local electric field promoting C_2 hydrocarbons in the CO_2 elec-

troreduction[J]. Nano Lett, 2022, 22(5): 1963-1970.

[24] RELLER C, KRAUSE R, VOLKOVA E, et al. Selective electroreduction of CO_2 toward ethylene on nano dendritic copper catalysts at high current density[J]. Adv Energy Mater, 2017, 7(12): 1602114.

[25] LI P S, BI J H, LIU J Y, et al. A crystal growth kinetics guided Cu aerogel for highly efficient CO_2 electrolysis to C_{2+} alcohols[J]. Chemical Science, 2023, 14(2): 310-316.

[26] ZHANG B X, ZHANG J L, HUA M L, et al. Highly electrocatalytic ethylene production from CO_2 on nanodefective Cu nanosheets[J]. J Am Chem Soc, 2020, 142(31): 13606-13613.

[27] FENG X, JIANG K, FAN S, et al. A direct grain-boundary-activity correlation for CO electroreduction on cu nanoparticles[J]. ACS Central Science, 2016, 2(3): 169-174.

[28] LI C W, KANAN M W. CO_2 Reduction at low overpotential on Cu electrodes resulting from the reduction of thick Cu_2O films[J]. J Am Chem Soc, 2012, 134(17): 7231-7234.

[29] LI C W, CISTON J, KANAN M W. Electroreduction of carbon monoxide to liquid fuel on oxide-derived nanocrystalline copper[J]. Nature, 2014, 508(7497): 504-507.

[30] MARIANO R G, MCKELVEY K, WHITE H S, et al. Selective increase in CO_2 electroreduction activity at grain-boundary surface terminations [J]. Science, 2017, 358(6367): 1187-1192.

[31] VERDAGUER-CASADEVALL A, LI C W, JOHANSSON T P, et al. Probing the active surface sites for CO reduction on oxide-derived copper electrocatalysts[J]. J Am Chem Soc, 2015, 137(31): 9808-9811.

[32] CHEN Z Q, WANG T, LIU B, et al. Grain-boundary-rich copper for efficient solar-driven electrochemical CO_2 reduction to ethylene and ethanol[J]. J Am Chem Soc, 2020, 142(15): 6878-6883.

[33] XIAO H, GODDARD W A, CHENG T, et al. Cu metal embedded in oxidized matrix catalyst to promote CO_2 activation and CO dimerization for electrochemical reduction of CO_2 [J]. Proceedings of the National Academy of Sciences of the United States of America, 2017, 114(26): 6685-6688.

[34] BIANCHI G, LONGHI P. Copper in sea-water, potential-pH diagrams [J]. Corros Sci, 1973, 13(11): 853-864.

[35] REN D, DENG Y L, HANDOKO A D, et al. Selective electrochemical reduction of carbon dioxide to ethylene and ethanol on copper (I) oxide catalysts[J]. ACS Catalysis, 2015, 5(5): 2814-2821.

[36] MISTRY H, VARELA A S, BONIFACIO C S, et al. Highly selective plasma-activated copper catalysts for carbon dioxide reduction to ethylene [J]. Nature Communications, 2016, 7(1): 12123.

[37] MU S J, LU H L, WU Q B, et al. Hydroxyl radicals dominate reoxidation of oxide-derived Cu in electrochemical CO_2 reduction[J]. Nature Communications, 2022, 13(1): 3694.

[38] ZHANG W, HE P, WANG C, et al. Operando evidence of Cu^+ stabilization via a single-atom modifier for CO_2 electroreduction [J]. Journal of Materials Chemistry A, 2020, 8(48): 25970-25977.

[39] LIN S C, CHANG C C, CHIU S Y, et al. Operando time-resolved X-ray absorption spectroscopy reveals the chemical nature enabling highly selective CO_2 reduction[J]. Nature Communications, 2020, 11(1): 3525.

[40] EILERT A, CAVALCA F, ROBERTS F S, et al. Subsurface oxygen in oxide-derived copper electrocatalysts for carbon dioxide reduction[J]. The Journal of Physical Chemistry Letters, 2017, 8(1): 285-290.

[41] LIU C, LOURENÇO M P, HEDSTRÖM S, et al. Stability and effects of subsurface oxygen in oxide-derived Cu catalyst for CO_2 reduction[J]. The Journal of Physical Chemistry C, 2017, 121(45): 25010-25017.

[42] FAVARO M, XIAO H, CHENG T, et al. Subsurface oxide plays a critical role in CO_2 activation by Cu(111) surfaces to form chemisorbed CO_2, the first step in reduction of CO_2[J]. Proceedings of the National Academy of Sciences of the United States of America, 2017, 114(26): 6706-6711.

[43] GARZA A J, BELL A T, HEAD-GORDON M. Is subsurface oxygen necessary for the electrochemical reduction of CO_2 on copper? [J]. The Journal of Physical Chemistry Letters, 2018, 9(3): 601-606.

[44] FIELDS M, HONG X, NØRSKOV J K, et al. Role of subsurface oxygen on Cu surfaces for CO_2 electrochemical reduction[J]. The Journal of

Physical Chemistry C, 2018, 122(28): 16209-16215.

[45] LUM Y, AGER J W. Stability of residual oxides in oxide-derived copper catalysts for electrochemical CO_2 reduction investigated with ^{18}O labeling [J]. Angew Chem Int Ed, 2018, 57(2): 551-554.

[46] LEE S H, LIN J C, FARMAND M, et al. Oxidation state and surface reconstruction of Cu under CO_2 reduction conditions from in situ X-ray characterization[J]. J Am Chem Soc, 2021, 143(2): 588-592.

[47] SCOTT S B, HOGG T V, LANDERS A T, et al. Absence of oxidized phases in Cu under CO reduction conditions[J]. ACS Energy Letters, 2019, 4(3): 803-804.

[48] HORI Y, TAKAHASHI R, YOSHINAMI Y, et al. Electrochemical reduction of CO at a copper electrode[J]. The Journal of Physical Chemistry B, 1997, 101(36): 7075-7081.

[49] RAHAMAN M, DUTTA A, ZANETTI A, et al. Electrochemical reduction of CO_2 into multicarbon alcohols on activated Cu mesh catalysts: an identical location(IL)study[J]. ACS Catalysis, 2017, 7 (11): 7946-7956.

[50] DUTTA A, RAHAMAN M, LUEDI N C, et al. Morphology matters: tuning the product distribution of CO_2 electroreduction on oxide-derived Cu foam catalysts[J]. ACS Catalysis, 2016, 6(6): 3804-3814.

[51] RACITI D, LIVI K J, WANG C. Highly dense Cu nanowires for low-overpotential CO_2 reduction[J]. Nano Lett, 2015, 15(10): 6829-6835.

[52] WANG L, NITOPI S A, BERTHEUSSEN E, et al. Electrochemical carbon monoxide reduction on polycrystalline copper: effects of potential, pressure, and ph on selectivity toward multicarbon and oxygenated products[J]. ACS Catalysis, 2018, 8(8): 7445-7454.

[53] JIANG K, HUANG Y, ZENG G, et al. Effects of surface roughness on the electrochemical reduction of CO_2 over Cu[J]. ACS Energy Letters, 2020, 5(4): 1206-1214.

[54] LUM Y, YUE B, LOBACCARO P, et al. Optimizing C—C coupling on oxide-derived copper catalysts for electrochemical CO_2 reduction[J]. The Journal of Physical Chemistry C, 2017, 121(26): 14191-14203.

[55] KIM D, RESASCO J, YU Y, et al. Synergistic geometric and electronic

effects for electrochemical reduction of carbon dioxide using gold-copper bimetallic nanoparticles[J]. Nature Communications, 2014, 5(1): 4948.

[56] WEI D X, WANG Y Q, DONG C L, et al. Decrypting the controlled product selectivity over Ag — Cu bimetallic surface alloys for electrochemical CO_2 reduction [J]. Angew Chem Int Ed, 2023, 62 (19): e202217369.

[57] CHANG Z Y, HUO S J, ZHANG W, et al. The tunable and highly selective reduction products on Ag@Cu bimetallic catalysts toward CO_2 electrochemical reduction reaction[J]. The Journal of Physical Chemistry C, 2017, 121(21): 11368-11379.

[58] KUANG S Y, SU Y Q, LI M L, et al. Asymmetrical electrohydrogenation of CO_2 to ethanol with copper-gold heterojunctions[J]. Proceedings of the National Academy of Sciences, 2023, 120(4): e2214175120.

[59] JIA F L, YU X X, ZHANG L Z. Enhanced selectivity for the electrochemical reduction of CO_2 to alcohols in aqueous solution with nanostructured Cu-Au alloy as catalyst[J]. J Power Sources, 2014, 252: 85-89.

[60] CHOI C, CAI J, LEE C, et al. Intimate atomic Cu-Ag interfaces for high CO_2 RR selectivity towards CH_4 at low over potential[J]. Nano Research, 2021, 14(10): 3497-3501.

[61] TRAN K, ULISSI Z W. Active learning across intermetallics to guide discovery of electrocatalysts for CO_2 reduction and H_2 evolution [J]. Nature Catalysis, 2018, 1(9): 696-703.

[62] ZHONG M, TRAN K, MIN Y M, et al. Accelerated discovery of CO_2 electrocatalysts using active machine learning [J]. Nature, 2020, 581 (7807): 178-183.

[63] CHEN C S, WAN J H, YEO B S. Electrochemical reduction of carbon dioxide to ethane using nanostructured Cu_2O-derived copper catalyst and palladium(Ⅱ) chloride[J]. The Journal of Physical Chemistry C, 2015, 119(48): 26875-26882.

[64] MA S, SADAKIYO M, HEIMA M, et al. Electroreduction of carbon dioxide to hydrocarbons using bimetallic Cu-Pd catalysts with different mixing patterns[J]. J Am Chem Soc, 2017, 139(1): 47-50.

[65] YIN Z, GAO D, YAO S, et al. Highly selective palladium-copper

bimetallic electrocatalysts for the electrochemical reduction of CO_2 to CO [J]. Nano Energy, 2016, 27: 35-43.

[66] JI Y, CHEN Z, WEI R, et al. Selective CO-to-acetate electroreduction via intermediate adsorption tuning on ordered Cu-Pd sites [J]. Nature Catalysis, 2022, 5(4): 251-258.

[67] SHEN H, WANG Y, CHAKRABORTY T, et al. Asymmetrical C-C coupling for electroreduction of CO on bimetallic Cu-Pd catalysts[J]. ACS Catalysis, 2022, 12(9): 5275-5283.

[68] CHEN C, YU S, YANG Y, et al. Exploration of the bio-analogous asymmetric C-C coupling mechanism in tandem CO_2 electroreduction[J]. Nature Catalysis, 2022, 5(10): 878-887.

[69] WANG P, YANG H, TANG C, et al. Boosting electrocatalytic CO_2-to-ethanol production via asymmetric C — C coupling [J]. Nature Communications, 2022, 13(1): 3754.

[70] YAN H, HE K, SAMEK I A, et al. Tandem In_2O_3-Pt/Al_2O_3 catalyst for coupling of propane dehydrogenation to selective H_2 combustion [J]. Science, 2021, 371(6535): 1257-1260.

[71] CAO B, LI F Z, GU J. Designing Cu-based tandem catalysts for CO_2 electroreduction based on mass transport of CO intermediate [J]. ACS Catalysis, 2022, 12(15): 9735-9752.

[72] REN D, ANG B S H, YEO B S. Tuning the selectivity of carbon dioxide electroreduction toward ethanol on oxide-derived Cu_xZn catalysts[J]. ACS Catalysis, 2016, 6(12): 8239-8247.

[73] GAO J, ZHANG H, GUO X Y, et al. Selective C-C coupling in carbon dioxide electroreduction via efficient spillover of intermediates as supported by operando raman spectroscopy[J]. J Am Chem Soc, 2019, 141(47): 18704-18714.

[74] ZHANG H C, CHANG X X, CHEN J G, et al. Computational and experimental demonstrations of one-pot tandem catalysis for electrochemical carbon dioxide reduction to methane[J]. Nature Communications, 2019, 10(1): 3340.

[75] ZHENG Y Q, ZHANG J W, MA Z S, et al. Seeded growth of gold-copper janus nanostructures as a tandem catalyst for efficient electroreduction of

CO$_2$ to C$_{2+}$ products[J]. Small, 2022, 18(19): 2201695.

[76] WANG X, WANG Z Y, ZHUANG T T, et al. Efficient upgrading of CO to C$_3$ fuel using asymmetric C-C coupling active sites[J]. Nature Communications, 2019, 10(1): 5186.

[77] WANG X, OU P F, OZDEN A, et al. Efficient electrosynthesis of n-propanol from carbon monoxide using a Ag-Ru-Cu catalyst[J]. Nature Energy, 2022, 7(2): 170-176.

[78] LI Q, FU J J, ZHU W L, et al. Tuning Sn-catalysis for electrochemical reduction of CO$_2$ to CO via the core/shell Cu/SnO$_2$ structure[J]. J Am Chem Soc, 2017, 139(12): 4290-4293.

[79] ZHOU Y S, CHE F L, LIU M, et al. Dopant-induced electron localization drives CO$_2$ reduction to C$_2$ hydrocarbons[J]. Nature Chemistry, 2018, 10(9): 974-980.

[80] HE W H, LIBERMAN I, ROZENBERG I, et al. Electrochemically driven cation exchange enables the rational design of active CO$_2$ reduction electrocatalysts[J]. Angew Chem Int Ed, 2020, 59(21): 8262-8269.

[81] YIN Z Y, YU C, ZHAO Z L, et al. Cu$_3$N nanocubes for selective electrochemical reduction of CO$_2$ to ethylene[J]. Nano Lett, 2019, 19(12): 8658-8663.

[82] PROPPE A H, LI Y C, ASPURU-GUZIK A, et al. Bioinspiration in light harvesting and catalysis[J]. Nature Reviews Materials, 2020, 5(11): 828-846.

[83] SHA Y F, ZHANG J L, CHENG X Y, et al. Anchoring ionic liquid in copper electrocatalyst for improving CO$_2$ conversion to ethylene[J]. Angew Chem Int Ed, 2022, 61(13): e202200039.

[84] WU H L, LI J, QI K, et al. Improved electrochemical conversion of CO$_2$ to multicarbon products by using molecular doping [J]. Nature Communications, 2021, 12(1): 7210.

[85] WANG C, KONG X D, HUANG J M, et al. Promoting electrocatalytic CO$_2$ methanation using a molecular modifier on Cu surfaces[J]. Journal of Materials Chemistry A, 2022, 10(48): 25725-25729.

[86] ZHONG Y, XU Y, MA J, et al. An artificial electrode/electrolyte interface for CO$_2$ electroreduction by cation surfactant self-assembly[J].

Angew Chem Int Ed，2020，59(43)：19095-19101.

[87] LIU J，FU J J，ZHOU Y，et al. Controlled synthesis of EDTA-modified porous hollow copper microspheres for high-efficiency conversion of CO_2 to multicarbon products[J]. Nano Lett，2020，20(7)：4823-4828.

[88] THEVENON A，ROSAS-HERNÁNDEZ A，PETERS J C，et al. In-situ nanostructuring and stabilization of polycrystalline copper by an organic salt additive promotes electrocatalytic CO_2 reduction to ethylene[J]. Angew Chem Int Ed，2019，58(47)：16952-16958.

[89] HAN Z，HAN D，CHEN Z，et al. Steering surface reconstruction of copper with electrolyte additives for CO_2 electroreduction[J]. Nature Communications，2022，13(1)：3158.

[90] LI J，LI F，LIU C，et al. Polyquinone modification promotes CO_2 activation and conversion to C_{2+} products over copper electrode[J]. ACS Energy Letters，2022，7(11)：4045-4051.

[91] LIM C Y J，YILMAZ M，ARCE-RAMOS J M，et al. Surface charge as activity descriptors for electrochemical CO_2 reduction to multi-carbon products on organic-functionalised Cu[J]. Nature Communications，2023，14(1)：335.

[92] BUCKLEY A K，CHENG T，OH M H，et al. Approaching 100% selectivity at low potential on ag for electrochemical CO_2 reduction to CO using a surface additive[J]. ACS Catalysis，2021，11(15)：9034-9042.

[93] LIU H，XIANG K S，LIU Y C，et al. Polydopamine functionalized Cu nanowires for enhanced CO_2 electroreduction towards methane[J]. ChemElectroChem，2018，5(24)：3991-3999.

[94] XIE M S，XIA B Y，LI Y W，et al. Amino acid modified copper electrodes for the enhanced selective electroreduction of carbon dioxide towards hydrocarbons[J]. Energy & Environmental Science，2016，9(5)：1687-1695.

[95] WEI X，YIN Z，LYU K，et al. Highly selective reduction of CO_2 to C_{2+} hydrocarbons at copper/polyaniline interfaces[J]. ACS Catalysis，2020，10(7)：4103-4111.

[96] LI F W，THEVENON A，ROSAS-HERNÁNDEZ A，et al. Molecular tuning of CO_2-to-ethylene conversion[J]. Nature，2020，577(7791)：

509-513.

[97] PAN H Q, BARILE C J. Electrochemical CO_2 reduction to methane with remarkably high Faradaic efficiency in the presence of a proton permeable membrane [J]. Energy & Environmental Science, 2020, 13 (10): 3567-3578.

[98] CREISSEN C E, RIVERA DE LA CRUZ J G, KARAPINAR D, et al. Molecular inhibition for selective CO_2 conversion[J]. Angew Chem Int Ed, 2022, 61(32): e202206279.

[99] BUCKLEY A K, LEE M, CHENG T, et al. Electrocatalysis at organic-metal interfaces: identification of structure-reactivity relationships for CO_2 reduction at modified Cu surfaces[J]. J Am Chem Soc, 2019, 141 (18): 7355-7364.

[100] WAKERLEY D, LAMAISON S, OZANAM F, et al. Bio-inspired hydrophobicity promotes CO_2 reduction on a Cu surface [J]. Nature Materials, 2019, 18(11): 1222-1227.

[101] ZHANG X Y, LI W J, WU X F, et al. Selective methane electrosynthesis enabled by a hydrophobic carbon coated copper core-shell architecture[J]. Energy & Environmental Science, 2022, 15(1): 234-243.

[102] WANG J C, CHENG T, FENWICK A Q, et al. Selective CO_2 electrochemical reduction enabled by a tricomponent copolymer modifier on a copper surface[J]. J Am Chem Soc, 2021, 143(7): 2857-2865.

[103] CHEN X Y, CHEN J F, ALGHORAIBI N M, et al. Electrochemical CO_2-to-ethylene conversion on polyamine-incorporated Cu electrodes[J]. Nature Catalysis, 2021, 4(1): 20-27.

[104] ZHONG S H, YANG X L, CAO Z, et al. Efficient electrochemical transformation of CO_2 to C_2/C_3 chemicals on benzimidazole-functionalized copper surfaces [J]. Chem Commun, 2018, 54 (80): 11324-11327.

[105] KASTLUNGER G, WANG L, GOVINDARAJAN N, et al. Using pH dependence to understand mechanisms in electrochemical CO reduction [J]. ACS Catalysis, 2022, 12(8): 4344-4357.

[106] SHI Y X, SUN K, SHAN J J, et al. Selective CO_2 electromethanation on surface-modified Cu catalyst by local microenvironment modulation[J].

ACS Catalysis，2022，12(14)：8252-8258.

[107] GONG J，LI J M，LIU C，et al. Guanine-regulated proton transfer enhances CO_2-to-CH_4 selectivity over copper electrode [J]. Chinese Journal of Catalysis，2022，43(12)：3101-3106.

[108] GARCÍA DE ARQUER F P，DINH C T，OZDEN A，et al. CO_2 electrolysis to multicarbon products at activities greater than 1 A/cm² [J]. Science，2020，367(6478)：661-666.

[109] KIM C，BUI J C，LUO X Y，et al. Tailored catalyst microenvironments for CO_2 electroreduction to multicarbon products on copper using bilayer ionomer coatings[J]. Nature Energy，2021，6(11)：1026-1034.

[110] YANG B P，LIU K，LI H，et al. Accelerating CO_2 electroreduction to multicarbon products via synergistic electric-thermal field on copper nanoneedles[J]. J Am Chem Soc，2022，144(7)：3039-3049.

[111] WANG X，WANG Z Y，GARCÍA DE ARQUER F P，et al. Efficient electrically powered CO_2-to-ethanol via suppression of deoxygenation[J]. Nature Energy，2020，5(6)：478-486.

[112] WUTTIG A，SURENDRANATH Y. Impurity ion complexation enhances carbon dioxide reduction catalysis[J]. ACS Catalysis，2015，5(7)：4479-4484.

[113] HE J F，HUANG A X，JOHNSON N J J，et al. Stabilizing copper for CO_2 reduction in low-grade electrolyte[J]. Inorg Chem，2018，57(23)：14624-14631.

[114] YAN X P，ZHANG M L，CHEN Y Z，et al. Synergy of Cu/C_3N_4 interface and Cu nanoparticles dual catalytic regions in electrolysis of CO to acetic acid[J]. Angew Chem Int Ed，2023，62(22)：e202301507.

[115] SONG Y，PENG R，HENSLEY D K，et al. High-selectivity electrochemical conversion of CO_2 to ethanol using a copper nanoparticle/n-doped graphene electrode[J]. ChemistrySelect，2016，1(19)：6055-6061.

[116] ZHOU X L，SHAN J Q，CHEN L，et al. Stabilizing Cu^{2+} ions by solid solutions to promote CO_2 electroreduction to methane[J]. J Am Chem Soc，2022，144(5)：2079-2084.

[117] LI Y X，LIU F Z，CHEN Z T，et al. Perovskite-socketed sub-3 nm

copper for enhanced CO_2 electroreduction to C_{2+}[J]. Adv Mater，2022，34(44)：2206002.

[118] LI H，YU P P，LEI R B，et al. Facet-selective deposition of ultrathin Al_2O_3 on copper nanocrystals for highly stable CO_2 electroreduction to ethylene[J]. Angew Chem Int Ed，2021，60(47)：24838-24843.

[119] WANG X Y，JIANG Y W，MAO K K，et al. Identifying an interfacial stabilizer for regeneration-free 300 h electrochemical CO_2 reduction to C_2 products[J]. J Am Chem Soc，2022，144(49)：22759-22766.

[120] LI X T，LIU Q，WANG J H，et al. Enhanced electroreduction of CO_2 to C_{2+} products on heterostructured Cu/oxide electrodes[J]. Chem，2022，8(8)：2148-2162.

[121] TAN X，SUN K A，ZHUANG Z W，et al. Stabilizing copper by a recon-struction-resistant atomic Cu-O-Si interface for electrochemical CO_2 reduction[J]. J Am Chem Soc，2023，145(15)：8656-8664.

[122] CHEN S H，WANG B Q，ZHU J X，et al. Lewis acid site-promoted single-atomic Cu catalyzes electrochemical CO_2 methanation[J]. Nano Lett，2021，21(17)：7325-7331.

[123] JIANG Y W，MAO K K，LI J W，et al. Pushing the performance limit of Cu/CeO_2 catalyst in CO_2 electroreduction：a cluster model study for loading single atoms[J]. ACS Nano，2023，17(3)：2620-2628.

[124] LI F W，LI Y C，WANG Z Y，et al. Cooperative CO_2-to-ethanol conversion via enriched intermediates at molecule-metal catalyst interfaces[J]. Nature Catalysis，2020，3(1)：75-82.

[125] MORALES-GUIO C G，CAVE E R，NITOPI S A，et al. Improved CO_2 reduction activity towards C_{2+} alcohols on a tandem gold on copper elec-trocatalyst[J]. Nature Catalysis，2018，1(10)：764-771.

[126] CHEN C，LI Y Y，YU S Y，et al. Cu-Ag tandem catalysts for high-rate CO_2 electrolysis toward multicarbons[J]. Joule，2020，4(8)：1688-1699.

[127] ZHANG T，BUI J C B，LI Z F，et al. Highly selective and productive re-duction of carbon dioxide to multicarbon products via in situ CO management using segmented tandem electrodes[J]. Nature Catalysis，2022，5(3)：202-211.

[128] CHEN J Y，WANG D S，YANG X X，et al. Accelerated transfer and

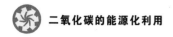

spillover of carbon monoxide through tandem catalysis for kinetics-boosted ethylene electrosynthesis[J]. Angew Chem Int Ed，2023，62 (10)：e202215406.

[129] YIN Z Y，YU J Q，XIE Z X，et al. Hybrid catalyst coupling single-atom ni and nanoscale cu for efficient CO_2 electroreduction to ethylene[J]. J Am Chem Soc，2022，144(45)：20931-20938.

[130] ZHANG Y，LI P，ZHAO C，et al. Multicarbons generation factory：CuO/Ni single atoms tandem catalyst for boosting the productivity of CO_2 electrocatalysis[J]. Science Bulletin，2022，67(16)：1679-1687.

第 6 章

CO₂ 电催化还原反应器

除 高活性的催化剂外，反应装置可能在更大程度上决定了电化学反应的速率。本章主要总结了用于电催化还原 CO₂ 的电解池反应器的发展过程，着重介绍了应用气体扩散电极的流动电解池的结构特点，从传质与反应效率的角度概述流动电解池相比 H 型电解池的优越性，并总结了多种基于气体扩散电极和流动电解池发展的新型 CO₂ 电还原反应装置。由于流动电解池的结构设计不同于传统电化学反应器的结构设计，根据工业化应用需求，本章总结了高反应速率下电解池失活的原因，并展开了关于电解质、气体扩散电极与运行模式改进等有助于提高反应器运行稳定性的研究。

近年来随着表征技术的进步,针对催化剂构效关系的研究逐渐深入,已经可以通过晶面调控、纳米结构、合金化等多种催化剂设计途径利用 CO_2 高选择性地生产特定产物,尤其是随着对反应机理理解的加深,已有研究者利用理论计算预测合理的催化剂结构,实现理论与实验相结合,有力推进了高性能催化剂的研发。在催化剂设计研究的同时,电解反应器的相关研究无疑在更大程度上决定了 CO_2 电还原的实际应用进程,近几年普及的应用气体扩散电极的流动电解池、膜电极等新型电解反应器使反应效率提高了百倍,催化产物产率已达到或超过工业热催化的技术水平。在现阶段 CO_2RR 理论认识与催化剂设计研究相对充分的条件下,进一步改进电解反应器,提高能量效率、CO_2 转化率与运行稳定性是实现电催化还原 CO_2 技术产业化应用的必然选择。

6.1　电解反应器主要分类与结构特点

为满足不同的需求,科研人员使用不同结构的电解反应器来评价催化剂电催化还原 CO_2 的性能。不同电解反应器具有不同的结构,对催化剂工作状态下的电流密度、法拉第效率和催化选择性等具有较大影响。近年来在催化剂研究相对成熟的基础上,研究者从化学工程优化传质等角度不断优化电解反应器的指标以适应高活性、高稳定性工业应用的要求,目前主要使用的 CO_2 电解反应器有 H 型电解池、流动电解池、膜电极(MEA)电解池、固态电解质电解池,以及应用于高温环境的固体氧化物电解池(SOEC)与熔融盐电解池等。

6.1.1　H 型电解池

H 型电解池是实验室常用的三电极体系 CO_2 电还原反应装置。如图 6.1 所示,H 型电解池具有含电解液的双单元配置,其阴极单元与阳极单元由离子交换膜分隔,避免阴阳极产物混合和 CO_2 还原产物扩散到阳极被氧化。阴阳极单元所用电解液可以根据实际情况调整,但通常为中性电解液。阴极单元通常使用碱金属碳酸氢盐(如 $NaHCO_3$、$KHCO_3$ 等)为电解质,使 CO_2 可以在阴极单元快速达到溶解平衡,在反应过程中还将加入转子以增强传质。除了工作电极(阴极)与对电极(阳极)外,在阴极单元将设置参比电极,以准确研究阴极半反应的电化学参数。尽管 H 型电解池被广泛用于研究 CO_2 电还原行为,但随着研究的深入,H 型电解池逐渐暴露出局限性。由于催化反应发生于催化剂与电解质溶液界面上,反应物 CO_2 来源于气体分子在电解液中的溶解与扩散,因此,一方面,CO_2 在水溶液中的溶解度有限(约 33 mmol/L)[1];另一方面,CO_2 在电解液中的传质距离较远[2],传质速率受搅拌速率、反应温度等的影响,导致电极表面的反应物在较大反应速率时来不及补充,使 HER 反应占据优质,降低 CO_2 还原的选择性[3]。电催化还原 CO_2 在水系溶液中的传质极限几何电流密度约为 30 mA/cm²[4],只适合于小规模实验室中的电催化剂筛选与反应机理研究。

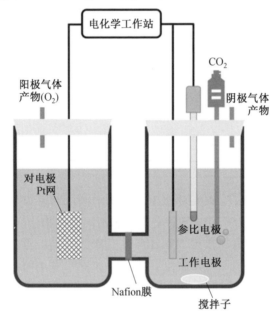

图 6.1　用于 CO_2 还原的 H 型电解池示意图[5]

6.1.2　流动电解池

受燃料电池领域研究的启发,研究者将气体扩散电极(GDE)应用于 CO_2RR 研究中,并以此衍生出流动电解池(图 6.2)、MEA 与微流体电解池等[6-10]。区别于 H 型电解池中的反应物传质行为,流动电解池的气体扩散电极可以直接以气体 CO_2 为反应原料,CO_2 分子经多孔的气体扩散层传质到催化剂表面,将"固-液"两相反应界面拓展为"气-固-液"三相界面,使 CO_2 的传质距离由微米级缩小至纳米级,有效克服了 CO_2 在电解液中的传质与溶解度限制[2](图 6.3)。在保持较高的产物选择性的同时大大提高了反应速率,更适合在工业级规模化放大,逐渐成为主流的 CO_2 电还原反应装置[11]。

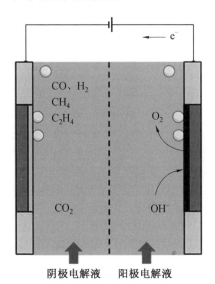

(a) H型电解池

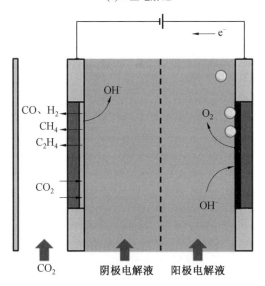

(b) 流动电解池

图 6.2　常规的 CO_2RR 反应装置剖面图

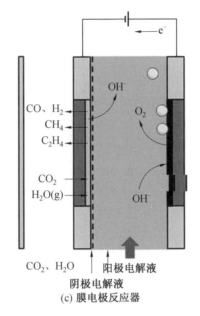

(c) 膜电极反应器

续图 6.2

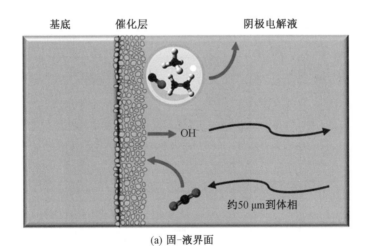

(a) 固-液界面

图 6.3 固－液界面和气－固－液界面传质行为的比较[2]

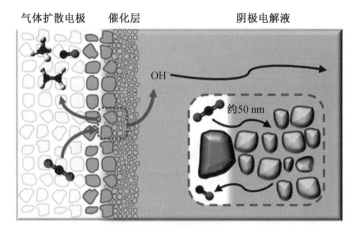

(b) 气-固-液界面

续图 6.3

气体扩散电极为多孔膜电极,最早应用于燃料电池技术中,主要由气体扩散层(GDL)和催化层组成,其中气体扩散层内含大量孔道结构,包括碳材料自身微孔(微孔层)与碳纤维阵列中的大孔(大孔层)[6, 12](图 6.4(a))。大孔层主要起到提供气体扩散通道、导电和支撑的作用;微孔层将增强电极导电性,防止电解液泄漏并传输气体至催化剂表面。因此气体扩散层大多为疏水设计,通常在微孔层中加入一定 PTFE 等疏水物质,以避免电解液渗漏,保证反应气体流通。由于金属催化剂表面能较高,催化层通常具有亲水特性。在实际反应过程中多孔的催化层往往处于部分润湿的状态,具体表现为催化层表面覆盖薄电解液层,由于毛细管效应,孔道内被部分润湿,从而在气体扩散电极中形成气-固-液三相反应界面,以利于反应物与产物的传质过程(图 6.4(c))。碳纸是常用的气体扩散层材料,但与电解水或燃料电池技术不同,CO$_2$RR 研究中使用的碳纸疏水性相对更强。这是因为在电解水等反应中,反应物来源于水系电解液,相对亲水电极界面可以增大反应界面附近的反应物浓度,降低传质阻抗。而 CO$_2$RR 研究中由于主要的反应物来源于气体 CO$_2$ 传质,过度亲水的电极表面可能引起与之竞争的 HER 反应加剧,电解液可能更容易扩散到碳纸的孔道结构中形成碳酸盐或碳酸氢盐,从而沉淀堵塞气体传输路径[13]。此外对于碱性电解质体系而言,CO$_2$将大量溶解于电解液中,降低局部 pH 与 CO$_2$ 转化效率[14]。

常规的流动电解池为三电极三腔体结构,由以下主要部件构成:CO$_2$ 流动室、气体扩散电极、阴极电解液流动室(含参比电极)、离子交换膜、对电极(阳极)和阳极电解液流动室[15](图 6.5)。在运行过程中 CO$_2$ 首先以气体形式流经 CO$_2$

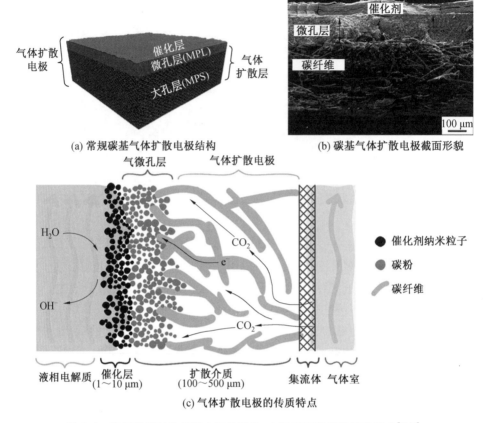

（a）常规碳基气体扩散电极结构　　　　　（b）碳基气体扩散电极截面形貌

（c）气体扩散电极的传质特点

图6.4　常规碳基气体扩散电极的结构、电极截面形貌及传质特点[16-17]

流动室,并以气态扩散方式通过气体扩散电极到达催化剂表面,通过阴极电解液的质子供给和外电路驱动的电子流发生脱氧加氢过程形成最终产物。由于气体扩散电极改变了CO_2的传质方式,在流动电解池中可以使用碱性电解液,抑制HER反应的同时将降低施加电势,提高反应的能量效率。E. H. Sargent 和 D. Sinton 团队研究了 Ag 催化剂在流动电解池中的催化性能,在 300 mV 的超电势下反应电流密度达到 300 mA/cm²[18-19]。电解质中 KOH 浓度越高,测得的 Tafel 斜率越小,表明高碱性环境改善了 CO 形成的反应动力学。P. J. A. Kenis 教授的研究也表明在碱性流动电解池中 Au 催化剂的反应超电势大幅降低,在保持98.2%的 CO 法拉第效率的情况下部分电流密度接近 100 mA/cm²,同时能量效率达到 63.8%[20]。而对于 Cu 基催化剂而言,E. H. Sargent 团队的研究表明高碱性环境更有利于 Cu 基催化剂对 C_2 产物的选择性,如其在 10 mol/L KOH

电解液中对 C_2H_4 的选择性达到 70%[21]。

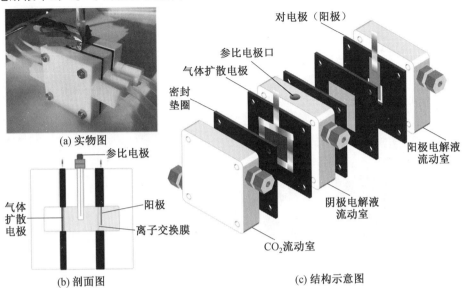

图 6.5　标准的三电极三腔体流动电解池

6.1.3　MEA 电解池

　　虽然流动电解池的应用显著提高了反应效率并影响催化剂的选择性,但在随后的研究中部分学者发现气体扩散电极的疏水性往往随着电解时间延长而降低,导致气体扩散电极发生"水淹"破坏三相反应界面,影响催化活性。而应用碱性电解液在一定程度上提高了局部 pH,使水分子作为质子来源而抑制 HER 反应。因此基于流动电解池,研究人员开发了去除阴极电解液的反应器[22],GDE直接与离子交换膜贴合形成膜电极,湿润的 CO_2 气体中的水蒸气作为质子源参与 CO_2 还原反应过程,大大提高了催化反应的稳定性。为了增加 CO_2 与催化剂界面的接触,通常在阴极气体室采用蛇形流道供给反应气体(图 6.6)。阴极区域由于反应消耗质子产生的 OH^- 将通过阴离子交换膜输运到阳极,保持阳极区域的碱性条件,同时可以降低阳极 OER 反应的超电势。由于取消了阴极电解液,电解池的内阻降低,MEA 电解池通常表现出比流动电解池更低的槽压和更高的能量效率。D. Sinton 团队研究了 Cu 基催化剂在 MEA 电解池中的反应效率,在超过 $100\ mA/cm^2$ 的工业级电流密度下得到了阴极出口体积分数为 30% 的 C_2H_4 和质量分数为 4% 的 C_2H_5OH 产物,稳定性超过 $100\ h$[23]。后续研究中,D. Sinton 与 E. H. Sargent 利用全氟化离聚物改善电极表面 CO_2 的传质,使得乙烯的部分电流密度达到 304 mA/cm²[24]。

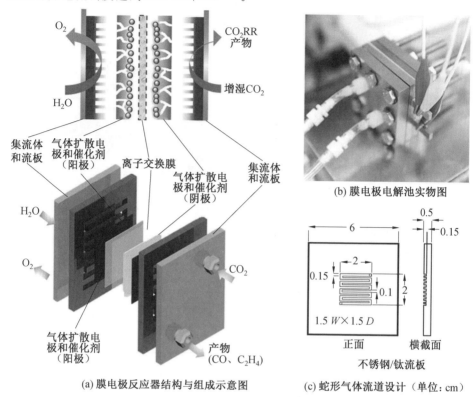

(a) 膜电极反应器结构与组成示意图

(b) 膜电极电解池实物图

(c) 蛇形气体流道设计（单位：cm）

图 6.6　膜电极反应器结构与组成示意图、膜电极电解池实物图及蛇形气体流道设计[22,25-26]

6.1.4　固态电解质电解池

对于主要产物为甲酸、乙醇等液相产物的催化体系而言,产生的液相产物容易累积在 GDE 与离子交换膜中间,导致气体扩散受阻并干扰反应平衡,影响催化剂选择性;在反应过程中消耗质子产生较高的局部 OH⁻ 浓度,也可能导致 CO₂ 浓度在三相界面出现急剧下降,反应界面无法捕获 CO₂ 而只能发生 HER 副反应,限制了 MEA 反应器的电流密度。汪昊田团队开发了应用固态电解质(SSE)的全固态流动电解池反应器,其核心在于填充离子聚合物替代液相电解质,两侧的阴极、阳极的气体扩散电极分别与阴离子和阳离子交换膜组成膜电极(图 6.7)[27-28]。在反应过程中,阴极产生的 $HCOO^-$/CH_3COO^- 经扩散和电迁移作用透过阴离子交换膜进入固态电解质中,与同样电迁移传质而来的质子结合形成甲酸或乙酸分子。由于 SSE 具有多孔的结构,通过控制通入的纯水或蒸气流速和反应电流可以收集高纯度的液相产物。汪昊田团队以二维 Bi 纳米片为阴极催化剂(2D−Bi),通过向固态电解池中通入纯水或湿润的惰性气体,可以收集到浓度达到 12.1 mol/L 的甲酸溶液或纯甲酸[23]。将具有高乙酸选择性的 Cu 纳米立方体作为阴极催化剂,实现了连续生产质量分数为 98% 的高纯醋酸溶液[29]。

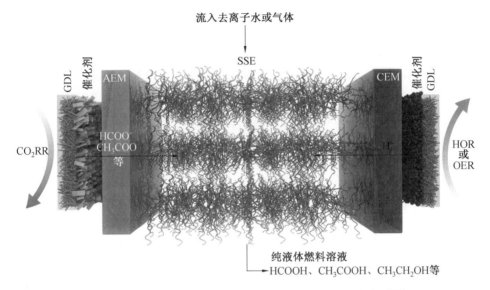

图 6.7　应用固态电解质的全固态流动电解池反应器示意图[27]

6.1.5　其他电解池

除了前文介绍的多种在常温环境下运行的电催化还原 CO₂ 反应器,近年来适用于高温环境的 CO₂ 电解池受到很大关注,主要包括固体氧化物电解池和熔融盐电解池等[30-34]。随着反应温度升高,CO₂ 电解对热的需求逐渐升高,而对电能的需求逐渐降低,反应所需要的总能量(ΔH)几乎不变。因此高温环境将改善电解 CO₂ 反应的动力学与热力学,达到较高的能量效率,基于固体氧化物电解池电还原 CO₂ 的能量效率可以超过 70%,在引入工业废热等外部热源的情况下能量效率理论上可以超过 100%,具有很大的实际应用前景[35]。

固体氧化物电解池以具有高温离子导电能力的金属氧化物为电解质,CO₂ 或水蒸气扩散在固体电极的孔隙中参与反应形成气相产物。根据固体氧化物电解质传输离子的不同,可以分为氧离子导体与质子导体。氧化钇稳定氧化锆(YSZ)是目前应用最多的氧离子导体材料,在 800 ℃ 下氧离子导体的电导率为

0.026 S/cm，常用的氧离子导体还有 CeO_2 基与 $LaGaO_3$ 基材料等。关于质子导体的研究相对较少，主要以 $SrCeO_3$ 和 $BaZrO_3$ 基材料为主。以氧离子导体 SOEC 为例，CO_2 在阴极得到电子被还原为 CO 和 O^{2-}，随后 O^{2-} 经电解质扩散到阳极失去电子产生氧气。由于较高的工作温度改善了反应动力学，因此在较低的工作电势下即可实现安培级的高电流密度，并具有较高的稳定性。然而，由于 SOEC 具有高温反应特性，反应中间体容易从催化剂表面脱附，一般只能得到如 CO 和 CH_4 等 C_1 产物，对于其他更高级产物的生产具有局限性。在以往的研究中，已经有许多利用固体氧化物电解池将 CO_2 电解为合成气的研究，可以在高电流密度下稳定运行数千小时，工作效率超过目前的常温电解装置。但是，极端的温度要求和有限的产品范围限制了其更广泛的使用，且仍然存在着金属纳米粒子氧化、碳沉积与杂质污染等问题[32]。

　　熔融盐电解池主要利用高温熔融盐电解质吸收、捕获 CO_2 并将其转化为碳材料。常用的电解质材料为卤化物熔盐和碱金属/碱土金属碳酸盐。在反应过程中，CO_2 被熔融盐中的 O^{2-} 或 CO_3^{2-} 捕集发生碳酸化反应形成 CO_3^{2-} 或 $C_2O_5^{2-}$，CO_3^{2-} 在阴极得到电子还原为单质碳或 CO，同时释放 O^{2-}。部分游离的 O^{2-} 通过熔融盐电解质传输至阳极失去电子产生 O_2，另一部分 O^{2-} 继续与 CO_2 反应形成 CO_3^{2-}，从而实现 CO_2 捕集和还原的闭合环路[36]。通过调节施加电势与电解质组分，可以得到不同形貌的单质碳材料，如无定形碳、石墨、碳纳米球与碳纳米管等，副产物主要为 CO 和 CH_4 等。这些固体碳可以进一步拓展应用于超级电容器或锂、钠离子电池负极材料等。武汉大学肖巍教授团队将熔融盐电解 CO_2 获得的碳纳米管作为锂离子电池负极材料，取得了较高的可逆容量（801 mA·h/g）和倍率性能，在 2 000 mA/g 循环 1 000 次后衰减率仅为 0.04%[33]。但由于固体碳直接沉积在阴极表面，电极容易因积炭逐渐丧失催化活性，需要周期性更换电极，无法实现长时间稳定工作。

6.2　基于流动电解池反应器的改性研究

　　流动电解池的应用大幅提高了常温电催化还原 CO_2 的反应效率，单纯从反应速率角度来看部分研究已达到了工业热催化的水平。但 CO_2RR 技术的实际应用还要考虑到 CO_2 单程转化率、能量效率和稳定性等因素，现阶段的流动电解池还难以满足相应的实际应用标准。部分学者已着手通过研究电解质的影响、气体扩散电极与反应器运行模式的改进来寻求提高流动电解池中 CO_2 转化效率的途径。

6.2.1　电解质的影响

在典型的电催化还原 CO_2 反应体系中，电解质的组成和浓度影响催化剂界面附近的缓冲能力、pH、质子供体、中间体的吸附强度等，与局部反应环境有着复杂的关系。具体而言，可以将电解质的影响分为阳离子效应、阴离子效应和 pH。

（1）阳离子效应。

在流动电解池中通常使用接近中性的碱金属碳酸氢盐（如 $KHCO_3$）为电解质，通入电解液中的 CO_2 容易达到饱和，并具有一定的缓冲能力，确保催化剂表面具有较高的 CO_2 浓度。早期 Y. Hori 的研究发现，当电解液中阳离子半径逐渐增大，即按照 Li^+、Na^+、K^+、Rb^+、Cs^+ 的顺序，Cu 电极上 CO_2 还原电流密度逐渐增大，且逐渐更有利于 C_2H_4 形成，CH_4 选择性逐渐减小[37]。研究者推测产物选择性变化主要是阳离子影响了外亥姆霍兹面（OHP）电位，引起对带电的 H^+ 不同的排斥力，导致不同阳离子电解液中界面的 H^+ 浓度差异。后续工作中，J. K. Nørskov 团队的理论计算研究发现金属阳离子通过场效应或与吸附物的相互作用吸附 CO_2 并稳定反应中间体[38]。P. J. A. Kenis 使用流动电解池观察到了相同的趋势，即尺寸较大的阳离子（Cs^+、Rb^+）提高了 Ag 电极表面 CO_2 还原为 CO 的选择性，并降低了反应超电势[39]。Alexis T. Bell 团队提出阳离子的解离常数（pK_a）是影响 CO_2 还原活性的关键[40]。由于水合阳离子与阴极之间的静电相互作用，电极附近的水合阳离子 pK_a 值随着阳离子尺寸增加而减小。因此在反应中局部质子消耗产生的过量 OH^- 更容易被具有更强缓冲能力的 Cs^+ 中和，增大 CO_2 的溶解度，Ag 和 Cu 电极上 CO_2 还原的电流密度与产物选择性增大（图 6.8、图 6.9）。

在随后的研究中，Alexis T. Bell 阐述了碱金属阳离子尺寸对 CO_2 还原本征活性的影响：随着阳离子尺寸的增加，OHP 处水合阳离子浓度增大，与具有大偶极矩的吸附物（如 $^*CO_2$、$^*CO$、$^*OCCO$）发生更强的静电相互作用，稳定反应中间体从而调节反应活性与产物选择性（图 6.10～6.12）[41]。M. T. M. Koper 的研究表明，较大的阳离子可以改变 CO 还原的能垒，并稳定 C—C 偶联的中间体，在更大的电势窗口内促进乙烯的形成[42]。此外阳离子效应还与施加电势有关，在较低的超电势下较大的阳离子将促进 CO 还原为乙烯等 C_{2+} 产物，而较高的超电势下更有利于产生甲烷。T. M. Koper 教授借助电化学显微镜（SECM）进一步证明了在缺少碱金属阳离子的电解液中，金属阳离子与 $CO_2^{\cdot-}$ 中间体的静电相

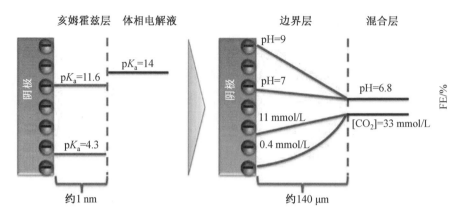

图 6.8 亥姆霍兹层内和体相电解液中水合 Li^+ 和 Cs^+ 的解离常数，以及由水合电解质阳离子 pK_a 导致的边界层内 CO_2 浓度差异

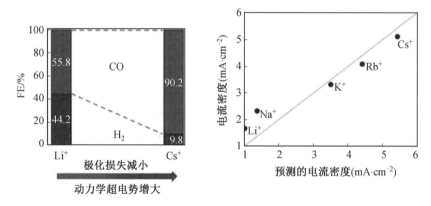

图 6.9 不同尺寸阳离子碳酸氢盐电解液中 Ag 电极上 CO_2RR 选择性与反应电流密度[40]

互作用缺失，导致在 Cu、Au、Ag 电极上难以发生 CO_2R 反应(图 6.13～6.15)[43]。

(2)阴离子效应。

除了阳离子外，阴离子也会影响 CO_2RR 的选择性。Y. Hori 发现在缓冲能力较弱的电解液，如 KCl、$KClO_4$、K_2SO_4 或低浓度的 $KHCO_3$ 中将产生较高的局部 pH，有利于生成乙烯和醇类产物；而在缓冲能力更强的高浓度 $KHCO_3$ 和 KH_2PO_4 中则有利于生成甲烷[44]。在流动电解池中可以直接应用碱性电解液而不考虑 CO_2 溶解问题，拓宽了电解质的选择范围。P. J. A. Kenis 的研究表明，Ag 基气体扩散电极 CO_2RR 性能(CO 选择性与起始电势)与电解质阴离子呈 $OH^-<HCO_3^-<Cl^-$ 的顺序变化[45]。研究者提出离子半径小、溶剂化层大的 OH^- 主要以静电力与电极表面结合，大部分分布在 OHP 外。而溶剂化较弱的

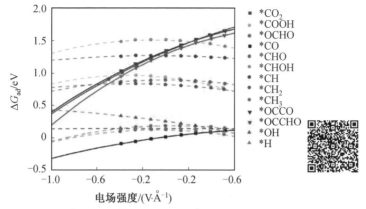

图 6.10 Cu(111)上多种 CO_2RR 中间体的结合强度随电场强度变化趋势

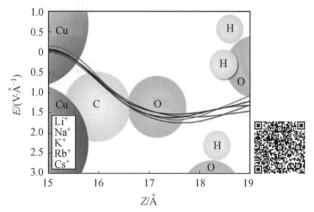

图 6.11 不同阳离子电解液中电极表面电场强度分布

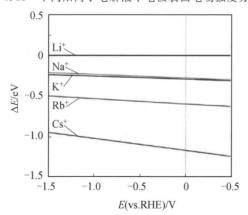

图 6.12 施加电势下阳离子从体相电解液扩散到外亥姆霍兹面所需的能量(以 Li^+ 为参照)[41]

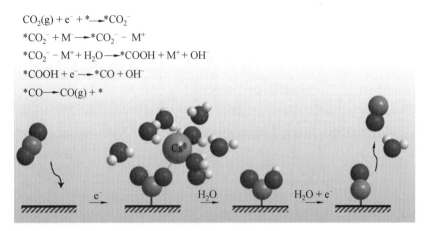

$$CO_2(g) + e^- + * \longrightarrow *CO_2^-$$

$$*CO_2^- + M^- \longrightarrow *CO_2^- - M^+$$

$$*CO_2^- - M^+ + H_2O \longrightarrow *COOH + M^+ + OH^-$$

$$*COOH + e^- \longrightarrow *CO + OH^-$$

$$*CO \longrightarrow CO(g) + *$$

图 6.13　阳离子与 CO_2^- 中间体相互作用的示意图和可能的反应机制

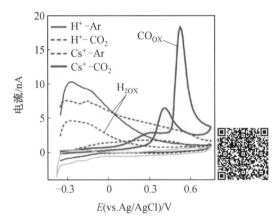

图 6.14　扫描电化学显微镜表征 Au 电极在不同气氛与阳离子电解液下的电化学行为

Cl^- 直接结合在电极表面,影响了电极表面 CO_2^- 的稳定性,不利于电催化反应的进行(图 6.16、图 6.17)。

　　P. Strasser 团队报道了电解液中卤素离子对 Cu 催化活性与选择性的影响(图 6.18),在电解液中加入 Cl^- 和 Br^- 时会增加 CO 选择性,而引入 I^- 则更有利于甲烷的形成[46]。研究者推测卤素离子可以使催化剂表面带电,其中 I^- 可以向 Cu 表面提供更多的电子以促进电子向 CO_2 和 CO 转移产生碳氢化合物。B. R. Cuenya 团队研究证明卤素离子可以降低 Cu 基催化剂的超电势并提高 CO_2RR 的速率,进一步提出表面卤素可以将部分电荷传递给 CO_2 分子中的碳原子形成 X—C 键,促进线性 CO_2 弯曲活化为 $*COOH$,并在卤素离子的辅助下增强 Cu 表面对 CO_2 的吸附(图 6.19)[47]。

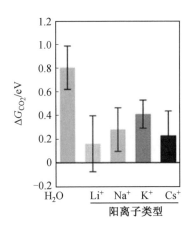

图 6.15　在不同电解液阳离子条件下 CO_2 的平均吸附能[43]

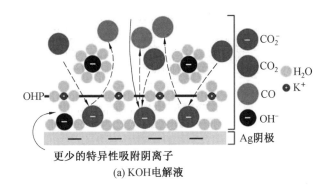

(a) KOH电解液

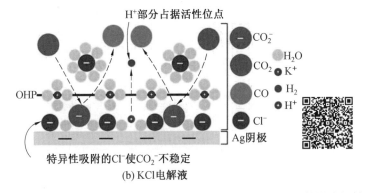

(b) KCl电解液

图 6.16　KOH 或 KCl 电解液中对 Ag 电极上 CO_2RR 过程的影响机制

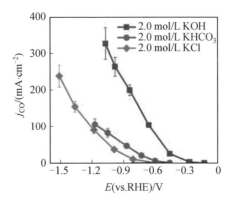

图 6.17　KOH、KHCO$_3$ 或 KCl 电解液中 Ag 电极的 CO 部分电流密度[45]

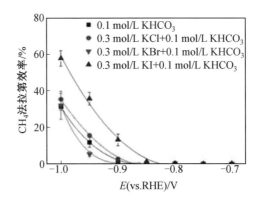

图 6.18　在含卤素离子的电解液中 Cu 电极的 CH$_4$ 法拉第效率[46]

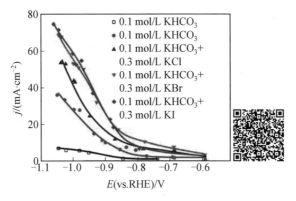

图 6.19　Cu 箔在不同电解液中 CO$_2$RR 总电流密度[47]

（3）pH。

在早期研究中，Cu 电极在缓冲能力较弱的电解液中更易产生 C_{2+} 产物，并将其归因于局部 pH 的影响。Y. Hori 团队利用 pH 为 6～12.2 的缓冲溶液比较了甲烷与乙烯在不同施加电势下的部分电流密度[48]。在标准氢电极（SHE）标度下，C_2H_4 等 C_2 产物反应路径的决速步骤与 pH 无关，而 CH_4 反应路径涉及质子转移，具有 pH 依赖性（图 6.20），与 T. F. Jaramillo 对多晶 Cu 电极上的 COR 和 CO_2R 研究结果相同[49]。徐冰君与陆奇对 CO 还原反应动力学的研究进一步证明，C_{2+} 产物的反应速率与电解质 pH 无关，而是受到第一个电子转移步骤的限制[50]。甲烷产生的速率与 pH 密切相关（图 6.21、图 6.22）：在弱碱性（7＜pH≤11）条件下 CO 主要通过质子偶联电子转移（PCET）步骤加氢产生甲烷，而在强碱性（pH＞11）时 CO 主要通过吸附的 $^*H$ 加氢。此外，通过在 NaOH 中引入冠醚以部分或全部螯合 Na^+，电解液中 Na^+ 浓度的减小导致 C_{2+} 产物产率急剧下降，证明了高浓度的碱金属阳离子而非 OH^- 是促进产生 C_{2+} 产物的主要因素[51]（图 6.23、图 6.24）。值得注意的是，电解质的 pH 升高导致在 RHE 标度下反应起始电势降低，使得在相同施加电势（相比于使用的参比电极，如 Ag/AgCl）下高碱性电解液中往往有更大的超电势，提高了表观反应速率[52]。同时碱性环境也将改善阳极 OER 反应的动力学，使电解池整体的槽压降低，提高生产多碳产物的能量效率。

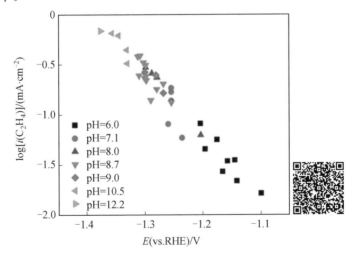

图 6.20　SHE 标度上（pH＝6～12.2）COR 为 C_2H_4 的 Tafel 曲线[52]

在应用碱性电解液的流动电解池中，也将不可避免地发生 CO_2 的溶解。部分 CO_2 与 OH^- 反应形成的 CO_3^{2-} 与 HCO_3^- 通过阴离子交换膜电迁移到阳极与

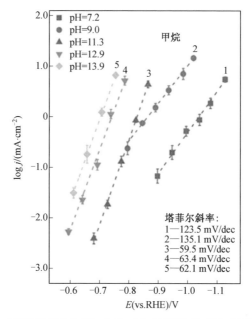

图 6.21 RHE 标度上(pH＝7.2~13.9)COR 为 CH₄ 的 Tafel 曲线

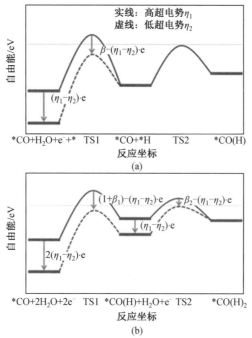

图 6.22 COR 为 CH₄ 的决速步骤可能随超电势的变化[50]

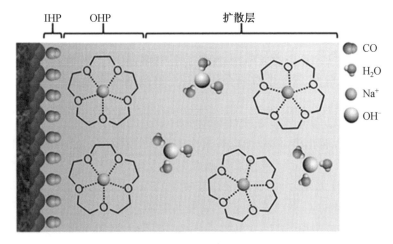

图 6.23　由于冠醚的螯合作用减少 OHP 内 Na⁺ 浓度示意图

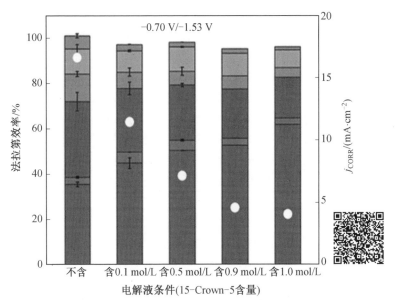

图 6.24　不同浓度冠醚添加量对 CO 还原产物选择性的影响[51]

OER 反应产生的质子结合形成 CO_2 和水,最终在阳极区域形成难以分离的 CO_2 和 O_2 的气体混合物,导致整体 CO_2 单程转化率较低[14]。根据计算,一分子乙烯或乙醇的形成需消耗 12 个电子和 2 个 CO_2,同时产生 12 个 OH^-,OH^- 与 CO_2 结合在阴极侧损失 6 个 CO_2 分子,CO_2 的转化与损耗比例达到 1:3,使阴极

CO_2 转化率限制在 25％ 以下。即使对于产生 CO 和 $HCOO^-$ 的两电子反应，CO_2 的最大转化率也不高于 50％[53]。碱性电解液再生和阳极产物分离将为整个体系增加额外成本。使用双极膜（BPM）或阳离子交换膜（CEM）可以抑制 CO_3^{2-} 的迁移，但 BPM 会增大槽压，降低能量效率，且成本较高，稳定性差，反应局限于较低的速率。CEM 电解池会使阴极电解液酸性逐渐增大，加速 HER 副反应[54]。

近年来部分学者开展了在酸性环境下的 CO_2RR 实验，可以避免 CO_2 的溶解问题，增大单程转化率，但酸性电解液中的最大挑战来自于剧烈的 HER 副反应的竞争。P. T. M. Koper 等在旋转圆盘电极上研究酸性（pH≈2.5）电解质中 Cu 电极的 CO_2 还原行为，即使在酸性环境下，在反应过程中电极表面局部 pH 仍可以呈现弱碱性，HER 主要通过水还原而非动力学更快的质子还原过程，在 CO_2 的传质效率得到改善时 Cu 电极具有较高的 CO_2 还原法拉第效率[55]。随后 P. T. M. Koper 团队利用差分电化学质谱（DEMS）研究酸性环境下 Au 电极的还原产物，结果表明在弱酸性电解质中提高 CO_2 分压可以有效抑制 HER 反应，合理反应速率下电解液向电极表面输送的质子将被局部反应产生的 OH^- 中和，使 CO 法拉第效率接近 100％[56]。在流动电解池中的研究也证明了这种阻碍质子传输策略的可行性[57]，高电流密度（200 mA/cm^2）下的 Au 电极可以实现 80％～90％ 的 CO 选择性。E. H. Sargent 团队认为即使在酸性电解液中高电流密度下阴极 H^+ 的快速消耗也可以产生局部碱性环境[58]。利用有限元模拟对酸性电解池中 CO_2 还原局部反应微环境建模，体相电解液 pH＝2.0，当电流密度超过 150 mA/cm^2 时电极表面呈弱碱性（pH＞9.5），同时产生的碳酸盐在扩散层中转化为 CO_2，保持较高的局部 CO_2 浓度（图 6.25～6.27）。

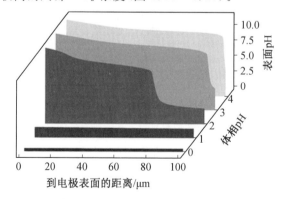

图 6.25　500 mA/cm^2 电流密度下不同 pH 的体相电解液中催化剂表面 pH

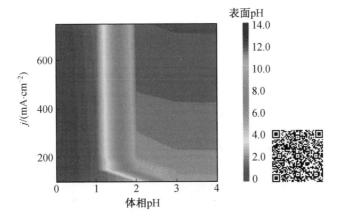

图 6.26　不同电流密度与体相 pH 下电极表面 pH

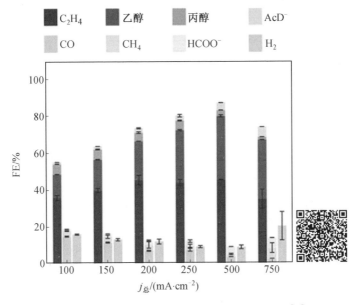

图 6.27　6.2% Pd—Cu 基催化剂的催化选择性[58]

通过向 Cu 引入 Pd 元素增强对 *CO 的结合强度,提高了局部 *CO 覆盖度并抑制 *H 吸附,促进 C—C 偶联过程,在酸性介质中 500 mA/cm² 电流密度下 C_{2+} 产物选择性达到 89%,单程碳效率为 60%。李逢旺与 E. H. Sargent 团队合作报道了酸性电解液中局部高浓度的 K^+ 是抑制 HER 反应的关键,在 1 mol/L 的 H_3PO_4 电解液中加入 3 mol/L 的 KCl,并在电极表面覆盖全氟化磺酸离聚物(PFSA)作为阳离子增强层(CAL)进一步在电极表面富集 K^+,在 1.2 A/cm² 电

流密度下 C_2H_4 选择性提高到 25％，CO_2 单程转化率达到 77％（图 6.28、图6.29）[59]。

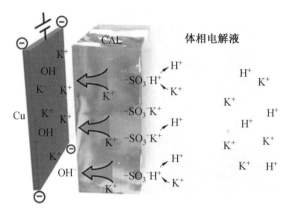

图 6.28　由阳离子增强层修饰的 Cu 基催化剂表面离子环境示意图[59]

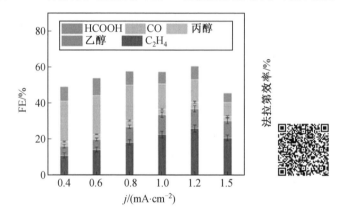

图 6.29　阳离子增强层修饰 Cu 基催化剂的产物选择性

胡喜乐团队的研究表明，酸性环境中碱金属阳离子的引入可以使 Stern 层电场强度增强，更有利于稳定大偶极矩的 CO_2 分子，可以提高 SnO_2/C、Au/C 和 Cu/C 电极在酸性电解液中（$0.1\ mol/L\ H_2SO_4$）的 CO_2 还原选择性，具有一定的普适性[60]。此外水合 K^+ 在 OHP 上的竞争吸附抑制了质子的迁移。CO_2 还原的法拉第效率依然遵循 $Li < Na < K < Cs$ 的阳离子效应（图 6.30）。

6.2.2　气体扩散电极失活的原因与改进方法

目前在流动电解池中常用的气体扩散层主要为疏水碳纸，在长期工作下可能发生碳结构的变化、催化剂黏合剂（Nafion）溶解等，表面疏水性减弱，导致电

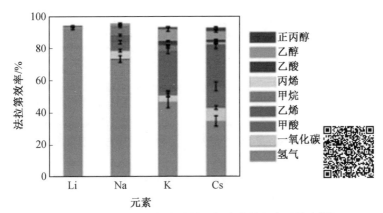

图 6.30　Cu/C 催化剂在酸性电解液中的阳离子效应[58]

解液水淹阻塞气体扩散通路。当催化层被完全润湿时三相反应界面被打破,干扰了电极反应的微化学环境,CO$_2$ 无法有效向催化层传质加剧 HER 反应。同时将在孔道内出现碳酸盐类沉淀、在阴极电解液侧产生气泡、在气体室内泄漏电解液等,最终完全堵塞气体和电解液的迁移路径。目前已有部分学者研究对碳纸结构进行疏水改性或寻求碳纸的替代材料作为气体扩散层以提高稳定性。

P. J. A. Kenis 团队在碳纸的微孔层中加入 20％的聚四氟乙烯(PTFE),在保证气体扩散层疏水性的同时避免了过大的阻抗对催化效率的影响,得到了比市售 Sigracet 35BC 碳纸性能更好的改性气体扩散层[61]。E. H. Sargent 和 D. Sinton 团队利用聚四氟乙烯(PTFE)膜取代碳纸做气体扩散层,并在 Cu 催化层表面涂覆炭黑与石墨增强导电性,显著提高了疏水结构的稳定性(图 6.31),可以在 100 mA/cm^2 下以约 68％的乙烯选择性稳定运行超过 150 h[21]。利用 3D 打印技术,E. H. Sargent 与 E. B. Duoss 合作开发了三维多孔的全氟聚醚(PFPE)气体扩散层,具有高透气性和疏水性(图 6.32),增大 CO 的停留时间以利于形成 C$_2$ 产物并提高部分电流密度[62]。冯小峰与胡勋教授将 PTFE 纳米颗粒分散在催化层中,可以使 GDE 在反应前后均保持良好的疏水性(图 6.33)[5]。

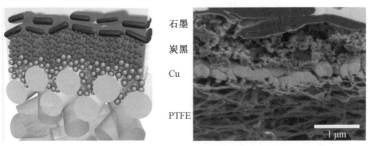

图 6.31　PTFE 膜为基底的 GDE 结构[21]

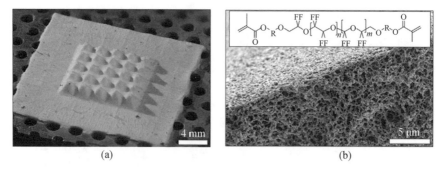

图 6.32　利用 3D 打印得到的 PFPE 气体扩散层实物图、化学结构与微观形貌[62]

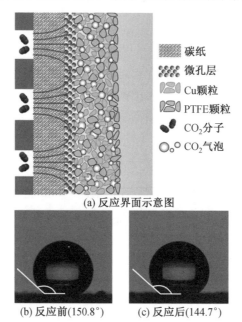

图 6.33　催化层中分散 PTFE 纳米颗粒的 GDE 反应界面
示意图与持续反应 2 h 后的接触角测试[5]

6.2.3　运行模式的影响

　　虽然最近几年关于酸性环境下的 CO_2RR 研究取得了很大进展,但大部分 Cu 基催化剂负载的流动电解池选择 KOH 为电解液以增强对多碳产物的选择性。在高电流密度与碱性电解液环境下,局部的高碱性环境溶解 CO_2 产生 CO_3^{2-} 与 K^+ 过饱和形成固体碳酸钾沉淀,将阻塞活性中心与多孔电极,影响电催化稳定性。除了对气体扩散层与电解质类型方面的改进研究外,通过改变流动电解池的运行模式也可以限制 GDE 内碳酸盐沉淀的产生,提高运行稳定性[63]。

P. J. A. Kenis 团队提出定期用去离子水冲洗气体扩散电极溶解碳酸盐沉淀的方法,但气体扩散层孔隙内部仍会残存碳酸盐沉淀,同样会阻碍 CO_2 的流通,只能恢复 GDE 的部分催化性能[20]。由于碳纸的疏水性,完全清除碳酸盐沉淀需要加大水压以穿过气体扩散层的孔道。但通常用于 CO_2RR 的碳基 GDE 的机械强度仅能承受不高于 100 mbar($1~bar = 10^5~Pa$)的压差[64-65],过高的压力将破坏气体扩散层的结构。庄林教授团队开发了应用碱性聚合物电解质(APE)的 MEA 反应器,碱性聚合物电解质同时作为隔膜和电解质溶液,直接在阴极通入 CO、阳极加入纯水即可运行,负载 Au 催化剂的 APE 电解池可以在 $0.1~A/cm^2$ 下保持超过 90% 的 CO 选择性,持续反应超过 100 h[66]。随后庄林与王功伟教授报道,将双功能离聚物作为聚合物电解质用于使用 CO_2 和纯水运行的 MEA 反应器中,总电流密度可达到 $1~A/cm^2$,槽压仅为 3.73 V[67]。此外,在 3.54 V 的槽压下可以实现 $420~mA/cm^2$ 的工业规模局部电流密度生产乙烯。但其他研究中使用纯水代替液体电解质往往产生较大的阻抗。T. Burdyny 与 W. A. Smith 研究认为只要限制溶度积 $[K_2CO_3]$ 小于 7.93 mol/L 即可避免碳酸盐的沉积。在实际的 CO_2 还原过程中,由于阴极质子不断消耗,水合 K^+ 可能会跨膜传递到阴极,使阴极区域的 K^+ 浓度逐渐增大,更容易产生碳酸盐沉淀[68]。减小使用的电解液浓度也可以缓解碳酸盐沉淀的形成,延长电解池的运行时间,但和纯水一样存在高电荷转移阻抗的问题,同时考虑到碱金属阳离子对 CO_2 活化的重要作用,较低的局部阳离子浓度也影响了催化选择性。通过对进入 CO_2 气体加湿或向阴极区域引入少量的水可以降低局部 K^+ 和 CO_3^{2-} 浓度以抑制表面碳酸盐的沉积,也被证明是一种有效的策略,而不是简单地溶解或冲洗已形成的碳酸盐沉淀,但由此将增大反应区域水的可用度,可能会使 HER 反应加剧。B. Endrödi 和 C. JanÁky 提出了一种周期性活化电极的策略(图 6.34(a)),即在阳极电解液为纯水的反应器中,定期向 MEA 中阴极区域注入少量含 KOH 的水与异丙醇的混合溶液,引入碱金属阳离子活化电极,同时混合溶液更容易渗透过疏水性的 GDE 并避免了电极被水直接润湿,在 $400~mA/cm^2$ 的 CO 产生速率下可以稳定运行超过 200 h[69]。E. H. Sargent 与 D. Sinton 团队研究了一种类似于脉冲电解的反应器运行模式(图 6.34(b)),交替地施加反应的高电势与再生的低电势,在低电势下,反应速率接近于 0,但 CO_3^{2-} 将以电迁移的方式传输到阳极,并减少阳极电解液 K^+ 向阴极区域的迁移,同时降低两种离子的浓度以抑制碳酸盐沉淀的产生,最终在超过 80% 的 C_2 产物选择性($j = 138~mA/cm^2$)下稳定工作 236 h(其中发生 CO_2RR 的时间为 157 h)[70]。

以上研究虽然可以在一定程度上避免阴极的碳酸盐沉积,但大部分仍无法解决 CO_3^{2-} 向阳极迁移导致碳损失的问题。使用双极膜(BPM)或阳离子交换膜替代阴离子交换膜可以从根本上避免碳酸盐沉淀的形成,两种膜的共同点是都可以向阴极区域传输 H^+ 使局部产生的碳酸盐反应再生 CO_2 并中和局部高浓度 OH^-(图 6.34(c))。其中,双极膜的阳离子交换层与阴离子交换层分别靠近阴极与阳极区域,膜内水分子的电解产生 H^+ 和 OH^- 分别向阴极与阳极迁移,可以

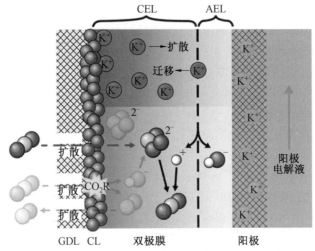

(a) 交替施加高低电势降低局部CO_3^{2-}浓度

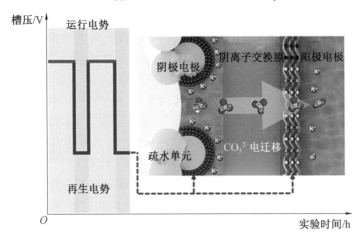

(b) 使用类似于双极膜的结构使CO_2再生

图 6.34 不同研究中提高反应器运行稳定性的策略

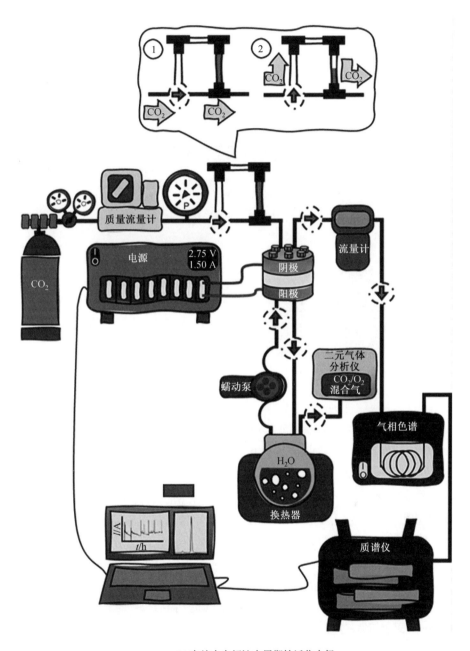

(c) 在纯水电解池中周期性活化电极

续图 6.34

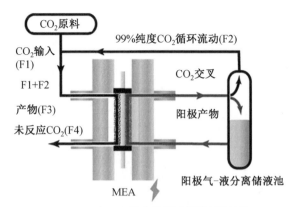

(d) CO₂RR与GOR耦合分离迁移到双阳极的CO₂

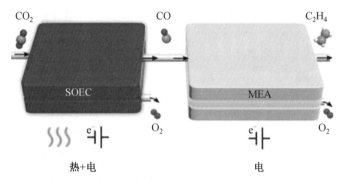

(e) SOEC与MEA装置耦合的CO₂-CO-C₂H₂的分布转化

续图 6.34

有效避免 K^+ 的跨膜迁移。然而双极膜内水的电解将产生额外的能耗,并具有比单一离子交换膜更大的欧姆阻抗,增大电解池的槽压。此外与阳离子交换膜相同,双极膜的使用存在着 H^+ 不断向阴极迁移导致阴极电解液不断酸化的问题,过高的质子浓度会影响 CO₂RR 的选择性。D. Sinton 团队在 GDE 的催化层表面涂覆阴离子交换聚合物作为可渗透的 CO₂ 再生层(PCRL),随后与 CEM 组成膜电极[53]。聚合物中的官能团带正电荷,可以稳定反应中间产物并阻碍阳离子的传输,在反应界面处形成弱碱性的环境以提高其还原的选择性,而产生的 CO_3^{2-} 在向阳极迁移过程中也将容易被 CEM 膜传输的 H^+ 再生为 CO₂ 继续参与反应,整体的 CO₂ 转化效率达到85%。

汪昊田团队报道了利用多孔固态电解质反应器(PSE)回收 CO₂ 提高 CO₂ 转化效率的策略,向阳极方向电迁移的 CO_3^{2-} 在固态电解质中与阳极 OER 反应

产生的 H^+ 结合使 CO_2 再生,利用去离子水连续冲洗固态电解质即可捕获 CO_2 气体重复利用[73]。在以 Ag 纳米线为催化剂的 PSE 反应器中,高纯 CO_2 的回收率高达 90%,可在 $100~mA/cm^2$ 电流密度下获得超过 90% 的 CO_2 转化效率,可以持续反应超过 $750~h$。E. H. Sargent 与 D. Sinton 团队将 CO_2RR 与葡萄糖氧化反应(GOR)结合(图 6.34(d)),阳极尾气经过 GOR 反应消耗 O_2 后直接输入阴极参与反应,在 $100~mA/cm^2$ 电流密度下可以稳定工作超过 $80~h$,同时保持 48% 的总 CO_2 转化效率[71]。

此外,将 CO_2 先转化为 CO,后续经 COR 产生 C_{2+} 产物的分步策略也可以避免碳沉积与 CO_2 损失。E. H. Sargent 与 D. Sinton 将 SOEC 与 MEA 反应器串联实现 $CO_2-CO-C_2H_4$ 的分步转化策略(图 6.34(e)),得益于 SOEC 极高的能量效率(89%)、CO 选择性(95%)和 MEA 中极高的 C_2H_4 选择性(约 65%),全电池的能量效率达到 28%,可以在 $120~mA/cm^2$ 下持续反应超过 $40~h$[72]。此外,这种分步的 CO_2 转化策略也可以进一步与热催化或生物酶[74]催化结合应用于长链烯烃与葡萄糖[75]、淀粉[76]等的合成过程。

6.3　本章小结

本章总结了电催化还原 CO_2 反应器的发展及应用气体扩散电极的流动电解池、MEA 电解池等的结构特点,针对常存在的 GDE 失活、碳损失等问题完成了部分对反应装置或运行模式的改进研究。借助于催化剂筛选设计的逐渐成熟与 CO_2RR 反应装置的研发改进,目前 CO_2 电还原的主要产物生产效率已经达到了工业应用标准,如 CO、甲酸和乙烯等产物的反应速率已经达到安培级,甲醇、甲烷、乙酸、乙醇甚至正丙醇也可以在数百 mA/cm^2 的电流密度下高速合成,反应效率已经接近或超过工业热催化水平,有力推进了 CO_2RR 技术的实际应用。但从工业应用角度考虑,工业级反应速率下最高的 CO_2RR 能量效率依然不足 50%,更广泛地利用可再生能源是降低 CO_2RR 生产成本的途径之一,值得注意的是,若考虑到催化剂与电解质溶液再生、CO_2 转化效率以及产物分离等,当前电化学还原 CO_2 生产碳氢化合物的成本依然很高,在市场竞争中难以取得优势。在未来的 CO_2RR 研究中,相比已较为成熟的催化剂设计,可能对反应装置与运行模式的研究更有意义,这也在很大程度上决定了 CO_2RR 技术的工业应用进程。在之后的反应装置研究中,应继续着眼于提高反应的能量效率与反应器运行的稳定性,并尝试用现有反应器方法评估全流程的生产成本与生产效率。

本章参考文献

［1］ JÄHNE B, HEINZ G, DIETRICH W. Measurement of the diffusion coefficients of sparingly soluble gases in water［J］. J Geophys Res, 1987, 92(C10): 10767-10776.

［2］ BURDYNY T, SMITH W A. CO_2 reduction on gas-diffusion electrodes and why catalytic performance must be assessed at commercially-relevant conditions［J］. Energy & Environmental Science, 2019, 12 (5): 1442-1453.

［3］ MISTRY H, VARELA A S, KÜHL S, et al. Nanostructured electrocatalysts with tunable activity and selectivity［J］. Nature Reviews Materials, 2016, 1 (4): 16009.

［4］ ROSEN B A, SALEHI-KHOJIN A, THORSON M R, et al. Ionic liquid-mediated selective conversion of CO_2 to CO at low overpotentials［J］. Science, 2011, 334(6056): 643-644.

［5］ XING Z, HU L, RIPATTI D S, et al. Enhancing carbon dioxide gas-diffusion electrolysis by creating a hydrophobic catalyst microenvironment ［J］. Nature Communications, 2021, 12(1): 136.

［6］ WEEKES D M, SALVATORE D A, REYES A, et al. Electrolytic CO_2 reduction in a flow cell［J］. Acc Chem Res, 2018, 51(4): 910-918.

［7］ ENDRÖDI B, BENCSIK G, DARVAS F, et al. Continuous-flow electroreduction of carbon dioxide［J］. Prog Energy Combust Sci, 2017, 62: 133-154.

［8］ RABIEE H, GE L, ZHANG X Q, et al. Gas diffusion electrodes (GDEs) for electrochemical reduction of carbon dioxide, carbon monoxide, and di-nitrogen to value-added products: a review［J］. Energy & Environmental Science, 2021, 14(4): 1959-2008.

［9］ LEES E W, MOWBRAY B A W, PARLANE F G L, et al. Gas diffusion electrodes and membranes for CO_2 reduction electrolysers［J］. Nature Reviews Materials, 2022, 7(1): 55-64.

［10］ WAKERLEY D, LAMAISON S, WICKS J, et al. Gas diffusion electrodes, reactor designs and key metrics of low-temperature CO₂ electrolysers[J]. Nature Energy，2022，7(2)：130-143.

[11] HIGGINS D, HAHN C, XIANG C X, et al. Gas-diffusion electrodes for carbon dioxide reduction: a new paradigm[J]. ACS Energy Letters，2019，4(1)：317-324.

[12] KIBRIA M G, EDWARDS J P, GABARDO C M, et al. Electrochemical CO₂ reduction into chemical feedstocks: from mechanistic electrocatalysis models to system design[J]. Adv Mater，2019，31(31)：1807166.

[13] LEE C, ZHAO B Z, LEE J K, et al. Bubble formation in the electrolyte triggers voltage instability in CO₂ electrolyzers[J]. iScience，2020，23(5)：101094.

[14] MA M, CLARK E L, THERKILDSEN K T, et al. Insights into the carbon balance for CO₂ electroreduction on Cu using gas diffusion electrode reactor designs[J]. Energy & Environmental Science，2020，13(3)：977-985.

[15] LIU K, SMITH W A, BURDYNY T. Introductory Guide to assembling and operating gas diffusion electrodes for electrochemical CO₂ reduction[J]. ACS Energy Lett，2019，4(3)：639-643.

[16] JHONG HR M, BRUSHETT F R, YIN L L, et al. Combining structural and electrochemical analysis of electrodes using micro-computed tomography and a microfluidic fuel cell[J]. J Electrochem Soc，2012，159(3)：B292.

[17] WENG L C, BELL A T, WEBER A Z. Modeling gas-diffusion electrodes for CO₂ reduction[J]. PCCP，2018，20(25)：16973-16984.

[18] KIBRIA M G, EDWARDS J P, GABARDO C M, et al. Electrochemical CO₂ reduction into chemical feedstocks: from mechanistic electrocatalysis models to system design[J]. Adv Mater，2019，31(31)：e1807166.

[19] GABARDO C M, SEIFITOKALDANI A, EDWARDS J P, et al. Combined high alkalinity and pressurization enable efficient CO₂ electroreduction to CO[J]. Energy & Environmental Science，2018，11(9)：2531-2539.

[20] SUMIT V, YUKI H, CHAERIN K, et al. Insights into the low overpotential electroreduction of CO₂ to CO on a supported gold catalyst

in an alkaline flow electrolyzer[J]. ACS Energy Letters, 2018, 3(1): 193-198.

[21] DINH C T, BURDYNY T, KIBRIA M G, et al. CO_2 electroreduction to ethylene via hydroxide-mediated copper catalysis at an abrupt interface [J]. Science, 2018, 360(6390): 783-787.

[22] GE L, RABIEE H, LI M R, et al. Electrochemical CO_2 reduction in membrane-electrode assemblies[J]. Chem, 2022, 8(3): 663-692.

[23] GABARDO C M, O'BRIEN C P, EDWARDS J P, et al. Continuous carbon dioxide electroreduction to concentrated multi-carbon products using a membrane electrode assembly [J]. Joule, 2019, 3 (11): 2777-2791.

[24] OZDEN A, LI F W, GARCIA DE ARQUER F P, et al. High-rate and efficient ethylene electrosynthesis using a catalyst/promoter/transport layer[J]. ACS Energy Letters, 2020, 5(9): 2811-2818.

[25] REN S X, JOULIÉ D, SALVATORE D, et al. Molecular electrocatalysts can mediate fast, selective CO_2 reduction in a flow cell[J]. Science, 2019, 365(6451): 367-369.

[26] LI T F, LEES E W, GOLDMAN M, et al. Electrolytic conversion of bi-carbonate into CO in a flow cell[J]. Joule, 2019, 3(6): 1487-1497.

[27] XIA C, ZHU P, JIANG Q, et al. Continuous production of pure liquid fuel solutions via electrocatalytic CO_2 reduction using solid-electrolyte devices[J]. Nature Energy, 2019, 4(9): 776-785.

[28] FAN L, XIA C, ZHU P, et al. Electrochemical CO_2 reduction to high-concentration pure formic acid solutions in an all-solid-state reactor[J]. Nature Communications, 2020, 11(1): 3633.

[29] ZHU P, XIA C, LIU C Y, et al. Direct and continuous generation of pure acetic acid solutions via electrocatalytic carbon monoxide reduction[J]. Proceedings of the National Academy of Sciences of the United States of America, 2021, 118(2): e2010868118.

[30] ZHANG L, HU S, ZHU X, et al. Electrochemical reduction of CO_2 in solid oxide electrolysis cells[J]. Journal of Energy Chemistry, 2017, 26 (4): 593-601.

[31] HAUCH A, KÜNGAS R, BLENNOW P, et al. Recent advances in solid

oxide cell technology for electrolysis［J］. Science，2020，370 (6513)：eaba6118.

［32］ SONG Y F，ZHANG X M，XIE K，et al. High-temperature CO_2 electrolysis in solid oxide electrolysis cells：developments，challenges，and prospects[J]. Adv Mater，2019，31(50)：1902033.

［33］ WENG W，JIANG B M，WANG Z，et al. In situ electrochemical conversion of CO_2 in molten salts to advanced energy materials with reduced carbon emissions[J]. Science Advance，2020，6(9)：9278.

［34］ JING S X，SHENG R，LIANG X X，et al. Overall carbon-neutral electro-chemical reduction of CO_2 in molten salts using a liquid metal sn cathode ［J］. Angew Chem Int Ed，2023，62(6)：e202216315.

［35］ EBBESEN S D，JENSEN S H，HAUCH A，et al. High temperature elec-trolysis in alkaline cells，solid proton conducting cells，and solid oxide cells[J]. Chem Rev，2014，114(21)：10697-10734.

［36］邓博文,尹华意,汪的华. CO_2 高效资源化利用的高温熔盐电化学技术研究 ［J］.电化学,2020,26(5):628-638.

［37］MURATA A，HORI Y. Product selectivity affected by cationic species in electrochemical reduction of CO_2 and CO at a cu electrode[J]. Bull Chem Soc Jpn，1991，64(1)：123-127.

［38］ CHEN L D，URUSHIHARA M，CHAN K，et al. Electric field effects in electrochemical CO_2 reduction ［J］. ACS Catalysis，2016，6（10）：7133-7139.

［39］ THORSON M R，SIIL K I，KENIS P J A. Effect of cations on the elec-trochemical conversion of CO_2 to CO[J]. J Electrochem Soc，2012，160 (1)：F69-F74.

［40］ SINGH M R，KWON Y，LUM Y，et al. Hydrolysis of electrolyte cations enhances the electrochemical reduction of CO_2 over Ag and Cu[J]. J Am Chem Soc，2016，138(39)：13006-13012.

［41］ RESASCO J，CHEN L D，CLARK E，et al. Promoter effects of alkali metal cations on the electrochemical reduction of carbon dioxide[J]. J Am Chem Soc，2017，139(32)：11277-11287.

［42］ PÉREZ-GALLENT E，MARCANDALLI G，FIGUEIREDO M C，et al. Structure-and potential-dependent cation effects on CO reduction at copper single-crystal electrodes[J]. J Am Chem Soc, 2017, 139(45): 16412-16419.

[43] MONTEIRO M C O, DATTILA F, HAGEDOORN B, et al. Absence of CO_2 electroreduction on copper, gold and silver electrodes without metal cations in solution[J]. Nature Catalysis, 2021, 4(8): 654-662.

[44] HORI Y, MURATA A, TAKAHASHI R. Formation of hydrocarbons in the electrochemical reduction of carbon dioxide at a copper electrode in aqueous solution [J]. Journal of the Chemical Society, Faraday Transactions 1: Physical Chemistry in Condensed Phases, 1989, 85(8): 2309-2326.

[45] VERMA S, LU X, MA S C, et al. The effect of electrolyte composition on the electroreduction of CO_2 to CO on Ag based gas diffusion electrodes [J]. PCCP, 2016, 18(10): 7075-7084.

[46] VARELA A S, JU W, REIER T, et al. Tuning the catalytic activity and selectivity of Cu for CO_2 electroreduction in the presence of halides[J]. ACS Catalysis, 2016, 6(4): 2136-2144.

[47] GAO D, SCHOLTEN F, ROLDAN C B. Improved CO_2 electroreduction performance on plasma-activated Cu catalysts via electrolyte design: halide effect[J]. ACS Catalysis, 2017, 7(8): 5112-5120.

[48] HORI Y, TAKAHASHI R, YOSHINAMI Y, et al. Electrochemical reduction of CO at a copper electrode [J]. The Journal of Physical Chemistry B, 1997, 101(36): 75-7081.

[49] WANG L, NITOPI S A, BERTHEUSSEN E, et al. Electrochemical carbon monoxide reduction on polycrystalline copper: effects of potential, pressure, and ph on selectivity toward multicarbon and oxygenated products[J]. ACS Catalysis, 2018, 8(8): 7445-7454.

[50] LI J, CHANG X X, ZHANG H C, et al. Electrokinetic and in situ spectroscopic investigations of CO electrochemical reduction on copper[J]. Nature Communications, 2021, 12(1): 3264.

[51] LI J, WU D H, MALKANI A S, et al. Hydroxide is not a promoter of C_{2+} product formation in the electrochemical reduction of CO on copper [J]. Angew Chem Int Ed, 2020, 59(11): 4464-4469.

[52] NITOPI S, BERTHEUSSEN E, SCOTT S B, et al. Progress and

perspectives of electrochemical CO_2 reduction on copper in aqueous electrolyte[J]. Chem Rev, 2019, 119(12): 7610-7672.

[53] O'BRIEN C P, MIAO R K, LIU S, et al. Single pass CO_2 conversion exceeding 85% in the electrosynthesis of multicarbon products via local CO_2 regeneration[J]. ACS Energy Letters, 2021, 6(8): 2952-2959.

[54] RABINOWITZ J A, KANAN M W. The future of low-temperature carbon dioxide electrolysis depends on solving one basic problem[J]. Nature Communications, 2020, 11(1): 5231.

[55] OOKA H, FIGUEIREDO M C, KOPER M T M. Competition between hydrogen evolution and carbon dioxide reduction on copper electrodes in mildly acidic media[J]. Langmuir, 2017, 33(37): 9307-9313.

[56] BONDUE C J, GRAF M, GOYAL A, et al. Suppression of hydrogen evolution in acidic electrolytes by electrochemical CO_2 reduction[J]. J Am Chem Soc, 2021, 143(1): 279-285.

[57] MONTEIRO M C O, PHILIPS M F, SCHOUTEN K J P, et al. Efficiency and selectivity of CO_2 reduction to CO on gold gas diffusion electrodes in acidic media [J]. Nature Communications, 2021, 12(1): 4943.

[58] XIE Y, OU P F, WANG X, et al. High carbon utilization in CO_2 reduction to multi-carbon products in acidic media[J]. Nature Catalysis, 2022, 5(6): 564-570.

[59] HUANG J E, LI F W, OZDEN A, et al. CO_2 electrolysis to multicarbon products in strong acid[J]. Science, 2021, 372(6546): 1074-1078.

[60] GU J, LIU S, NI W Y, et al. Modulating electric field distribution by alkali cations for CO_2 electroreduction in strongly acidic medium[J]. Nature Catalysis, 2022, 5(4): 268-276.

[61] KIM B, HILLMAN F, ARIYOSHI M, et al. Effects of composition of the micro porous layer and the substrate on performance in the electrochemical reduction of CO_2 to CO[J]. J Power Sources, 2016, 312: 192-198.

[62] WICKS J, JUE M L, BECK V A, et al. 3D-printable fluoropolymer gas diffusion Layers for CO_2 electroreduction[J]. Advanced Materials, 2021, 33(7): 2003855.

[63] NWABARA U O, COFELL E R, VERMA S, et al. Durable cathodes and electrolyzers for the efficient aqueous electrochemical reduction of CO_2 [J]. ChemSusChem, 2020, 13(5): 855-875.

[64] LEGRAND U, LEE J K, BAZYLAK A, et al. Product crossflow through a porous gas diffusion layer in a CO_2 electrochemical cell with pressure drop calculations [J]. Industrial & Engineering Chemistry Research, 2021, 60(19): 7187-7196.

[65] BAUMGARTNER L M, KOOPMAN C I, FORNER-CUENCA A, et al. Narrow pressure stability window of gas diffusion electrodes limits the scale-up of CO_2 electrolyzers [J]. ACS Sustainable Chemistry & Engineering, 2022, 10(14): 4683-4693.

[66] YIN Z, PENG H L, WEI X Q, et al. An alkaline polymer electrolyte CO_2 electrolyzer operated with pure water [J]. Energy & Environmental Science, 2019, 12(8): 2455-2462.

[67] LI W Z, YIN Z L, GAO Z Y, et al. Bifunctional ionomers for efficient co-electrolysis of CO_2 and pure water towards ethylene production at industrial-scale current densities [J]. Nature Energy, 2022, 7(9): 835-843.

[68] SASSENBURG M, KELLY M, SUBRAMANIAN S, et al. Zero-gap electrochemical CO_2 reduction cells: challenges and operational strategies for prevention of salt precipitation[J]. ACS Energy Letters, 2023, 8(1): 321-331.

[69] ENDRŐDI B, SAMU A, KECSENOVITY E, et al. Operando cathode activation with alkali metal cations for high current density operation of water-fed zero-gap carbon dioxide electrolysers[J]. Nature Energy, 2021, 6(4): 439-448.

[70] XU Y, EDWARDS J P, LIU S J, et al. Self-cleaning CO_2 reduction systems: unsteady electrochemical forcing enables stability [J]. ACS Energy Letters, 2021, 6(2): 809-815.

[71] XIE K, OZDEN A, MIAO R K, et al. Eliminating the need for anodic gas separation in CO_2 electroreduction systems via liquid-to-liquid anodic upgrading[J]. Nature Communications, 2022, 13(1): 3070.

[72] OZDEN A, WANG Y H, LI F W, et al. Cascade CO_2 electroreduction

enables efficient carbonate-free production of ethylene[J]. Joule, 2021, 5 (3): 706-719.

[73] KIM J Y T, ZHU P, CHEN F Y, et al. Recovering carbon losses in CO_2 electrolysis using a solid electrolyte reactor[J]. Nature Catalysis, 2022, 5 (4): 288-299.

[74] GUO Y M, HONG X M, CHEN Z M, et al. Electro-enzyme coupling systems for selective reduction of CO_2[J]. Journal of Energy Chemistry, 2023, 80: 140-162.

[75] HANN E C, OVERA S, HARLAND-DUNAWAY M, et al. A hybrid inorganic-biological artificial photosynthesis system for energy-efficient food production[J]. Nature Food, 2022, 3(6): 461-471.

[76] ZHENG T, ZHANG M, WU L, et al. Upcycling CO_2 into energy-rich long-chain compounds via electrochemical and metabolic engineering[J]. Nature Catalysis, 2022, 5(5): 388-396.

第7章

CO₂ 的氨捕集溶液直接电催化还原

碳 捕集技术中,氨法脱碳作为一种新型的化学吸收方法,以晶体再生代替富液再生,具有传统的醇胺溶液—单乙醇胺(MEA)吸收法所不具备的诸多优点。但是,晶体再生形成的碳酸氢铵晶体消纳问题仍有待解决。通过电化学技术直接还原捕碳产物碳酸氢铵,可以实现碳捕集与还原过程的直接偶联,既有效降低了气体分离—介质再生过程的能耗损失,又可以通过形成 CO₂ 加和物使得 CO₂ 构型发生弯曲,从而降低电化学还原的过电势。

本章以明晰碳酸氢盐还原路径为前提,对碳酸氢根的还原机制进行过程调控,进一步通过对功能化碳材料催化剂的定向优化改性,提高电催化还原效率及产物选择性,可为发展基于碳酸氢盐电催化的碳捕集—还原一体化技术提供理论基础及催化剂设计经验。

碳排放问题已成为国际社会最受关注的热点话题之一,从《联合国气候变化框架公约》(1992 年)到《京都议定书》(1997 年),再到后来的《哥本哈根协议》(2009 年)和《巴黎协定》(2015 年),直至最新的《二十国集团领导人罗马峰会宣言》(2021 年),世界各国已就 CO_2 减排的重要性及必要性达成高度共识,并制定了明确的碳排放控制目标。根据国际能源署(IEA)报告[1],要实现"2100 年前全球平均气温升幅在工业化前水平以上 2 ℃之内,并努力限制在 1.5 ℃以内"的目标,到 2050 年前工业生产直接排放的 CO_2 比现有水平要降低约 30%,单位 GDP 的排放量要比现有水平降低约 60%。另据 IEA 报告称,截至 2021 年 4 月底,已有 44 个国家及欧盟宣布了净零排放目标。10 个国家立法,8 个国家拟将其列为一项法律义务,其余国家则在政府政策文件中承诺实现净零排放目标[2]。我国作为世界上最大的能源消费国,CO_2 排放量位居全球第一,且已做出"2030 年前实现碳达峰,2060 年前实现碳中和"的郑重承诺。我国现阶段的能源结构仍以化石能源为主,2021 年化石能源发电量所占比例高达 66.1%,实现"碳达峰、碳中和"的目标任重而道远[3]。碳捕集和封存(CCS)被认为是未来短时间内大规模减少温室气体排放、减缓全球变暖最经济、可行的途径,也是我国能实现大规模 CO_2 有效减排最有潜力的途径[4]。

在碳捕集技术中,化学吸收法作为最可行的燃烧后碳捕集技术,展现了巨大的工业应用前景。氨法脱碳作为一种新型的化学吸收方法,具有传统的醇胺溶液—单乙醇胺吸收法所不具备的诸多优点[5-6]:CO_2 吸收能力强、吸收反应热低、腐蚀性小以及原料价格低廉,有助于形成能量梯级化利用与多种污染物一体化脱除的集成系统。部分团队的前期研究[7-9]已对氨法脱碳技术做出改良设计:添加乙醇抑制氨气逃逸并促进 CO_2 吸收,添加炭材料形成固—液反应微元,以晶体再生代替富液再生。但是,晶体再生形成的碳酸氢铵晶体消纳问题仍有待解决。根据现有的工业基础,通过光、电催化技术将 CO_2 还原成高附加值化工产品可实现碳捕集过程的有效闭环。然而主流的 CO_2 催化还原过程需要先将碳捕集富液(晶体)进行再生及气体分离处理,这大大增加了能耗成本和工艺复杂性。

为减少储存、运输及捕集介质再生造成的能耗损失,有研究者提出了将碳捕集与催化还原过程进行直接偶联的设想[10-11]。碳捕集与还原过程的直接偶联既可降低能耗及设备成本，又可通过形成 CO_2 加和物使得 CO_2 构型发生弯曲，从而降低电化学还原的过电势[12]。因此，对碳捕集过程形成的碳酸氢盐富液（可由晶体溶解获得）可弥补氨法脱碳技术的不足，并构建完整的技术链条。

7.1 基于氨的二氧化碳捕集技术

7.1.1 阿尔斯通冷冻氨法

在基于氨的 CO_2 捕集技术的早期开发中的领导者之一是 Alstom 电力公司。他们一直在开发冷冻氨法（CAP）的 CO_2 捕集技术，如图 7.1 所示，该过程将烟道气冷却至非常低的温度，最好低于 10 ℃。它将来自发电厂的废气以高浓度（体积分数为 28%）氨溶液捕集，并形成铵盐的浆料[13]。

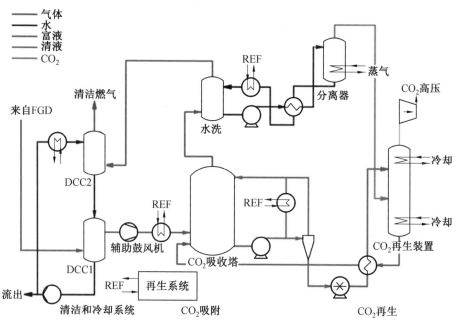

图 7.1　Alstom 冷冻氨工艺的示意图[18]

冷冻氨包括原料气冷却、CO_2 分离和捕集、吸收剂再生和高纯度 CO_2 的生产。原料气通过直接接触冷却器（两步）冷却至 0 ℃。吸收剂溶液碳酸铵（AC）或贫 CO$_2$ 溶液吸收 CO$_2$。然后,将溶液转化成浆料形式的碳酸氢铵(ABC)或富 CO$_2$ 溶液,其可通过加热再生。该过程显示出高的 CO$_2$ 捕获能力、高纯 CO$_2$ 的生产、工艺对杂质和热降解的稳定性、没有污染物的排放和低化学成本等优点。

　　在模拟研究中,Zhuang 等认为,与基于 MEA 的 CO$_2$ 捕获或 2.5 GJ/t CO$_2$ 相比,该方法消耗大约 60% 的能量[18]。他们声称该方法的最佳氨浓度为 20% ～ 30%。由最近基于西弗吉尼亚大学(2012)年的过程模拟的工作报告可知,当采用虚拟过程(单位 100(CAP))时,电力成本将增加 45%。根据最新的过程模拟,对于 90% 的 CO$_2$ 捕获,发电成本估计为 105 美元/(MW·h)[15]。甚至 Darde 等人认为每捕集 1 t CO$_2$ 的能量需求在再生塔中降低到 2 GJ[13]。最近有两种电解质模型(e－NRTL 模型和扩展 UNIQUAC 模型)的模拟研究已被报道[16],该研究认为扩展 UNIQUAC 模型的实验数据似乎更令人满意,然而,e－NRTL 模型模拟能源需求获得的每吨 CO$_2$ 剥离能量 o 2.4 GJ。此外,该研究还使用扩展 UNIQUAC 模型模拟了不同的过程配置,并且要求的热量与高级胺法的范围相同[17]。然而,应当注意,从中试设施操作数据获得的再生能量的定量分析仍然不足。

7.1.2　Powerspan 的 ECO$_2$ 过程

　　Powerspan 一直在使用氨水开发 CO$_2$ 捕集工艺(ECO$_2$ 工艺)。该过程的主要特征是可以与脱 SO$_x$ 过程 ECO－SO$_2$ 组合,利用氨与 SO$_x$ 的反应产生硫酸铵。Powerspan 于 2007 年从国家能源技术实验室(NETL)获得了专利许可[19]。实验测试在 FirstEnergy 的 R. E. 汉堡工厂进行(Shadyside,俄亥俄州)。已经开发了 ECO$_2$ 工艺来回收和再利用高挥发性氨。该过程的工艺流程示意图如图 7.2 所示。①收集氨蒸气并用于 SO$_x$ 去除(ECO－SO$_2$);②氨缺乏的洗涤液循环并捕获氨;③富氨洗涤液被送至 ECO－SO$_2$;④硫酸铵生产成本补偿。

　　该工艺已被开发用于同时捕获 CO$_2$、SO$_x$、NO$_x$[8]。使用模拟气体(15% CO$_2$,N$_2$ 平衡)在 60～100 ℉的温度下,用体积分数为 7%、14% 和 21% 的氨溶液进行 CO$_2$ 捕集研究。结果表明,与基于 MEA 的 CO$_2$ 捕集方法相比,使用 14% 氨溶液的能量消耗可以降低 64%,因为吸收能力越高,反应和蒸发的热量越低(吸收温度为 80 ℉(27 ℃),再生温度为 180 ℉(82 ℃))。

　　试点规模研究在国际温室气体技术会议(GHGT－9)被提出[20]。使用 1 MW 规模的实验设施进行 CO$_2$ 捕获,捕获速度为 25 t/d;进口 CO$_2$ 的体积分数为 11% ～ 12%。ECO$_2$ 过程由巴西电力公司选定为计划 2012 年运行的 120 MW 商业示范过程。

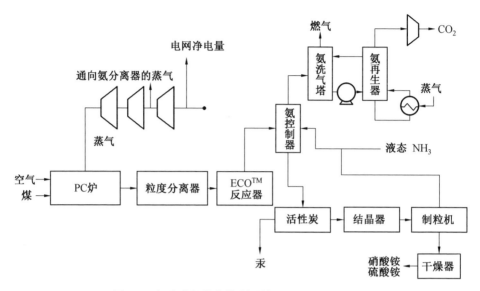

图 7.2　氨水多污染物控制系统的工艺流程示意图

7.1.3　CSIRO 过程

　　澳大利亚联邦科学与工业研究组织（CSIRO）和三角州电力联合在玛莫瑞（Mumarch）发电厂建造了实验电厂，以评估在真实烟气下氨水作为吸收剂的捕集技术的可行性。CSIRO 已经开发了一种基于氨的 CO_2 捕集方法，可以独立使用极低浓度的氨液（以下简称为 CSIRO 过程）。图 7.3 所示为 CSIRO 过程示意图。实验设备具有用于测试各种吸收条件下吸收器的柔性构造，且已经安装了烟道气冷却器以预处理废气。吸收操作条件：氨体积分数小于 5%，气体温度为 10 ℃，吸收入口（吸收器）温度为 45 ℃，进料气 CO_2 体积分数为 13%（105 kPa），500 kPa 再生。

　　CSIRO 一直在迈索拉发电站与三角洲电力公司一起开发 CO_2 捕集中试设施，年捕集量为 3 000 t CO_2。最近发表的 Munmorah 电站现场试点工作研究表明，每吨 CO_2 总的再生能量需求为 4～4.2 GJ，与 MEA 过程相当[21]。发现即使具有 6% 的低氨体积分数，CO_2 去除效率也可高达 85%，产物 CO_2 体积分数通常超过 99%。预处理柱 sk 从烟道气中除去高达 95% 的 SO_x。在加压条件下，在 850 kPa 和 20～25 ℃ 的低温下进行再生时，氨体积分数可以低于 2×10^{-4}。

7.1.4　KIER 过程

　　自 2000 年中期以来，KIER 与韩国高级科学技术研究所（KAIST）联合开发

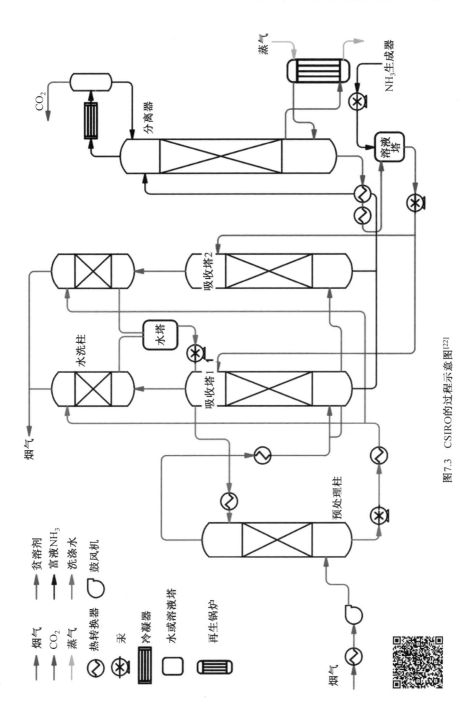

图7.3　CSIRO的过程示意图[22]

了一种基于氨的 CO_2 捕集技术[22-24]。图 7.4 所示为吸收温度为 25 ℃下的过程示意图,再生温度在 80~120 ℃的范围内,构建半连续实验室装置和连续再生装置,并且使用吸收性气体(CO_2 体积分数为 10%)和水性氨(氨体积分数为 11%~17%)为吸收剂进行了实验。发现最佳吸收温度为 20~30 ℃,当吸收温度为 25 ℃时,在 80 ℃的再生温度下最佳氨体积分数为 13%。根据 You 等的研究,当氨体积分数超过 8%(5 mol/(L·kg)H_2O)时,基于氨的 CO_2 捕获过程可以在没有任何固体盐沉淀的情况下操作,因为吸收时每摩尔 NH_3 的典型 CO_2 负载小于 0.5 mol,入口气体温度为 50 ℃[22]。当再生温度高于 140 ℃和氨质量分数为 20%~32%时,可以获得 10 bar 的加压 CO_2 产物流。为了确定这一过程的技术可行性,KIER 建立和运行了一个基准试点设施(100 Nm^3/h)。该设施使用燃煤电厂的烟气运行,其性能为:CO_2 回收率为 90%,CO_2 体积分数大于 99.9%,每千克溶液的转移能力为 0.08 kg CO_2[23]。

7.1.5 RIST 过程

针对钢铁工业的低质量分数的氨溶液(<10%),人们开发了独特的 CO_2 捕获方法[25-26],即 RIST 过程。该过程由三个柱组成,如图 7.5 所示。RIST 过程的关键特性如下:①与废热回收系统集成,用于产生蒸气及保障对再沸器的供应;②应用软传感技术对 RIST 过程监测、控制和优化;③在 RIST 过程中最大化热集成。

已有学者使用实验室规模装置(2 Nm^3/h)和模型气体的吸收—再生实验检查技术性能[25],例如捕获率。通过实验室规模装置可以验证技术可行性,2008 年底已建成了第一阶段实验工厂,其中的设施可以以 50 Nm^3/h 的速率处理 BFG。使用该设施进行了总运行时间超过 1 000 h 的现场测试,结果表明 CO_2 回收率超过 90%,CO_2 产品的纯度超过 95%。

对第一阶段设施完成 20 倍扩建得到第二阶段中试装置(1 000 Nm^3/h),于 2011 年进行现场测试运行。测试是在钢铁工业的低温和中温的废热回收系统中产生蒸气[27]。使用当前的测试设备,获得超过 90%的典型的 CO_2 去除效率,CO_2 产品的纯度超过 98%。从定性的角度来看,用于蒸气产生和供应的废热回收系统已成功运行。虽然它似乎是一个能源密集的过程,但是,运行该过程所需的所有蒸气可以由钢铁和炼钢过程中的低温和中温废热提供。

基于氨的 CO_2 捕集过程的显著特征是相对低的再生温度,这使得该方法相当经济,如果再生能量可以通过回收低温下的废热获得,则可以放弃供热,即从 140~150 ℃的锅炉堆回收的废热可以成功地供应给当前的 CO_2 捕集设施。在

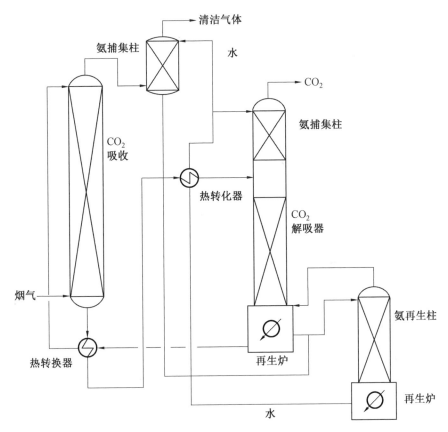

图 7.4 KIER 过程示意图[24]

以前的一些出版物中认为,如果在低温或低于 150 ℃下存在可用的废热,则很有可能更经济地运行相应工艺。在后来的 CO₂ 捕集过程工厂中,离开吸收器的不含二氧化碳的 BFG 将用作 RIST 过程的燃料,因此通过减小气体体积和增加热值来节省发电的成本和能量消耗,可使预期 BFG 的加热值增加 20%。

7.1.6 溶析法强化结晶氨法捕碳技术

溶析法强化结晶氨法捕碳技术工艺流程如图 7.6 所示,CO₂ 在吸收塔内与氨水反应,产生碳化富液,当碳化富液担载度在 0.48 以上时,将碳化富液放出流入结晶器内,与溶析剂乙醇混合,以溶析法大大降低溶质溶解度使碳化产物以晶体形式分离出来,之后将晶体产物送到再沸器内进行再生。本工艺与传统工艺相比,主要特点是将碳化富液与溶析剂混合,产生溶析结晶后以晶体产物代替碳化富液在再生塔内产生热分解,该方法可以节省溶剂水加热所需能耗,大大降低

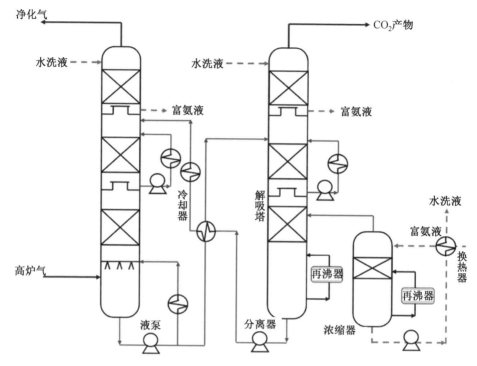

图 7.5　RIST 过程的过程示意图[27]

再生能耗,并且晶体产物在常温下即可分解,因此可采用脱硫尾部烟气余能进一步降低再生能耗。传统工艺碳化富液担载度高达 0.67 以上,并且随着担载度的降低再生能耗明显升高,碳化富液的担载度对再生能耗作用明显[28-30],对于本工艺来说碳化富液担载度不影响再生能耗,碳化富液担载度仅受溶析结晶过程的影响,通过前期实验发现碳化富液担载度为 0.48 时即可得到较好的结晶效果,本工艺可保持吸收塔内担载度较低,得到较高的吸收效率,吸收反应初期氨基甲酸铵主要在液膜之内生成,其生成过程是迅速的、不可逆的二级反应,其水解过程是一级反应,反应速率相对较慢。在氨水脱碳过程中,随着碳化度增大,CO_2 吸收速率逐渐由此水解速率控制[31]。当担载度小于 0.5 时,CO_2 吸收速率受传质过程的影响,因此提高传质过程可以进一步提高 CO_2 吸收效率;当担载度大于 0.5 时,吸收效率主要受氨基甲酸铵水解速率的影响,此为提高反应后期 CO_2 吸收速率的瓶颈。而本工艺可以摆脱该瓶颈的限制,只要强化传质即可进一步提高 CO_2 吸收速率,采用静磁场的方法强化传质。综上所述,本工艺的优势主要在于降低再生能耗,提高 CO_2 吸收效率。

本工艺的核心在于溶析结晶,首先碳化富液担载度有待进一步降低,以进一

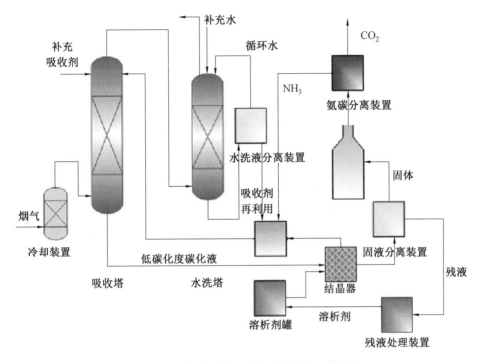

图 7.6　溶析法强化结晶氨法捕碳技术工艺流程

步提高 CO₂ 吸收效率；其次结晶收率要进一步提高，采用最少的溶析剂得到最多的晶体产物；最后由于溶析法结晶所产生晶体微小，给工业中固液分离带来难度，因此需要对粒径进行控制，对于溶析结晶过程的热力学及动力学的研究是十分重要的。由于晶体在常温下即可分解，并且通过实验发现当再生温度为 70 ℃时即可得到较高的分解速率，相对于传统工艺碳化富液再生温度（80～90 ℃）及 MEA 法再生温度（120 ℃以上）[32]，本工艺再生温度较低，适用于对脱硫尾部烟气低温余能的提质利用，可进一步降低再生能耗。循环冷却水、烟气余能利用及排渣余热利用为电厂低温余能利用的主要途径。电厂中的热能只有 35% 左右可以转变为电能，而 60% 以上的热能主要随烟气和循环冷却水散失到大气中，可见其余能资源丰富。随电厂循环冷却水散中的热能一般可通过热泵进行升级利用。华北电力大学崔可分别对溴化锂吸收式热泵技术及电动压缩热泵技术进行研究，利用电厂循环冷却水的余热为冬季用户供热，并进行了经济性分析，结果表明两种技术的经济性均有所提高[33]。北京科技大学吴波基于能量的梯级利用原则分析研究了电、热水、蒸气驱动的吸收式制冷系统和电驱动压缩式热泵系统的分布式能源冷热电多联产供热系统，合理评估了冷热电多联产供热系统的发电性能[34]。东北电力大学胡思科等提出对热电厂现有循环冷却水系统添加压缩式热泵,选取消耗较低品位热能的蒸气驱动压缩式热泵,实现循环冷却水余能回收,用于采暖的改造;运用等效焓降法对系统进行经济性分析,证明了该改造方案与其他方案相比,除了在技术上的可行性外,在经济上更加合理[35]。国内多数烟气余能利用是使用低温省煤器和低压省煤器与烟气进行热交换预热锅炉给水,或利用空气预热器预热空气。康晓妮等在 320 MW 机组锅炉尾部烟道加装低温省煤器,利用烟气余热加热机组凝结水,使得电袋复合除尘器进口处的烟气温度降低[36]。20 世纪 70 年代,国外对于余热利用的研究主要为了应对石油危机。其中,关于低温热能利用的研究中,有机朗肯循环的研究最广泛。欧美国家已经建成了许多低温烟气余热有机朗肯循环发电系统。以上烟气余热的利用存在低温腐蚀和技术上的问题,而烟气通过尾部净化装置后湿度增加,若烟气温度降低,水蒸气就会冷凝成水,可以回收大量潜热。陈群等利用冷凝锅炉回收天然气锅炉烟气中的潜热,烟气温度降低到 30 ℃,回收的热量用于供热[37]。该方法采用一种间接换热器,利用聚丙烯涂层钢管防止腐蚀。李榆中提出了一种新型的烟气深度冷却方法,将烟气温度降低到水蒸气冷凝温度以回收潜热,提高能源效率,简称 FEC－HP[37]。此方法以直接接触的方式进行热量交换,把湿法脱硫塔作为交换器;闪蒸和冷凝(FEC)装置及热泵(HP)提供低温媒介,湿法脱硫浆液冷却烟气,吸收回收的潜热。

综上所述,本工艺可保持吸收塔内担载度低于 0.48,提高吸收塔内吸收率,并且强化传质过程可进一步提高吸收速率。以溶析法强化结晶,以晶体再生代替碳化富液再生可大幅降低再生能耗,辅以脱硫烟气尾部余能提质利用,能进一步降低再生能耗。

7.2 电化学还原氨法捕碳产物

7.2.1 碳酸氢根的电催化还原路径分析

传统 CO_2 捕集转化利用通常需要 5 个步骤:CO_2 源提供、CO_2 捕集、从捕集产物中释放 CO_2、CO_2 压缩及 CO_2 转化[38],各个步骤如图 7.7 所示。其中,从捕集产物中释放 CO_2 和 CO_2 压缩步骤都需要消耗大量能量,气态高纯 CO_2 溶解在水介质中,为阴极电化学还原 CO_2 反应提供碳源,在整个反应系统中,CO_2 压缩步骤的高成本对经济效益有重要影响[39-40]。此外,CO_2 在水中的溶解度限制了反应的还原活性。碳酸氢盐在辅助电化学还原 CO_2 反应中的作用通常是用作 pH 缓冲液[41]和质子供体[42-43],作为碳源直接用于电催化转化的报道较少。

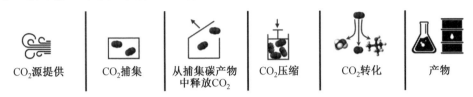

图 7.7　收集 CO_2 并将其转化为有价值的化学物质的各个步骤[38]

使用液态碳酸氢盐为原料时无须处理 CO_2 气体,可以向阴极输送比水介质中浓度更高的 CO_2[44],也可以省略从捕集产物中释放 CO_2 和 CO_2 压缩这两个耗能步骤,将碳捕集与电化学转化直接结合。新型氨法捕碳技术的捕碳产物主要成分为固体碳酸氢铵晶体和液体碳化液(碳酸氢铵、碳酸铵、氨基甲酸酯和乙醇等)。产物中高结晶度的 NH_4HCO_3 晶体可直接溶于去离子水中得到水溶液体系的 NH_4HCO_3 电解液,用于电催化还原系统,能够替代需要加压和分离处理的高纯 CO_2,为反应提供另一种碳源。因此,直接考虑电催化还原电解液成为本研究的关注点。

以往的研究中对于 HCO_3^- 是否参与整个还原反应存在一定争议。一些学者认为,电解液中溶解的 CO_2 是唯一可以被金属电极电化学还原的反应物质,碳酸氢盐、碳酸盐不会直接发生催化还原反应[45-47]。实际上,在以碳酸氢盐为电解液的电化学还原 CO_2 反应中,电极表面被直接还原的 CO_2 主要来源于碳酸氢根与 CO_2 之间的快速平衡交换[48],pH 决定了各物质的比例。在常温常压下,碳酸氢盐的最大 pH 为 8.3,在这个 pH 下,溶液中的 CO_2 溶解量在 1.2% 左右[49-50]。Ismail 等人认为水性 CO_2 是产物 CO 中 C 的主要来源,而不是通入电解液中的 CO_2[51]。因此,碳酸氢根与 CO_2 间的动态平衡过程决定了实际的碳酸氢盐电催化还原速率。图 7.8 给出了碳酸氢根与 CO_2 间快速平衡的建立过程及该平衡对于电极表面还原过程的影响机制。CO_2 与碳酸氢根及水分子结合后分子构型发生弯曲,同时碳酸氢根的构型也发生变化,形成对称结构,后经可逆反应再次生成 CO_2 分子,此时 CO_2 与碳酸氢根已完成碳原子的交换过程。同时,碳酸氢根与 CO_2 间的平衡交换会增加电极表面的溶解 CO_2 浓度,从而提高 CO_2 的电催化还原效率[48]。

与图 7.8 所示机理有所不同,Zhu 等人认为氢氧根也参与了 CO_2 与碳酸氢根间的平衡反应,且碳酸氢根与电极表面水合阳离子间的电荷特性促进了传质过程[52],图 7.9 所示为碳酸氢根与 CO_2 形成动态平衡后被还原的机制示意图。

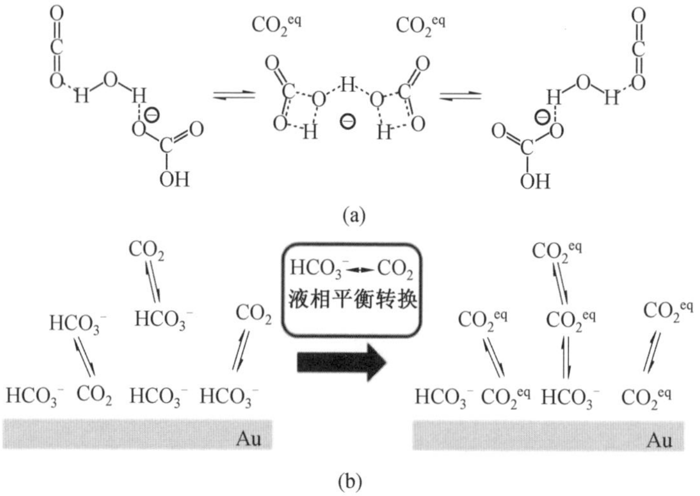

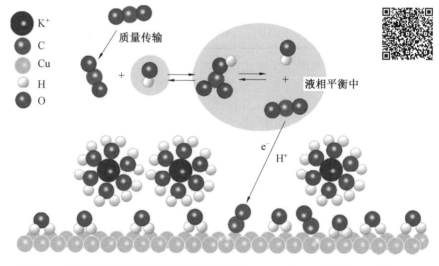

图 7.8 碳酸氢根与 CO_2 间快速平衡的建立过程和增加有效 CO_2^{eq} 浓度的机制示意图[48]

关于碳酸氢根与 CO_2 间动态平衡的决定性因素还有待进一步探究。

图 7.9 碳酸氢盐电催化还原过程中碳酸氢根与 CO_2 间的平衡转换机制[52]

另外，仍有一些学者发现还原反应受到 HCO_3^- 的影响[53-54]，在没有 CO_2 通入的情况下，碳酸氢盐可直接作为反应物被电催化还原，即碳酸氢根直接与水分子及电子结合生成 CO、甲酸盐及醇类等产物[55-60]，因为碳酸氢根浓度与甲酸电流密度线性相关，所以无法通过动态平衡理论解释。例如，Innocent 等通过光谱研究发现,碳酸氢盐也可以在一定条件下被还原[61]。他们利用红外光谱证明了在没有 CO_2 参与的情况下使用 Pb 电极可以电催化还原生成甲酸,并提出了 HCO_3^- 选择性加氢生成 $HCOO^-$ 的反应机理,如图 7.10 所示。Prastika K. Jiwanti 等人采用硼掺杂金刚石电极将 CO_2 气体通入氨水溶液中,并控制不同的通入时长[62]。为了确定碳酸氢盐离子是可还原性物质,对 0.1 mol/L 的 NH_4HCO_3 水溶液(pH=7.9)进行了无 CO_2 鼓泡的电化学还原,发现即使在不通入 CO_2 的情况下,NH_4HCO_3 水溶液(pH=7.9)作为电解液时,仍然可以还原生成甲醇,同时氨对反应也起到重要的作用。

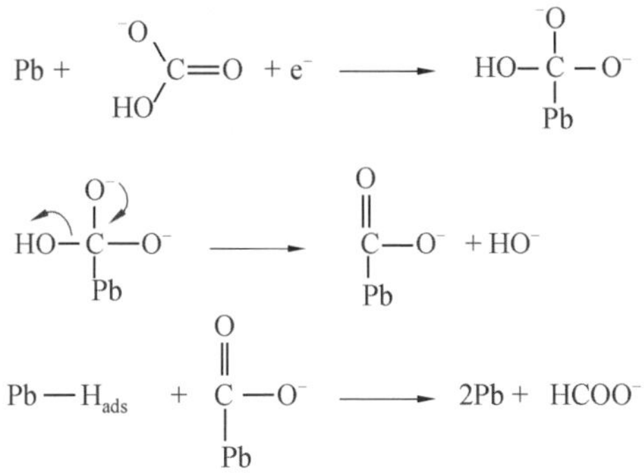

图 7.10　推测 Pb 电极表面直接还原 HCO_3^- 的反应机理[63]

对于碳酸氢根的还原路径,部分研究者认为碳酸氢根也是先经历了与 CO_2 的快速动态平衡过程,然后由平衡过程析出的 CO_2 作为实际反应物参与还原过程[44,52,63]。在电催化反应中 CO_2 中的 C 被广泛认为是吸附在催化剂表面的原子,CO_2 在催化剂表面弯曲 120° 以激活其中的 C 原子,而这是碳酸氢盐难以实现的[64-65]。因此,为实现高效的碳酸氢盐电催化还原过程,有必要对碳酸氢盐的还原路径进行深入剖析,并进一步探究不同的还原路径间可能存在的竞争机制。

7.2.2　溶液体系对碳酸氢盐还原的影响机制及调控策略

作为碳酸氢盐电催化还原过程的主要控制步骤,碳酸氢根与 CO_2 的动态平衡及 CO_2 的还原过程会受到 pH、碳酸氢根浓度及阳离子种类等多方面因素影响。pH 对碳酸氢根与 CO_2 动态平衡的影响主要表现为 pH 和碳酸氢盐溶液中离子存在形式的相关性。通常情况下,当 pH=8 时,以 HCO_3^- 为主(pH=8.3 时,HCO_3^- 最多);当 pH=9 时,部分 HCO_3^- 会转化为 CO_3^{2-}($HCO_3^- + OH^- \rightleftharpoons CO_3^{2-} + H_2O$);当 pH 在 7~10 之间时,$HCO_3^-$ 占据主导地位;当 pH 达到 10 后,CO_3^{2-} 开始占据主导地位[66]。因此,当 pH 控制在 8~9 范围内时,利于碳酸氢根

与 CO_2 的动态平衡,从而提高整体的催化还原速率。还应注意的一点是,当阴极的析氢反应速率较高时,会提高局部 pH,进而影响碳酸氢根的转化效率。因此,应根据 pH 与离子转换特性的依变关系动态调控电催化还原过程的溶液酸碱度,使其控制在 8~9 范围内以维持反应效率。

碳酸氢根浓度一般与还原产物的法拉第效率呈正相关,主要源于高碳酸氢根浓度对于碳酸氢根与 CO_2 平衡转化的正向促进作用,然而随着碳酸氢根浓度的提高,析出的 CO_2 不能全部被电极表面还原,由电解质溶液中逸出的 CO_2 也会进一步增多,即有效利用的 CO_2 比例会下降[67]。因此,当碳酸氢盐溶液达到一定浓度时,法拉第效率会趋于饱和值甚至呈下降趋势,对于碳酸氢根浓度的阈值有待进一步细化。碳酸氢根在还原体系中起到的另一重要作用是作为质子供体提供 H^+,涉及的相关反应如式(7.1)~(7.4)所示[22]:

$$H^+ + CO_3^{2-} \rightleftharpoons HCO_3^- \tag{7.1}$$

$$H^+ + HCO_{3-} \rightleftharpoons CO_2 + H_2O \tag{7.2}$$

$$HCO_3^- + CO_2 + 2e^- \longrightarrow HCOO^- + CO_3^{2-} \tag{7.3}$$

$$H^+ + CO_2 + 2e^- \longrightarrow HCOO^- \tag{7.4}$$

由式(7.1)~(7.4)可知,一方面,碳酸氢根的质子供体作用可为 CO_2 还原为甲酸根的反应提供 H^+,促进还原产率提高;另一方面,充足的 H^+ 流可促进碳酸氢根/CO_2 的平衡转化,增加电极附近的 CO_2 浓度。H^+ 流的稳定供应一般通过双极膜的质子传输作用来实现[57],当使用阴离子交换膜代替双极膜时,碳酸氢根的质子供体作用被削弱,CO_2 的还原过程也由式(7.3)、式(7.4)所示的反应为主转变为式(7.5)所示反应。此时,碳酸氢根与 CO_2 的平衡转换过程和 CO_2 的还原反应同时受到抑制,还原产物的法拉第效率降低。

$$H_2O + CO_2 + 2e^- \longrightarrow HCOO^- + OH^- \tag{7.5}$$

然而关于碳酸氢根的质子供体作用对碳酸氢盐还原的影响机制尚存在一定争议,Oriol 等的研究结果表明质子供体作用会促进析氢反应($2H^+ + 2e^- \longrightarrow H_2$)的发生,从而抑制碳酸氢盐的还原,降低法拉第效率[68]。由上述研究可知,碳酸氢根质子供体作用是影响碳酸氢盐还原反应与析氢反应竞争机制的关键因素,进一步探明碳酸氢根的质子供体作用路径对实现高效的碳酸氢盐电催化还原具有重要意义。

碳酸氢铵的消纳过程也应考虑到氨法捕碳过程的添加剂乙醇及副产物(氨基甲酸铵)的影响。乙醇是碳酸氢根还原的多碳液相产物之一,会对碳酸氢根还原的平衡移动产生一定影响(基于勒夏特列原理,乙醇会促进平衡的逆向移动),但是由于碳酸氢根复杂的还原反应链和多种中间体的存在[68],乙醇对于碳酸氢根还原的具体影响机制尚不明确。氨基甲酸铵在液相体系中的水解反应

（NH₂COONH₄ ＋ H₂O ══ NH₄HCO₃ ＋ NH₃）会提高碳酸氢根的离子浓度，同时形成的 NH_3 可与碳酸氢根平衡转换得到的 CO_2 再次结合形成氨基甲酸铵。虽然氨基甲酸铵的水解过程为二级反应，速率常数较小[70]，但为实现对碳酸氢根还原反应的精准过程调控，研究氨基甲酸铵对液相体系离子转换特性的影响机制具有重要意义。

Fink 等通过改变电解碳酸氢盐的阳离子种类，探究了阳离子半径对碳酸氢根还原速率的影响机制[67]。实验结果表明阳离子半径与碳酸氢盐还原产物的法拉第效率呈正相关（图 7.11(a)），且当阳离子半径接近铯离子时，还原产率逐渐趋于饱和，而阳离子对碳酸氢根与 CO_2 的平衡转化过程影响较小，主要促进了 CO_2 的还原速率。铵根离子半径约为 0.143 nm，介于钾离子（0.138 nm）和铯离子（0.168 nm）之间，根据离子半径与还原效率的关系，碳酸氢铵具有较好的电催化还原特性。但是关于阳离子半径增大对于 CO_2 还原反应的促进机制尚未得出统一结论，目前存在的影响因素包括 pH 变化[71]（图 7.11(b)）、界面电场调制[72-73]（图 7.11(c)）及对 CO_2 还原反应中间体的稳定作用[44]。

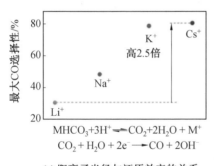

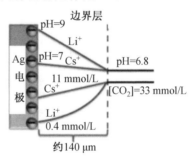

(a) 阳离子半径与还原效率的关系　　(b) 阳离子对体系pH的影响机制

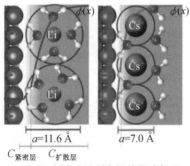

(c) 阳离子对界面电场的影响机理

图 7.11 阳离子对碳酸氢盐还原机制的影响及相关机理

7.2.3 外部操作条件对碳酸氢盐还原的影响机制及调控策略

除 pH 及离子浓度等溶液体系的影响因素外,外部的电催化操作条件(电解时间、阴极电势)也会通过影响溶液酸碱度及离子浓度进而对碳酸氢盐的还原机制产生一定影响。通常情况下,碳酸氢根会随电解时间增加而逐渐消耗,但是碳酸氢根浓度与电解时间并非呈线性相关,随电催化还原反应的进行,碳酸氢根的消耗速度会有所减慢[44],对其中涉及的动力学特性进行深入解析可为探明碳酸氢根的还原路径提供支持。此外,Juan 等的研究结果表明更高的体系温度可促进碳酸盐/碳酸氢盐还原为甲酸的产率增加[75],其增效机制或可归因于温度对碳酸氢根稳定性及离子转换特性的影响[79]。然而温度对碳酸氢铵电催化过程中离子转换特性的影响机制还有待进一步解析,并据此确定还原产率最高的体系温度。Kortlever 等的研究结果显示低电势(0～−0.5 V(vs. RHE))区域,碳酸氢盐溶液具有与饱和 CO_2 溶液一致的还原趋势[77]。在高电势下(−0.5～−1.5 V(vs. RHE)),HER 反应会导致电极附近的局部 pH 升高,从而将 HCO_3^- 转化为 CO_3^{2-},碳酸氢盐无法被还原产生甲酸盐。图 7.12 给出了 CO_2 还原路径与 pH 的依赖性,当阴极电势较高时,CO_2 还原产物与质子浓度的相关性会增强。

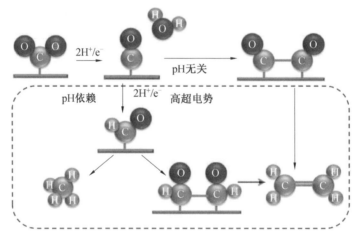

图 7.12　CO_2 还原路径与 pH 的依赖性[78−80]

Marcandalli 等关于碳酸氢盐溶液中酸碱平衡的电催化实验结果也得到了类似的结果,当阴极电势增加至 −0.7 V(vs. RHE)以上时,局部 pH 升高导致碳酸氢根迅速转化为碳酸根,还原产物的电流密度显著下降[81]。由上述研究可知,阴极电势会对局部 pH 造成影响,从而抑制碳酸氢盐还原反应的进行,为保证还原反应的持续性,有必要对导致 pH 升高的电势临界值进行进一步细化。

7.2.4　碳酸氢铵还原多碳液相产物竞争机制及定向调控策略

1. 电极形态调节反应效率及趋势

根据前述分析,以碳酸氢根平衡转换为 CO$_2$ 的反应路径可作为探究还原产物选择性的基础,因此针对二氧化碳还原反应(CO$_2$RR)的论证分析亦可用于碳酸氢铵的还原过程。催化剂类型对反应活性和产物分布有显著影响。金属催化剂广泛用于 CO$_2$RR,金属催化剂所用金属种类、电子结构和形态都会影响还原过程,还原产物从 CO 和 HCOOH 等二电子产物到多电子 C$_{2+}$ 化学品。根据析氢电位和还原产物的不同,传统金属电极可分为三类:①析氢过电位高或中等的金属电极,如 Au、Sn、Ag、Zn、Pb、Hg 、In、Sn、Cd、Tl、Bi 等电极[82-83],对 CO 的吸附较弱或不吸附,析氢过电位较高,主要还原产物为 CO 或 HCOO$^-$;②析氢过电位低的金属电极,如 Ni、Fe、Pt、Ti 等对 CO 的吸附性强,HER 为主要反应,H$_2$ 为主要产物;③铜基催化金属电极,在 Cu 上形成的 CO 易于与质子结合生成 C$_1$ 产物[84-85],或与相邻的碳物种偶联成 C$_2$ 或 C$_3$ 产物。因此,对于醇类等高值液相产物,Cu 基催化剂及载有 Cu 的催化剂是目前研究的热点。

对于金属电极而言,电极形态对 CO$_2$RR 性能的影响十分明显,应该在不同尺度上进行理解。

从电极表面来讲,与光滑表面相比,由于粗糙或高表面积的表面(例如 OD(高比表面积氧化物衍生)铜电极)存在更多的不协调位点[86],因此会有更好的碳氢化合物选择性,并且这种多孔系统也起一定的抑制析氢作用。

从粒径来看,随着粒径的减小,表面原子的平均配位降低,会引起电子结构的扰动,常常会增加反应活性[87]。随着粒径的减小,反应活性(即电流密度)反比例增加,H$_2$ 和 CO 的活性随着粒径的减小而增加,而 Anna Loiudice 等人计算发现边缘位点为促进 COOH* 吸附稳定和抑制析氢的关键位点(图 7.13)[88]。Chan 对 MoS$_2$ 的晶格边缘计算发现边沿位点和顶角位点的原子对 CO 生成和氢气析出两个过程的催化活性不同,前者数量多有利于 CO$_2$ 还原,后者数量多则对氢气析出反应有利[89]。并且,增加 Cu 立方体表面积的边缘贡献(暴露边缘位点,如空心立方纳米笼)会提高乙醇/乙烯比例[90]。因此,可以通过调节颗粒大小来改变催化剂的边缘位点比例,从而对产物选择性造成一定影响。

而从微观角度来看,同种金属不同晶面及表面形态对产物选择性也有影响。Cu 易产生多碳产物,其中 Cu(100)晶面被认为易催化 CO$_2$ 为乙烯[91],而 Cu(110)更易催化 CO$_2$ 为甲烷。除了晶面结构外,Gao 等人通过分别对比不同形态和氧含量的样品发现,经 O$_2$ 等离子处理后的样品(氧含量最高),虽然粗糙性小

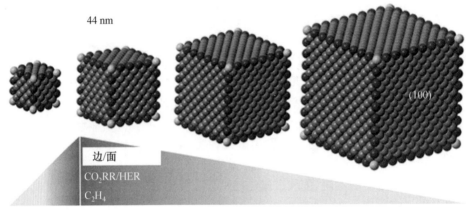

图 7.13   不同尺寸的 Cu 纳米模型[88]

于或相似于其他样品,且 Cu(100)晶面形态更少,但乙烯和乙醇选择性远大于其他样品,因此认为氧含量在乙烯和乙醇形成中的作用比 Cu(100)晶面更重要[92]。此外,多数研究者认为亚表面氧和 Cu^+ 的存在是提高反应性和选择性的关键。一种说法是亚表面氧通过降低 σ —排斥导致晶界附近 *CO 结合能增加[93];而另一种说法[94]则认为亚表面氧促进了表面的中性和带电铜位点,导致水中化学吸附 CO_2 作用的存在,因此增强了 CO_2RR 的活性。电极中催化剂粒径越小,反应的活性越高,电流密度也越大,但对于反应产物的影响,不同催化剂所得到的结果并不一致,电极的细微结构也显著影响反应物的质量传输,从而改变产物选择性。同时,OD 的 CO_2RR 催化剂活性位点的确切性质仍存在争议且尚未解决,对电极形态和不同活性位点的研究待深化。

2. 还原过程中通过还原路径竞争机制调控增加液相产物

在二氧化碳的电化学还原过程中,通常第一步都是激活 CO_2 分子。电催化剂通过在 CO_2 和催化剂之间形成化学键来稳定 *CO_2 自由基或反应中间体,得到电子后会形成 *COOH 自由基,如果形成甲酸盐[95-96],通常不会进行进一步的电还原(加氢也可形成 HCO)。具有较大价值的液相燃料主要为甲醇和乙醇。乙醇作为多碳产物,由于在同等密度下固碳性更强,且具有较高的能量密度(26.8 MJ/kg),因此备受关注。通过反应路径(图 7.14)可以发现,乙烯和醇类为竞争反应,因此,乙烯与乙醇的竞争机制调控决定了液相产物/气相产物的选择性,乙醇与乙烯的反应路径则成为了研究热点。

Luo 等发现增强电极上的 *H 覆盖率时,乙醇选择性会增强,这是因为 *HCCOH 中的羟基被其他 5 个具有氢键的水分子包围[97]。在乙烯产生的过渡

$$CO_2 \xrightarrow{+e^-} {}^*CO_2 \xrightarrow{+e^-} {}^*COOH \xrightarrow{+e^-} {}^*CO + H_2O$$

图 7.14　CO₂RR 还原可能路径[69]

态中,羟基和 *CCH 之间的 O—C 键在表面水的帮助下解离。在最终状态下,OH⁻ 被水稳定并形成 *CCH。因此,表面水在乙烯途径中起着重要作用。在乙醇途径中,*H 攻击 *HCCOH(图 7.15),形成 *HCCOH,这是乙醇的关键中间体。*H 仅参与对乙醇的支化反应。此机理得到了较多人认同[98-99]。而 Yanwei Lum 等人利用同位素标记法发现,60%～70% 的乙醇产物中的 O 来自水而不是CO,因此提出涉及 6 个水分子的 Grotthuss 链与 *C—CH 中间体协同反应形成 *CH—CH(¹⁸OH),随后产生(¹⁸O)乙醇[100]。这与 *C—CH 产生的乙烯形成竞争。Calle－Vallejo 等和 Cheng 等都报道过 *OCCOH 是 Cu(100)上的反应中间体之一[78,99]。然而,Calle－Vallejo 等人认为 *OCCOH 被还原为 *OCC[104],而 Cheng 等人认为 *HOCCOH 占据主导地位[99]。

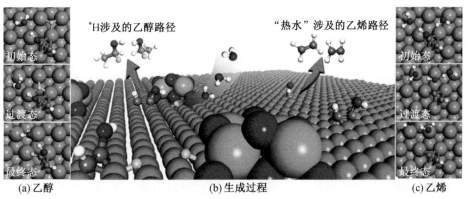

图 7.15　乙醇和乙烯的生成过程[97](红、白、灰、橙色分别代表氧、氢、碳、铜,粉红色代表铜上吸附态的氢)

因此,多碳产物还原过程中的机理尚不明晰,在催化剂及反应条件不同时,可能存在不同反应路径,明确生成路径及相关产物竞争机制可以便于后续定向改性催化剂,从而实现对高值液相产物的选择性。

7.2.5　碳材料对催化剂的载体效应及碳本体对还原过程的调控

1. 碳材料本征缺陷及原子掺杂的量子化学尺度影响

在电催化还原过程中,影响还原产物的因素有很多,例如电解液成分、pH、反应电位、电极材料。在反应条件固定的情况下,电极上催化剂材料的选择会对反应过程造成巨大影响。金属是常用电极材料,电流密度较低,与纯金属催化剂相比,碳材料缺陷会导致电子分布不平衡和电子结构畸变,因此缺陷碳基材料引起了广泛关注。碳材料本征缺陷主要是边缘缺陷和拓扑缺陷。边缘缺陷使材料边缘充满大量不成对的 π 电子,可以有效加速电子的转移,降低关键中间体的形成能[101]。除了本征缺陷对 ECR 催化剂的影响外,在碳网络中掺杂不同电负性的杂原子(如 B、N、P 和 F)会引入不对称电荷,重新分配自旋密度,破坏碳的电中性基体,优化碳材料的电子特性以诱导产生带电活性位点[102-104]。同时,碳材料元素掺杂对可以大大减少 $^*COOH$ 和 $^*CO$ 的反应能,对决速步骤进行提速,从而提高 CO_2/HCO_3^- 的转化率。

Sun 等报道了两种具有高度有序孔道结构的氮掺杂介孔碳(图 7.16),可以显著促进电催化 CO_2 还原反应中的 C—C 偶联[105]。吡啶氮和吡咯氮为 $^*CO$ 中间体的偶联提供电子,具有高电子密度的有序通道表面在一定程度上稳定了 $^*CO$ 中间体,从而阻碍了作为产物的 CO 的形成。还原过程中,CO_2 还原的决速步骤是 $^*COOH$ 中间体的形成,吡啶氮中的孤对电子可以与 CO_2 结合从而提高催化剂性能,而石墨氮的电子主要集中于 π 反键轨道,吡咯氮的电子主要位于碳骨架中心,均难以与 CO_2 结合,从而不利于催化 CO_2 结合还原。吡啶氮和吡咯氮可能导致高电子密度,这对于 $^*CO$ 二聚化至关重要,并且酸性 CO_2 分子倾向于吸附到碳纳米结构内的含吡啶氮的官能团上。因此,吡啶氮和吡咯氮可以作为 CO_2 电化学转化的活性位点[105]。然而 Duan 对氮掺杂碳纳米纤维(NCNFs)的初步研究表明,活性位点应分配给带正电的碳原子,而不是掺杂的带负电的 N 原子[106]。NCNF 在 CO_2RR 前后吡啶氮的强度和峰面积保持大致恒定,认为 CO_2RR 的活性位是碳而非氮。因此,氮掺杂 C 材料中的实际活性位点有待进一步研究。

2. 金属—碳—氮配合物形式下,碳材料对金属的增效

碳材料有着优异的电化学活性,但碳材料本身并没有催化特性,仅能靠元素

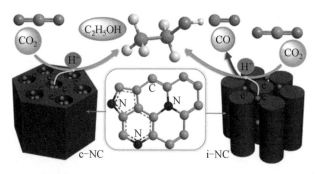

图 7.16　有序孔道结构的氮掺杂介孔碳上进行电催化 CO₂ 还原[105]

掺杂来进行催化过程的调控,效率和经济性较低。金属单原子的表面自由能大,在热解合成过程中容易迁移、团聚[107]。因此金属－碳复合材料有巨大的应用前景。需要注意的是,以 CO₂ 饱和的氨水或碳酸氢铵水溶液为电解液时,随着电解反应的持续进行,氨水浓度会提升。前文提到,Cu 基材料是目前最适合生成多碳产物的催化剂,但如果以铜原子或铜纳米粒子作为催化剂,会导致铜被溶液中部分氧气氧化,生成[Cu(NH₃)₂]OH 或者[Cu(NH₃)₄](OH)₂,大幅度减少电极寿命。课题组成员对相关情况进行测试发现,在无电位施加的情况下,铜箔隔夜后即被腐蚀干净。因此,为了防止金属团聚及腐蚀,可以采用空间限制策略、协调设计和缺陷工程等手段,功能化碳材料便是一个良好的载体。石墨烯或金刚石等特定碳载体已显示出与金属纳米颗粒的强结合亲和力,从而具有更长的稳定性[108],氮掺杂碳纳米管结构同样可以大幅度提高催化剂的稳定性[109]。

　　徐海平等提出一种碳负载铜催化剂,其配位形式如图 7.17 所示。Cu 主要以 SA(单原子)形式由 4 个氧原子配位,属于＋2 价[110]。施加电压后离子 Cu 立即还原为金属 Cu,第一壳配位由 CuO 变为主要的 Cu－Cu,形成了超小铜块 Cu_n,$n＝3/4$,这种 Cu_3 或者 Cu_4 便是二氧化碳转化为乙醇的活性位点。大多数金属－碳－氮(M－N－C)材料以"MN$_x$"为催化活性位点,类似于分子大环氮－碳(N－C)配合物中的 MN_4 位点,这种存在于固体碳材料中的"MN$_x$"位点也被认为是电催化 CO₂ 还原的活性位点[111]。Dilan Karapinar 等以 ZIF 为前驱体,制备了单位点掺杂铜氮的碳材料,通过共价结合到无定形碳基质中的 CuN_4 位点,在通电还原时,会将 CuN_4 位点瞬时转化为 Cu 纳米颗粒,在停止电解后,重新转化为 CuN_4 位点[112]。而以同样方法制备,但无 Cu 存在的活性炭中,则无乙醇生成。结合上述两种研究,表明铜纳米颗粒为催化活性物质,且还原过程开始后,阴极可以保持一定的电负性,从而避免 Cu 被氧化腐蚀。除了活性位点外,反应开始后碳材料还能对金属催化剂进行一定改性,如可以将铜颗粒沉积在碳表面(图 7.17)[113],这些颗粒可能有助于改善 Cu(100)晶面的暴露[92],从而更利于乙醇产生。

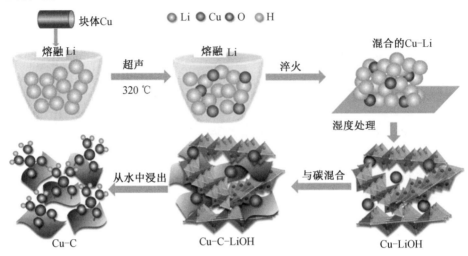

图 7.17　Cu—C 的配位形式

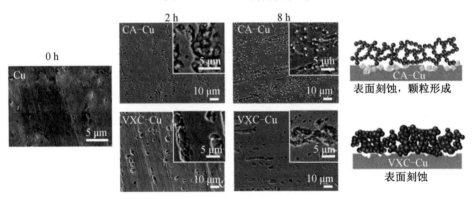

图 7.18　反应过程中碳对 Cu 的改性[72]

通过构建适当的碳前体材料,可以捕获和稳定原子级金属。金属与碳原子之间的电负性差异很大,可以产生足够的电荷转移,使这种结构单元(M—NC/MC)成为电催化的活性中心,降低活化能垒和过电位。

7.3　本章小结

根据现有的工业基础,通过光、电催化技术将 CO_2 还原成高值化工产品可实现碳捕集过程的有效闭环。然而主流的 CO_2 催化还原过程需要先将碳捕集富液(晶体)进行再生及气体分离处理,这大大增加了能耗成本和工艺复杂性。

本章以明晰碳酸氢盐还原路径为前提,对碳酸氢根的还原机制进行过程调控,进一步通过对功能化碳材料催化剂的定向优化改性,提高电催化还原效率及产物选择性,可为发展基于碳酸氢盐电催化的碳捕集-还原一体化技术提供理论基础及催化剂设计经验。

此外,定向构筑功能化碳材料的本征缺陷及元素掺杂结构,通过在碳材料上负载金属催化剂实现"增效氨法捕碳-提供结晶核心"及"高效催化碳酸氢铵还原"的功能化偶联。在氨法脱碳过程捕碳容量达到饱和后,将碳材料结晶核心转换为复合催化电极,通过碳材料结构的本征调控及碳材料与金属催化剂间的配体作用对还原产物进行定向选择。通过对碳酸氢盐的电催化还原实现碳捕集-还原过程的直接偶联并生成高附加值的还原产物,减少气体分离-介质再生造成的能耗损失,提高系统效率及经济性。同时,铵根与阴极附近生成的氢氧根结合形成氨水,可再度作为捕碳介质实现循环利用。以明晰碳酸氢盐还原路径为前提,对碳酸氢根的还原机制进行过程调控,进一步通过对功能化碳材料催化剂的定向优化改性,提高电催化还原效率及产物选择性,从而实现"高效-快速-低能耗-可再生-高值化"的碳捕集目标。

本章参考文献

[1] BARTEN H. International Energy Agency,Electricity/heat in world[M]. Paris:Intornational Energy Agency,2005.

[2] IEA. 2050 年实现净零排放全球能源部门路线图[R].巴黎:国际能源署,2021.

[3] 齐正平.中国能源大数据报告[R].北京:中电传媒能源情报研究中心,2021.

[4] A D B. Road map for carbon capture and storage demonstration and deployment in the people's republic of China [R]. Manila ADB

Reports，2015.

[5] BAI H，YEH A C. Removal of CO_2 greenhouse gas by ammonia scrubbing [J]. Industrial & Engineering Chemistry Research，1997，36（6）：2490-2493.

[6] ZHAO B T，SU Y X，TAO W W，et al. Post-combustion CO_2 capture by aqueous ammonia：a state-of-the-art review[J]. International Journal of Greenhouse Gas Control，2012，9：355-371.

[7] GAO J M，ZHANG Y，FENG D D，et al. A new technique of carbon capture by ammonia with the reinforced crystallization at low carbonized ratio and initial experimental research[J]. Fuel Process Technol，2015，135：207-211.

[8] ZHANG Y，FENG D D，GAO J M，et al. Thermodynamic properties in ternary system of $NH_4HCO_3^- H_2O^-$ ethanol based on antisolvent method to strengthen crystallization of carbonized ammonia[J]. Adsorption Science & Technology，2018，37(1-2)：127-138.

[9] 张宇. 基于溶析法强化结晶的氨法捕碳过程研究[D]. 哈尔滨：哈尔滨工业大学，2019.

[10] LI Y G，LEE G，YUAN T G，et al. CO_2 electroreduction from carbonate electrolyte[J]. ACS Energy Letters，2019，4(6)：1427-1431.

[11] LI T F，LEES E W，GOLDMAN M，et al. Electrolytic conversion of bicarbonate into CO in a flow cell[J]. Joule，2019，3(6)：1487-1497.

[12] SULLIVAN I，GORYACHEV A，DIGDAYA I A，et al. Coupling electrochemical CO_2 conversion with CO_2 capture[J]. Nature Catalysis，2021，4(11)：952-958.

[13] DARDE V，THOMSEN K，VAN WELL W J M，et al. Chilled ammonia process for CO_2 capture[J]. International Journal of Greenhouse Gas Control，2010，4(2)：131-136.

[14] ZHUANG Q，POMALIS R，ZHENG L G，et al. Ammonia-based carbon dioxide capture technology：issues and solutions[J]. Energy Procedia，2011，4：1459-1470.

[15] VERSTEEG P，RUBIN E S. A technical and economic assessment of ammonia-based post-combustion CO_2 capture at coal-fired power plants [J]. International Journal of Greenhouse Gas Control，2011，5（6）：

1596-1605.

[16] DARDE V，THOMSEN K，VAN WELL W J M，et al. Comparison of two electrolyte models for the carbon capture with aqueous ammonia[J]. International Journal of Greenhouse Gas Control，2012，8：61-72.

[17] DARDE V，MARIBO-MOGENSEN B，VAN WELL W J M，et al. Process simulation of CO_2 capture with aqueous ammonia using the extended UNIQUAC model[J]. International Journal of Greenhouse Gas Control，2012，10：74-87.

[18] KOZAK F，PETIG A，MORRIS E，et al. Chilled ammonia process for CO_2 capture[J]. Energy Procedia，2009，1(1)：1419-1426.

[19] MCLARNON C R，DUNCAN J L. Testing of ammonia based CO_2 capture with multi-pollutant control technology[J]. Energy Procedia，2009，1(1)：1027-1034.

[20] RESNIK K P，YEH J T，PENNLINE H W，et al. Aqua ammonia process for simultaneous removal of CO_2，SO_2 and NO_x[J]. 2004，4：89-104.

[21] YU H，QI G J，WANG S J，et al. Results from trialling aqueous ammonia-based post-combustion capture in a pilot plant at munmorah power station：gas purity and solid precipitation in the stripper[J]. International Journal of Greenhouse Gas Control，2012，10：15-25.

[22]YOU J K，PARK H S，HONG W H，et al. Effect of precipitation on operation range of the CO_2 capture process using ammonia water absorbent [J]. Korean Chemical Engineering Research，2007，45：258-263.

[23] KIM Y J，YOU J K，HONG W H，et al. Characteristics of CO_2 absorption into aqueous ammonia [J]. Sep Sci Technol，2008，43：766-777.

[24] KIM Y H，YI K B，PARK S Y，et al. Characteristics of aqueous ammonia-CO_2 reaction at regeneration condition of high temperature and pressure[J] Korean Chemical Engineering Research，2010，48：253-258.

[25] KIM J Y，HAN K，CHUN H D. CO_2 absorption with low concentration ammonia liquor[J]. Energy Procedia，2009，1(1)：757-762.

[26] KIM J N，YI K B，KIM Y J，et al. Performance evaluation of aqueous ammonia process for CO_2 capture [C]//Aiche Spring National Meeting，2008.

[27] KIM J，HAN K，AHN C，et al. Development of 1 000 Nm³/hr CO₂ capture pilot plant from BFG based on aqueous ammonia［C］// International Conference on Carbon Reduction Technologies，2011.

[28] LIU J Z，WANG S J，QI G J，et al. Kinetics and mass transfer of carbon dioxide absorption into aqueous ammonia［J］. Energy Procedia，2011，4：525-532.

[29] QI G J，WANG S J，YU H，et al. Development of a rate-based model for CO₂ absorption using aqueous NH₃ in a packed column［J］. International Journal of Greenhouse Gas Control，2013，17：450-461.

[30] DERKS P W J，VERSTEEG G F. Kinetics of absorption of carbon dioxide in aqueous ammonia solutions［J］. Energy Procedia，2009，1（1）：1139-1146.

[31] 王车礼，裘兆蓉，承民联，等.溶析结晶法分离盐硝的研究[J].高校化学工程学报，2003，17(6)：711-714.

[32] 瓦拉斯.化工相平衡[M].韩世钧，译.北京：中国石化出版社，1991.

[33] 陈慧萍.维生素C冷却结晶过程的研究[D].天津：天津大学，2000.

[34] 陈蔚.胆固醇和24－去氢胆固醇的溶解度[D].杭州：浙江大学，2010.

[35] QURESHI M S，LE NEDELEC T，GUERRERO-AMAYA H，et al. Solubility of carbon monoxide in bio-oil compounds［J］. The Journal of Chemical Thermodynamics，2017，105：296-311.

[36] 李尤.对苯二甲酸生产残渣组分醋酸和乙醇中溶解度测定与关联[D].天津：天津大学，2007.

[37] 王萍，李国昌.结晶学教程[M].北京：国防工业出版社，2006.

[38] WELCH A J，DUNN E，DUCHENE J S，et al. Bicarbonate or carbonate processes for coupling carbon dioxide capture and electrochemical conversion［J］. ACS Energy Letters，2020，5(3)：940-945.

[39] SMITH W A，BURDYNY T，VERMAAS D A，et al. Pathways to industrial-scale fuel out of thin air from CO₂ electrolysis［J］. Joule，2019，3(8)：1822-1834.

[40] JOUNY M，LU C W，JIAO F. Correction to "general techno-economic analysis of CO₂ electrolysis systems"［J］. Industrial & Engineering Chemistry Research，2020，59(16)：8121-8123.

[41] VARELA A S，KROSCHEL M，REIER T，et al. Controlling the

selectivity of CO₂ electroreduction on copper: the effect of the electrolyte concentration and the importance of the local pH[J]. Catal Today, 2016, 260: 8-13.

[42] DUNWELL M, LUC W, YAN Y S, et al. Understanding surface-mediated electrochemical reactions: CO₂ reduction and beyond[J]. ACS Catalysis, 2018, 8(9): 8121-8129.

[43] WUTTIG A, YOON Y, RYU J, et al. Bicarbonate is not a general acid in Au-catalyzed CO₂ electroreduction[J]. J Am Chem Soc, 2017, 139(47): 17109-17113.

[44] LI T F, LEES E W, ZHANG Z S, et al. Conversion of bicarbonate to formate in an electrochemical flow reactor[J]. ACS Energy Letters, 2020, 5(8): 2624-2630.

[45] HORI Y, WAKEBE H, TSUKAMOTO T, et al. Electrocatalytic process of CO selectivity in electrochemical reduction of CO₂ at metal electrodes in aqueous media[J]. Electrochim Acta, 1994, 39(11): 1833-1839.

[46] OLAH G A, PRAKASH G K S, GOEPPERT A. Anthropogenic chemical carbon cycle for a sustainable future[J]. J Am Chem Soc, 2011, 133(33): 12881-12898.

[47] OLAH G A, GOEPPERT A, PRAKASH G K S. Chemical recycling of carbon dioxide to methanol and dimethyl ether: from greenhouse gas to renewable, environmentally carbon neutral fuels and synthetic hydrocarbons[J]. The Journal of Organic Chemistry, 2009, 74(2): 487-498.

[48] DUNWELL M, LU Q, HEYES J M, et al. The central role of bicarbonate in the electrochemical reduction of carbon dioxide on gold[J]. J Am Chem Soc, 2017, 139(10): 3774-3783.

[49] KÖNIG M, VAES J, KLEMM E, et al. Solvents and supporting electrolytes in the electrocatalytic reduction of CO₂[J]. iScience, 2019, 19: 135-160.

[50] HASHIBA H, WENG L C, CHEN Y K, et al. Effects of electrolyte buffer capacity on surface reactant species and the reaction rate of CO₂ in electrochemical CO₂ reduction[J]. The Journal of Physical Chemistry C, 2018, 122(7): 3719-3726.

[51] ISMAIL A M, SAMU G F, BALOG Á, et al. Composition-Dependent electrocatalytic behavior of au-sn bimetallic nanoparticles in carbon dioxide reduction[J]. ACS Energy Letters, 2019, 4(1): 48-53.

[52] ZHU S Q, JIANG B, CAI W-B, et al. Direct observation on reaction intermediates and the role of bicarbonate anions in CO_2 electrochemical reduction reaction on Cu surfaces[J]. J Am Chem Soc, 2017, 139(44): 15664-15667.

[53] MARWOOD M, DOEPPER R, RENKEN A. In-situ surface and gas phase analysis for kinetic studies under transient conditions the catalytic hydrogenation of CO_2[J]. Applied Catalysis A: General, 1997, 151(1): 223-246.

[54] OSETROVA N V, BAGOTZKY V S, GUIZHEVSKY S F, et al. Electrochemical reduction of carbonate solutions at low temperatures[J]. Journal of Electroanalytical Chemistry, 1998, 453(1): 239-241.

[55] LI T F, LEES E W, GOLDMAN M, et al. Electrolytic conversion of bicarbonate into CO in a flow cell[J]. Joule, 2019, 3(6): 1487-1497.

[56] DIAZ L A, GAO N, ADHIKARI B, et al. Electrochemical production of syngas from CO_2 captured in switchable polarity solvents[J]. Green Chemistry, 2018, 20(3): 620-626.

[57] MIN X, KANAN M W. Pd-catalyzed electrohydrogenation of carbon dioxide to formate: high mass activity at low overpotential and identification of the deactivation pathway[J]. J Am Chem Soc, 2015, 137(14): 4701-4708.

[58] SPICHIGER-ULMANN M, AUGUSTYNSKI J. Remarkable enhancement of the rate of cathodic reduction of hydrocarbonate anions at palladium in the presence of caesium cations[J]. Helv Chim Acta, 1986, 69(3): 632-634.

[59] KORTLEVER R, TAN K H, KWON Y, et al. Electrochemical carbon dioxide and bicarbonate reduction on copper in weakly alkaline media[J]. J Solid State Electrochem, 2013, 17(7): 1843-1849.

[60] HORI Y, SUZUKI S. Electrolytic reduction of bicarbonate ion at a mercury electrode[J]. J Electrochem Soc, 1983, 130(12):2387-2390.

[61] INNOCENT B, PASQUIER D, ROPITAL F, et al. FTIR spectroscopy study of the reduction of carbon dioxide on lead electrode in aqueous

medium[J]. Applied Catalysis B：Environmental，2010，94(3)：219-224.

[62] JIWANTI P K, NATSUI K, NAKATA K, et al. Selective production of methanol by the electrochemical reduction of CO₂ on boron-doped diamond electrodes in aqueous ammonia solution[J]. RSC Advances, 2016, 6 (104)：102214-102217.

[63] GUTIÉRREZ-SÁNCHEZ O, DAEMS N, OFFERMANS W, et al. The inhibition of the proton donor ability of bicarbonate promotes the electrochemical conversion of CO₂ in bicarbonate solutions[J]. Journal of CO₂ Utilization, 2021, 48：101521.

[64] APPEL A M, BERCAW J E, BOCARSLY A B, et al. Frontiers, opportunities, and challenges in biochemical and chemical catalysis of CO₂ fixation[J]. Chem Rev, 2013, 113(8)：6621-6658.

[65] BIRDJA Y Y, PÉREZ-GALLENT E, FIGUEIREDO M C, et al. Advances and challenges in understanding the electrocatalytic conversion of carbon dioxide to fuels[J]. Nature Energy, 2019, 4(9)：732-745.

[66] HOSSEINI S, MOGHADDAS H, MASOUDI SOLTANI S, et al. Electrochemical bicarbonate reduction in the presence of diisopropylamine on sliver oxide in alkaline sodium bicarbonate medium[J]. Journal of Environmental Chemical Engineering, 2018, 6(5)：6335-6343.

[67] FINK A G, LEES E W, ZHANG Z S, et al. Impact of alkali cation identity on the conversion of HCO_3^- to CO in bicarbonate electrolyzers[J]. ChemElectroChem, 2021, 8(11)：2094-2100.

[68] GUTIÉRREZ-SÁNCHEZ O, DAEMS N, OFFERMANS W, et al. The inhibition of the proton donor ability of bicarbonate promotes the electrochemical conversion of CO₂ in bicarbonate solutions[J]. Journal of CO₂ Utilization, 2021, 48：101521.

[69] DU J, ZHANG P, LIU H. Electrochemical reduction of carbon dioxide to ethanol：an approach to transforming greenhouse gas to fuel source[J]. Chemistry—An Asian Journal, 2021, 16(6)：588-603.

[70] 项群扬. 二氧化碳强化吸收及新型再生工艺研究[D]. 杭州：浙江大学, 2015.

[71] SINGH M R, KWON Y, LUM Y, et al. Hydrolysis of electrolyte cations enhances the electrochemical reduction of CO₂ over Ag and Cu[J]. J Am

Chem Soc，2016，138(39)：13006-13012.

[72] BOHRA D, CHAUDHRY J H, BURDYNY T, et al. Modeling the electrical double layer to understand the reaction environment in a CO_2 electrocatalytic system[J]. Energy & Environmental Science, 2019, 12 (11)：3380-3389.

[73] RINGE S, CLARK E L, RESASCO J, et al. Understanding cation effects in electrochemical CO_2 reduction[J]. Energy & Environmental Science, 2019, 12(10)：3001-3014.

[74] RESASCO J, CHEN L D, CLARK E, et al. Promoter effects of alkali metal cations on the electrochemical reduction of carbon dioxide[J]. J Am Chem Soc，2017, 139(32)：11277-11287.

[75] EL RÍO J, PÉREZ E, LEÓN D, et al. Catalytic hydrothermal conversion of CO_2 captured by ammonia into formate using aluminum-sourced hydrogen at mild reaction conditions [J]. Journal of Industrial and Engineering Chemistry, 2021, 97：539-548.

[76] FRANGINI S, FELICI C, TARQUINI P. A novel process for solar hydrogen production based on water electrolysis in alkali molten carbonates[J]. ECS Trans, 2014,61(22)：13.

[77] KORTLEVER R, BALEMANS C, KWON Y, et al. Electrochemical CO_2 reduction to formic acid on a Pd-based formic acid oxidation catalyst[J]. Catalysis Today,2015, 244：58-62.

[78] PETERSON A A, ABILD-PEDERSEN F, STUDT F, et al. How copper catalyzes the electroreduction of carbon dioxide into hydrocarbon fuels[J]. Energy & Environmental Science, 2010, 3(9)：1311-1315.

[79] MONTOYA J H, PETERSON A A, NØRSKOV J K. Insights into C—C coupling in CO_2 electroreduction on copper electrodes [J]. Chem Cat Chem, 2013, 5(3)：737-742.

[80] CALLE-VALLEJO F, KOPER M T M. Theoretical considerations on the electroreduction of CO to C_2 species on Cu(100) electrodes[J]. Angew Chem Int Ed, 2013, 52(28)：7282-7285.

[81] MARCANDALLI G, VILLALBA M, KOPER M T M. The importance of acid-base equilibria in bicarbonate electrolytes for CO_2 electrochemical reduction and CO reoxidation studied on Au (*hkl*) electrodes [J].

Langmuir，2021，37(18)：5707-5716.

[82] RINGE S, MORALES-GUIO C G, CHEN L D, et al. Double layer charging driven carbon dioxide adsorption limits the rate of electrochemical carbon dioxide reduction on gold ［J］. Nature Communications, 2020, 11(1)：33.

[83] WANG J, WANG H, HAN Z Z, et al. Electrodeposited porous Pb electrode with improved electrocatalytic performance for the electroreduction of CO₂ to formic acid［J］. Frontiers of Chemical Science and Engineering, 2015, 9(1)：57-63.

[84] DINH C T, BURDYNY T, KIBRIA M G, et al. CO₂ electroreduction to ethylene via hydroxide-mediated copper catalysis at an abrupt interface ［J］. Science, 2018, 360(6390)：783-787.

[85] LI Y C, WANG Z Y, YUAN T G, et al. Binding site diversity promotes CO₂ electroreduction to ethanol［J］. J Am Chem Soc, 2019, 141(21)：8584-8591.

[86] TANG W, PETERSON A A, VARELA A S, et al. The importance of surface morphology in controlling the selectivity of polycrystalline copper for CO₂ electroreduction［J］. PCCP, 2012, 14(1)：76-81.

[87] STEPHENS I E L, BONDARENKO A S, GRØNBJERG U, et al. Understanding the electrocatalysis of oxygen reduction on platinum and its alloys［J］. Energy & Environmental Science, 2012, 5(5)：6744-6762.

[88] LOIUDICE A, LOBACCARO P, KAMALI E A, et al. Tailoring copper nanocrystals towards C₂ products in electrochemical CO₂ reduction［J］. Angew Chem Int Ed, 2016, 55(19)：5789-5792.

[89] CHAN K R, TSAI C, HANSEN H A, et al. Molybdenum sulfides and selenides as possible electrocatalysts for CO₂ reduction［J］. 2014,6(7)：1899-1905.

[90] IYENGAR P, KOLB M J, PANKHURST J, et al. Theory-guided enhancement of CO₂ reduction to ethanol on Ag-Cu tandem catalysts via particle-size effects［J］. ACS Catalysis, 2021, 11(21)：13330-13336.

[91] MONTOYA J H, SHI C, CHAN K R, et al. Theoretical insights into a CO dimerization mechanism in CO₂ electroreduction［J］. The Journal of Physical Chemistry Letters, 2015, 6(11)：2032-2037.

[92] GAO D F, ZEGKINOGLOU I, DIVINS N J, et al. Plasma-activated copper nanocube catalysts for efficient carbon dioxide electroreduction to hydrocarbons and alcohols[J]. ACS Nano, 2017, 11(5): 4825-4831.

[93] EILERT A, CAVALCA F, ROBERTS F S, et al. Subsurface oxygen in oxide-derived copper electrocatalysts for carbon dioxide reduction[J]. The Journal of Physical Chemistry Letters, 2017, 81: 285-290.

[94] FAVARO M, XIAO H, CHENG T, et al. Subsurface oxide plays a critical role in CO_2 activation by Cu(111) surfaces to form chemisorbed CO_2, the first step in reduction of CO_2[J]. Proc Natl Acad Sci USA, 2017, 114(26): 6706-6711.

[95] SHANG L, LV X, ZHONG L, et al. Efficient CO_2 electroreduction to ethanol by Cu_3Sn catalyst[J]. Small Methods, 2022, 6(2): 2101334.

[96] LI J, CHANG X X, ZHANG H, et al. Electrokinetic and in situ spectroscopic investigations of CO electrochemical reduction on copper[J]. Nature Communications, 2021, 12(1): 3264.

[97] LUO M C, WANG Z C, LI Y C, et al. Hydroxide promotes carbon dioxide electroreduction to ethanol on copper via tuning of adsorbed hydrogen[J]. Nature Communications, 2019, 10(1): 5814.

[98] XIAO H, CHENG T, GODDARD W A Ⅲ. Atomistic mechanisms underlying selectivities in C_1 and C_2 products from electrochemical reduction of CO on Cu(111)[J]. J Am Chem Soc, 2017, 139(1): 130-136.

[99] CHENG T, XIAO H, GODDARD W A. Full atomistic reaction mechanism with kinetics for CO reduction on Cu(100) from ab initio molecular dynamics free-energy calculations at 298 K[J]. Proc Natl Acad Sci U S A, 2017, 114(8): 1795-1800.

[100] LUM Y W, CHENG T, GODDARD W A Ⅲ, et al. Electrochemical CO reduction builds solvent water into oxygenate products[J]. J Am Chem Soc, 2018, 140(30): 9337-9340.

[101] XUE D P, XIA H C, YAN W F, et al. Defect engineering on carbon-based catalysts for electrocatalytic CO_2 reduction[J]. Nano-Micro Letters, 2020, 13(1): 5.

[102] LIU S, YANG H, HUANG X, et al. Identifying active sites of nitrogen-doped carbon materials for the CO_2 reduction reaction[J]. Adv Funct

Mater，2018，28(21)：1800499.

[103] WU J J，SHARIFI T，GAO Y，et al. Emerging carbon-based heterogeneous catalysts for electrochemical reduction of carbon dioxide into value-added chemicals[J]. Adv Mater，2018，31(13)：e1804257.

[104] LI L，HUANG Y，LI Y. Carbonaceous materials for electrochemical CO_2 reduction[J]. EnergyChem，2020，2(1)：100024.

[105] SONG Y F，CHEN W，ZHAO C C，et al. Metal-free nitrogen-doped mesoporous carbon for electroreduction of CO_2 to ethanol[J]. Angew Chem Int Ed，2017，56(36)：10840-10844.

[106] DUAN X C，XU J T，WEI Z X，et al. Metal-free carbon materials for CO_2 electrochemical reduction[J]. Adv Mater，2017，29(41)：1701784.

[107] QIN R，LIU P，FU G，et al. Strategies for stabilizing atomically dispersed metal catalysts[J]. Small Methods，2018，2(1)：1700286.

[108] CHOI W，WON D H，HWANG Y J. Catalyst design strategies for stable electrochemical CO_2 reduction reaction [J]. Journal of Materials Chemistry A，2020，8(31)：15341-15357.

[109] WON D H，SHIN H，CHUNG M W，et al. Achieving tolerant CO_2 electro-reduction catalyst in real water matrix[J]. Applied Catalysis B：Environmental，2019，258：117961.

[110] XU H，REBOLLAR D，HE H Y，et al. Highly selective electrocatalytic CO_2 reduction to ethanol by metallic clusters dynamically formed from atomically dispersed copper[J]. Nature Energy，2020，5(8)：623-632.

[111] VARELA A S，JU W，STRASSER P. Molecular nitrogen-carbon catalysts，solid metal organic framework catalysts，and solid metal/nitrogen-doped carbon(MNC) catalysts for the electrochemical CO_2 reduction[J]. Advanced Energy Materials，2018，8(30)：1703614.

[112] KARAPINAR D，HUAN N T，RANJBAR SAHRAIE N，et al. Electroreduction of CO_2 on single-site copper-nitrogen-doped carbon material：selective formation of ethanol and reversible restructuration of the metal sites[J]. Angew Chem Int Ed，2019，58(42)：15098-15103.

[113] HAN X，THOI V S. Non-innocent role of porous carbon toward enhancing C_{2-3} products in the electroreduction of carbon dioxide[J]. ACS Applied Materials & Interfaces，2020，12(41)：45929-45935.

第8章

太阳能热化学裂解 CO₂ 材料

<big>本</big>章介绍太阳能热化学两步氧化还原循环裂解 CO₂ 的材料,对不同比例的 CuO 和 NiFe₂O₄ 进行热重分析,以探索有效的混合比例,获得实用的热化学 CO₂ 催化转化材料。同时,采用包括 XRD、SEM 和 EDS 在内的材料表征方法全面了解给定反应温度下的晶体结构、表面形貌和化学成分变化,并进行了量子化学计算以确定最重要的 CO₂ 裂解催化剂,提出制备多孔骨架负载氧化还原材料的工艺流程。研究结果表明:(CuO)₀.₂₅(NiFe₂O₄)₀.₇₅ 在两次循环中获得了 229 μmol/g 的平均 CO 产量,CNF−13 的活性成分(Cu₂O 和 Fe₃O₄)可以减少 CO₂ 还原所需的能量。

太阳能高温热化学转化技术是通过聚光集热形成高温驱动热化学反应,将所聚集的太阳能转化为碳氢燃料的化学能,并在制取氢气、合成气以及温室气体减排等领域得到广泛的研究与应用。太阳能与热化学反应相结合的能量转换过程可以解决太阳能不稳定、不连续等问题,有效提高太阳能热利用系统的效率[1]。金属氧化物为太阳能存储和输运的优秀载体介质,多种金属氧化物如 ZnO、Fe_3O_4、CeO_2、钙钛矿等都被用于循环反应,在这些热循环反应中金属氧化物往往同时作为太阳能量吸收体和化学反应物。这些金属氧化物媒介的热物性,尤其是辐射物性,随着温度和组分的变化而剧烈变化[2],直接影响系统的传热、传质和化学反应速率,进而影响热化学燃料转化性能[3-4]。

8.1　两步氧化还原循环材料研究进展

考虑到高温热化学过程的广阔应用前景[5-12],太阳能驱动的热化学循环转化方法可以促进二氧化碳的有效利用。使用清洁可再生能源的热化学过程将二氧化碳转化为重要的化学原料是极有前途的方法。通过多步热化学循环处理二氧化碳转换比单步二氧化碳还原更实用,因为多步热化学循环在热力学上是有利的,可以在较低的温度下运行。特别是,使用金属氧化物的两步热化学氧化还原循环更加灵活,因为该过程是基于气固反应机制并产生气态产物,这有利于从产品中分离出金属氧化物[13]。典型两步热化学氧化还原循环:先是热还原,然后是被还原的金属氧化物裂解二氧化碳。

热还原(TR):

$$MO_{ox} \longrightarrow MO_{red} + \frac{\delta}{2}O_2 \tag{8.1}$$

二氧化碳裂解(CDS):

$$MO_{red} + \delta CO_2 \longrightarrow MO_{ox} + \delta CO \tag{8.2}$$

式中,MO_{ox} 和 MO_{red} 分别代表富氧氧化态和缺氧还原态的氧化还原材料。金属氧化物材料的热还原通常在高温下进行。然而,关于大多数金属氧化物的热稳定性,在这种高温工作条件下会发生材料烧结并降低热化学性能。例如,原材料的热还原温度可以限制在 $T_{red} = 1\ 200\ ℃$ 以克服这些问题。然后,MO_{red} 与二氧化碳的氧化可以在 $800 \sim 1\ 200\ ℃$ 的温度范围内进行。对不同氧化还原材料利用两步热化学氧化还原过程裂解 CO_2 的性能已经得到了广泛的研究。

8.1.1 ZnO/Zn、SnO$_2$/Sn 工质对

两步法的 ZnO/Zn 循环以其高理论转换效率受到广泛关注(太阳能转化为化学能的效率受热回收程度限制[14-15])。研究者使用太阳能驱动的热重分析研究氧化锌的还原动力学[16-18],属于温度 $1\ 800 \sim 2\ 100\ K$ 的零阶反应,活化能为 $(361 \pm 53) kJ/mol$。锌的再氧化发生在两个阶段:第一个快速阶段,锌表面氧化;第二个较长阶段,锌颗粒内部扩散限制导致颗粒表面钝化。颗粒大小直接影响反应速度,因为细小的颗粒会限制扩散效果[19-20]。在只有 CO_2 的氧化阶段情况下,气体氧化剂浓度对反应动力学的影响很弱,与温度的影响相反[21-22]。Zn 与 H_2O 和 CO_2 反应的主要不同特征与动力学有关:对于类似的颗粒,氧化步骤的活化能分别为 $(87.7 \pm 7) kJ/mol$[23]和 $(162 \pm 25.3) kJ/mol$[24]。尽管有这种差异,仍有学者研究 H_2O 和 CO_2 的共裂解[25],证明了进口气体组分和生成的合成气质量之间的密切联系。Zn(g) 的异质氧化使 Zn 到 ZnO 快速转化[26],尽管有这样的性能,该方法仍实施困难最终难以应用。Zn 在还原步骤中是以气态产生的,但 Zn 蒸气必须被冷凝以避免其重组并使其与 O_2 分离(因此只有固体 Zn 可用于氧化步骤),而在其气体淬火冷凝过程中释放的能量不能被回收。

ZnO/Zn 循环在应用方面的主要挑战为:①极高的还原温度($> 2\ 000\ K$);②从 $2\ 000\ K$ 到 $1\ 200\ K$ 的气体淬火是还原过程中的一个关键步骤,其效率对锌的氧化步骤(取决于锌颗粒的大小和纯度)和整体工艺的能源效率起决定性作用;③再氧化步骤受到钝化现象的限制,钝化现象产生于颗粒表面的氧化锌层。

为了降低还原步骤的温度,可以考虑在氧化锌中加入碳。事实上,碳是一种还原剂,有助于促进与第一步中生成的 CO 的反应[27]。因此,循环的第一步变成

$$ZnO(s) + C \longrightarrow Zn(g) + CO, \quad \Delta G < 0, \ T > 1\ 230\ K \quad (8.3)$$

炭质来自于甲烷、煤、活性炭、木炭、石油焦或生物质,炭的类型对还原步骤至关重要,木炭和活性炭是良好的还原剂。保留的反应机制包括两个连续的固体-气体反应[28]:

$$ZnO(s) + CO \longrightarrow Zn(g) + CO_2 \quad (8.4)$$

$$CO_2 + C(s) \Longleftrightarrow 2CO \quad (8.5)$$

由于锡元素可以以不同的氧化态形式存在,即 +Ⅱ 或 +Ⅳ,因此可以考虑几种氧化还原对,包括 SnO_2/SnO、SnO_2/Sn 和 SnO/Sn。在 Levêque 等人的研究中直接使用 SnO 作为还原剂[29]:

$$SnO_2 \longrightarrow SnO(g) + \frac{1}{2}O_2 \tag{8.6}$$

$$SnO + \alpha CO_2 + (1-\alpha)H_2O \longrightarrow SnO_2 + \alpha CO + (1-\alpha)H_2, \quad 0 < \alpha < 1 \tag{8.7}$$

金属 Sn 不一定比 SnO 的水分离反应性能更强[30]。与 ZnO/Zn 循环类似,产物重组对还原步骤的效率有一定限制[31]。使用碳作为还原剂可以降低 SnO_2 的还原温度,同时会使反应变为如下过程[32]:

$$SnO_2 + 2C \longrightarrow Sn + 2CO \tag{8.8}$$

$$Sn + \alpha CO_2 + (2-\alpha)H_2O \longrightarrow SnO_2 + \alpha CO + (2-\alpha)H_2, \quad 0 < \alpha < 2 \tag{8.9}$$

还原后的氧化物粉末的组成(在还原的锡种类中的含量)可能根据工况变化(SnO 或 Sn/SnO_2)。同样,粉末形态(颗粒大小、比表面积)也起着重要的作用,因为再氧化反应是一个气固反应。通过蒸气冷凝法回收 SnO 有利于得到几十纳米的高比表面积粉末[33]。CO_2 或 H_2O 的分裂不遵循相同的动力学速率。H_2O 从 525 ℃ 开始还原,其活化能为 (51 ± 7) kJ/mol,而 CO_2 仅从 700 ℃ 开始还原,其活化能为 (88 ± 7) kJ/mol。

8.1.2　CeO₂/Ce₂O₃ 工质对

CeO_2 是一种多功能可还原氧化物,具有立方萤石结构,高温下也具有热稳定性和抗烧结性,在催化领域有广泛的应用。高温低氧分压下 CeO_2 会还原成 Ce_2O_3,同时晶相不发生变化[34]。CeO_2 在氧交换过程中的熔变相对较高,需要较高的工作温度(即超过 1 773 K,取决于氧分压),以实现最高的效率。因此,需要考虑 CeO_2 与其他反应器组件的挥发性、化学物理兼容性(如固/固反应、热膨胀等),以及与热循环相关的物理衰减。2010 年,Chueh、Haussener 和 Steinfeld 等人首次将氧化铈作为专门用于太阳能热化学 CO_2 裂解的材料研究[7,35-36],同时许多学者研究铈氧化还原材料,与铁氧体和其他非挥发性金属氧化物相比,CeO_2 具有更高的氧离子迁移率和快速的燃料生产动力学[37-38]。

氧化铈裂解二氧化碳的两步热化学氧化过程如图 8.1 所示,燃料生产量取决于化学计量数(δ),并由温度和氧分压决定。氧化铈可以容纳大量氧空位,并且可以支持较高的氧储存/损失和流动性,同时保持萤石的晶体结构[39]。由于来自还原步骤的 1 个 O_2 分子应该在氧化过程中产生 2 个 CO 分子,所以 O_2 与 CO 产生的理想比例为 2。

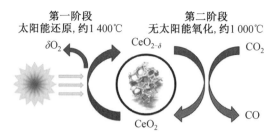

第一阶段
太阳能还原，约1 400℃

第二阶段
无太阳能氧化，约1 000℃

δO_2　$CeO_{2-\delta}$　CO_2

CeO_2　CO

图 8.1　氧化铈裂解二氧化碳的两步热化学氧化过程

Chueh 等人使用了一个聚光太阳能炉(聚光比为 1 500 个太阳,1.9 kW)裂解二氧化碳,在 1 581～1 624 ℃下还原约 50 min,并在 800 ℃下快速氧化约 4 min。由 1/4 圆弧片组装成一个大圆柱体多孔陶瓷筒(直径为 35 mm,高为 102 mm,质量为 325 g,孔隙率为 80%),进行了 4 个连续的热化学循环,其中还原在 900 ℃开始。O_2 产量的峰值为 34 mL/min,第一个循环的 CO 产量峰值较高,为 1 500 mL/min(4.6 mL/(min·g)),前 5 个循环逐渐下降,然后在 100 个周期内保持不变,但整体的太阳能到燃料的能量转换只实现了 0.4%。Le Gel 等人通过共沉淀法合成氧化铈并进行 TGA 研究了其在二氧化碳裂解中的反应性能,进行了 3 个连续的热化学循环,在 1 400 ℃氩气气氛下还原,然后在 1 200 ℃、1 100 ℃和 1 000 ℃二氧化碳气氛下氧化,温度越低 CO 的产量越高[40]。Bonk 等人在 CeO_2 热化学两个循环中产生 128 μmol/g、125 μmol/g 的 O_2(约 2.87 mL/g,8.83%和 8.61%的还原率)和 256 μmol/g、231 μmol/g 的 CO(5.17～5.73 mL/g)[41]。氧化铈烧结开始于 955 ℃,烧结峰值温度为 1 390 ℃,在 1 600 ℃下 5 h 后晶粒达到 60 μm。近期如 Haeussler 等人已将其应用到太阳能热化学反应器的实验中[42]。Steinfeld 等人将铈基氧化还原循环应用于太阳能塔式燃料厂,进行从 H_2O 和 CO_2 到煤油的完全集成的热化学生产链的实验演示,50 kW 的太阳能反应器内含网状多孔陶瓷,在 2 500 个太阳的平均辐射通量下照射[12]。在不应用热回收的情况下,太阳能到合成气的能量转换效率达到了 4.1%,具有一定的工业应用前景。此外 Bai 等人提出整合高温电化学氧泵(EOP)进行原位除氧,以最大限度地减少热负荷,得到更均匀的温度和浓度分布,具有更好的热机械稳定性[43]。

8.1.3　钙钛矿基循环

钙钛矿结构一般为 ABO_3 化合物,其中 A 和 B 是阳离子(B 阳离子比 A 阳离子小)。此外,A 和 B 阳离子分别与 12 个和 6 个氧原子结合。这种结构的主要优点是可以用其他阳离子取代一些 A 和 B 位点,这可能会通过产生缺陷而改变结构的稳定性及催化剂的热力学和反应动力学特性,并且可以在较低的反应温度下有效地进行反应。因此钙钛矿材料被认为是最有前途的氧化还原材料[44-45]。Yang 等人定量评估了 $La_{1-x}Sr_xMnO_{3-\delta}$ 的热力学和反应动力学特性,认为随着锶的掺入,总燃料产量增加,而反应速率下降[46]。Carrillo 等人通过在 $La_{0.6}Sr_{0.4}MnO_3$ 的 B 位点掺入铬制备了新型的过氧化物,在 1 400 ℃的等温氧化还原循环下,其反应速度是 CeO_2 的两倍,而且稳定性很高[47]。此外,金属阳离子的掺入可以提高太阳能热化学燃料的生产效率。Naik 等人研究了 $La_{3+0.48}Sr_{2+0.52}$ $(Ce_{4+0.06}Mn_{3+0.79})O_{2.55}$ 钙钛矿复合材料,并进行了大量实验来描述其热化学特性[48]。他们证明了一种新的二氧化碳裂解反应机制,并报告了所制备材料的转化效率是目前最好的锰基钙钛矿的两倍。Dey 等人研究了化学式为 $Ln_{0.5}A_{0.5}MnO_3$(Ln=镧系元素,A=Ca、Sr)的钙钛矿对 H_2O 和 CO_2 裂解过程的催化性能,结果显示,催化性能与金属阳离子半径之间有极强的关联性[49]。此外,掺杂钇的材料表现出最明显的热化学反应性能。以前的研究大多只集中在采用热重分析(TGA)实验的微观实验方法上。然而,采用反应器规模的太阳能热化学系统的实验研究还没有进行,因此限制了对各种现象的理解,即 TGA 过程在获得热量和质量传递及反应介质中复杂的偶联传输现象方面存在限制。现在,对钙钛矿材料的热化学特性及其实际工业应用的调查仍然不够全面。

8.1.4　铁基氧化物工质对

铁基氧化物循环是 Nakamura 在 1977 年首次提出的,采用 Fe_3O_4/FeO 作为氧化还原反应工质对,但其两步循环的实施较复杂,一方面,热还原 Fe_3O_4 所需的温度非常高,高于氧化物的熔点,因此还原反应在液相中进行(FeO 的熔点是 1 369 ℃);另一方面,FeO 在 570 ℃以上会生成 Fe_3O_4 和金属铁,为克服这些问题提出用其他金属取代晶格中的一部分铁原子,引入更易还原的金属,如 Co、Ni、Mn 等,尽管其反应性低于铁,但可在较低温度使其还原成 $M_xFe_{1-x}O_{4-\delta}$。该方向已有大量相关研究,其中镍基铁氧体在燃料生产量和热化学稳定性方面具有较高的性能,其可在 1 000～1 400 ℃范围内进行两步热化学循环裂解 CO_2[50-51]。对于在反应器中的实验,为了减少铁氧体的高温烧结,研究者考虑将活性材料涂敷在陶瓷载体上[52-54],性能最好的基底包括钇稳定氧化锆[55]和单斜氧化锆($m-ZrO_2$)[56]。通过将载体换成 SiC 等活性陶瓷载体并应用双层金属氧化物涂层增强了 CO_2 的活化和氧化动力学[57]。

8.2 催化剂/氧化还原材料热化学还原 CO_2

为了得到材料的热化学还原 CO_2 性能,太阳能聚光器的聚集特性、运行工况对太阳能热化学转换过程及太阳能－化学能转化效率的影响,研究团队成员设计并搭建了太阳能热化学反应实验系统。本节针对材料的热化学还原 CO_2 性能测试及实验系统进行介绍。

在进行系统级太阳能热化学实验之前,需首先对潜在的纳米氧载体活性组分进行筛选和评估。团队成员利用热重分析仪(TGA,SETARAM SETSYS EVO16/18)测试样品的热化学性质[58],该系统采用上天平和悬挂式传感器设计,通过上下移动悬挂式测试支架将其放入炉内。支架两侧放置两个坩埚,左侧用于空白控制,右侧用于样品测试。传感器采用即插即用的接口,方便自行更换。加热炉配备了水冷系统。在热重测量方面,SETARAM 的光电天平技术用于高精度测试,同时克服了通常使用电子天平的热重测量系统固有的稳定性问题。该装置使用 S 型热电偶,最高测量温度为 1 600 ℃。该装置有两种载气和一种保护气。载气自上而下流入炉内,以确保与样品完全接触和反应。每个炉子的载气都有一个流量控制器来测量载气的流速。在本研究中,惰性气体 Ar 被用作保护气体。将大约 10 mg 的样品放在坩埚中,并通过提升装置放入炉中。实验开始前用高纯度的惰性载气吹扫,以确保炉内气体的组成。天平稳定后,开始升温程序并记录质量变化,通过进行两个连续的氧化还原循环来进行相关分析。第一步,样品以 20 ℃/min 的速度被加热到还原温度(如 1 300 ℃)。然后,在 20 mL/min 的载气流速下,反应温度保持 1 h。第二步在相同的温度梯度下,将反应温度降至氧化温度(如 800 ℃)进行二氧化碳裂解。在这一步骤中,假定 CO_2 将与第一步得到的缺氧的氧化物材料反应形成 CO。为了评估材料的氧交换能力和二氧化碳还原性能,用加入样品的测试质量减去空坩埚的测试质量,得到样品总质量。单个循环中的二氧化碳通入总量通过 20 ℃ 和大气压下的理想气体状态方程计算得出,这个数值用来计算二氧化碳的转化效率。对温度、加热率和冷却速度等参数进行测试验证,以获得后续测试的最佳工况。通过活性样品的质量变化,根据两步热化学氧化还原循环计算 O_2 释放和 CO 形成的产量,进而计算活化能等反应动力学特性信息。在高温热还原过程中,材料质量损失的特点是 O_2 释放,可以通过以下公式计算:

$$n_{O_2} = \Delta m_{损失} / (M_{O_2} \cdot m_{样品}) \tag{8.10}$$

式中，$\Delta m_{损失}$ 为由 TGA 测量的还原步骤中样品的质量损失；M_{O_2} 为 O$_2$ 分子的摩尔质量；$m_{样品}$ 为坩埚中样品的质量。

在二氧化碳裂解的氧化过程中，材料的质量增加可以用来计算 CO 的产量。计算公式可以定义为

$$n_{CO} = \Delta m_{增加} / (M_O \cdot m_{样品}) \tag{8.11}$$

式中，$\Delta m_{增加}$ 为再氧化步骤中的质量增加；M_O 为氧原子的摩尔质量。

通过 TGA 可以研究活性样品的热化学氧化还原循环特性。NiFe$_2$O$_4$ 是一种常用的热化学循环氧载体材料，考虑 NiFe$_2$O$_4$ 良好的催化剂稳定性和 CuO 较高的氧气释放能力，以获得具有这两个优点的功能材料。氧化物材料的组成和设计策略是在热力学理论的帮助下进行的。以二者为基础进行一系列测试，组成为 (CuO)$_{0.25}$(NiFe$_2$O$_4$)$_{0.75}$、(CuO)$_{0.5}$(NiFe$_2$O$_4$)$_{0.5}$、(CuO)$_{0.75}$(NiFe$_2$O$_4$)$_{0.25}$、(CuO)$_{0.125}$(NiFe$_2$O$_4$)$_{0.375}$(ZrO$_2$)$_{0.5}$、(CuO)$_{0.5}$(ZrO$_2$)$_{0.5}$、(CuO)$_{0.5}$(Al$_2$O$_3$)$_{0.5}$、(NiFe$_2$O$_4$)$_{0.4}$(ZrO$_2$)$_{0.6}$、(NiFe$_2$O$_4$)$_{0.2}$(ZrO$_2$)$_{0.8}$、(NiFe$_2$O$_4$)$_{0.1}$(ZrO$_2$)$_{0.9}$，分别简称为 CNF—13、CNF—11、CNF—31、CNFZ—134、CZ—11、CA—11、NFZ—23、NFZ—14 和 NFZ—19。图 8.2 中描述了不同比例的 NiFe$_2$O$_4$、CuO 和其他材料的质量变化和氧化还原性能分析。所有含有 CuO 的样品在 800～900 ℃ 时的快速失重可能是由 CuO 的快速热分解造成的。CeO$_2$ 被用作参考材料来评估测试材料的性能。与 CeO$_2$ 相比，CuO 和 NiFe$_2$O$_4$ 获得了更高的氧气释放，证明这两种材料更有利于高温热还原。如图 8.2(b) 所示，在高温下没有氧气释放的失重可能是由 Cu$_2$O 熔化造成的。通入二氧化碳后样品质量增加，计算得到氧气释放量和一氧化碳产量，见表 8.1，含 CuO 材料的质量增加高于 NiFe$_2$O$_4$ 和 CeO$_2$。二氧化碳在 CZ 和 CA 介质中的产率分别从 386.3 μmol/g 降至 126.5 μmol/g，从 438.6 μmol/g 降至 123.3 μmol/g。观察到的大量变化可能与这两种样品的循环稳定性有关。至于 NFZ 材料，铁酸镍的含量越高，在 2 次循环中的 CO 产量越高。在所研究的氧化物材料中，纯 NiFe$_2$O$_4$ 表现出最好的氧交换稳定性。CNF—13 和 CNF—31 在 1 次循环中获得的 CO 产量相近，在 2 次循环中，CNF—13 的 CO 产量是 CNF—31 的 2 倍。在所研究的各种材料的性能中，CNF—13 表现出最高的稳定性和氧气释放能力。通过使用 13.08 mg 的 CNF—13 样品质量，在 1 次和 2 次循环中获得了 5.11% 和 3.36% 的二氧化碳转化率。

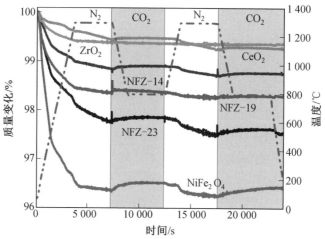

(a) NFZ在800～1 300 ℃下的热化学氧化循环

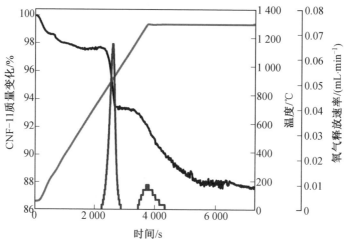

(b) CNF-11在加热阶段的质量变化与通过气体分析仪测量的氧气产量的比较

图8.2　不同混合比和不同载体的 CuO 和 NiFe$_2$O$_4$ 材料的温度变化和 CO$_2$ 热化学转化

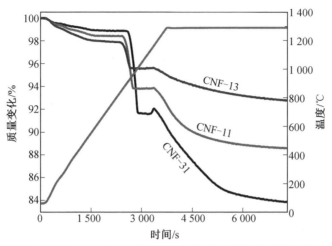

(c) CNF在800～1 300 ℃下的热化学氧化还原循环(还原阶段)

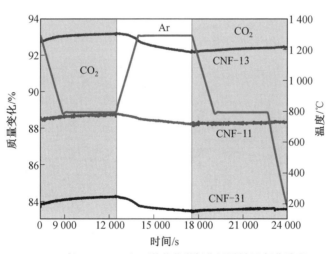

(d) CNF在800～1 300 ℃下的热化学氧化还原循环(氧化阶段)

续图 8.2

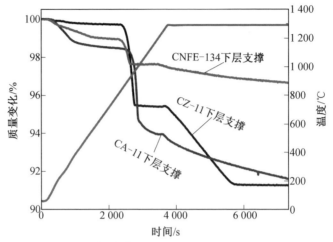

(e) 不同载体的催化剂在800～1 300 ℃下的热化学循环(还原阶段)

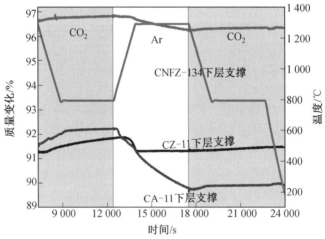

(f) 不同载体的催化剂在800～1 300 ℃下的热化学循环(氧化阶段)

续图 8.2

表 8.1　CuO 和 NiFe₂O₄ 催化剂的活性以及 ZrO₂ 和 Al₂O₃ 载体的活性

活性氧载体材料	O₂ 释放量/(μmol·g⁻¹)		CO 产量/(μmol·g⁻¹)		CO/O₂	
	1 次循环	2 次循环	1 次循环	2 次循环	1 次循环	2 次循环
CeO₂	177.1	70.4	23.0	29.3	0.13	0.42
CNF—13	610.1	319.5	278.4	179.6	0.46	0.56
CNF—11	1 428.1	186.3	163.4	71.1	0.11	0.38
CNF—31	2 256.6	243.6	273.4	86.3	0.12	0.35
CNFZ—134	425.6	176.7	131.2	73.1	0.31	0.41
CZ—11	1 308.6	179.8	386.3	126.5	0.30	0.70
CA—11	1 291.3	781.7	438.6	123.3	0.34	0.16
NiFe₂O₄	1138.4	87.2	92.4	112.4	0.08	1.29
NFZ—23	705.4	111.9	43.4	65.3	0.06	0.58
NFZ—14	361.9	62.7	44.1	32.8	0.12	0.52
NFZ—19	516.4	44.1	—	9.1	—	0.21

进一步研究了热还原温度对 CNF—13 热化学氧化循环性能的影响,以 20 ℃/min 的加热速度将还原温度从 1 000 ℃ 升高到 1 300 ℃,同时将氧化温度维持在 800 ℃。通过样品的质量变化计算出的 O₂ 和 CO 的产量如图 8.3 所示。在 1 次循环中,在 800 ℃ 下获得了 800 μmol/g 的稳定 O₂ 释放量。当温度超过 1 100 ℃ 时,样品的质量不断下降。如表 8.2 所示,CNF—13 样品对高温热过程更加敏感,原因是活性材料的质量损失随着还原温度的增加而增加。另外,随着还原温度的增加,观察到 CO 的产量也在增加。至于 O₂ 的释放,还原温度越高,可以观察到 O₂ 的释放量也越高。因此,较高的还原温度可以在反应介质中引起较高的氧气交换。此外,在 1 000 ℃ 的还原温度下,得到了一个相对稳定的质量变化,CO 与 O₂ 的比例接近理论值 2。这表明 CNF—13 的氧化还原循环可以在 800～1 000 ℃ 范围内进行,以确保更好的循环稳定性。但在 1 000 ℃ 的反应温度下,NiFe₂O₄ 可能无法完全释放氧气。如图 8.4 所示,随着还原温度的提高,颗粒团聚的尺寸逐渐增大。当还原温度限制在 1 000 ℃ 和 1 100 ℃ 时,观察到大量的纳米颗粒。然而,在 1 200 ℃ 和 1 300 ℃ 反应温度下,大量的材料团聚成微米级的颗粒。通过 EDS 分析,CNF—13 随着还原温度的升高表现出不同的元素比例。在 1 100 ℃ 和 1 000 ℃ 的还原温度下,观察到非常相似的材料组成,接近于

初始材料的比例。在 1 200 ℃时,较高的温度导致了 NiFe₂O₄ 的团聚,从而降低
了表面含量,结果导致 Cu 比例增加。如图 8.4(c)所示,大量的 Cu 附着在一些
材料的边缘,这导致与正常比例相比,成分中的 Cu 含量过高。然而,在还原温度
超过 1 200 ℃时,材料成分中的 Cu 极少,与其他纳米颗粒如 Ni 和 Fe 相比,Cu 的
稳定性可能与 Cu₂O 在 1 300 ℃高温下的熔化有关。

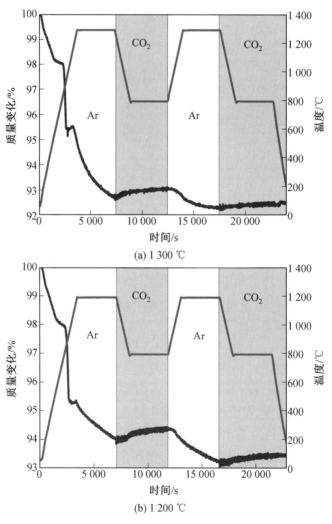

(a) 1 300 ℃

(b) 1 200 ℃

图 8.3 不同还原温度下 CNF—13 的热化学循环特性

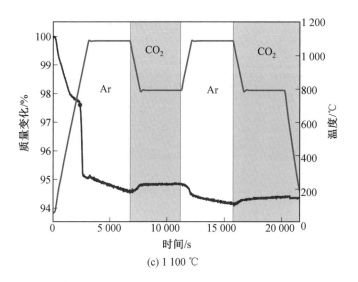

(c) 1 100 ℃

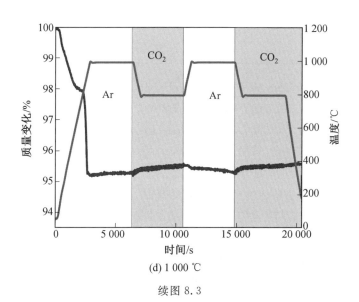

(d) 1 000 ℃

续图 8.3

| (a) 1 000 ℃ | (b) 1 100 ℃ | (c) 1 200 ℃ | (d) 1 300 ℃ |

图 8.4　CNF－13 氧化还原材料在不同还原温度下进行热化学循环后的 SEM 图像和 EDS 分析

表 8.2　CuO 和 NiFe₂O₄ 分别在 1 000 ℃、1 100 ℃、1 200 ℃和 1 300 ℃下的氧交换能力

还原温度/℃	O₂ 释放量/(μmol · g⁻¹)		CO 产量/(μmol · g⁻¹)		CO/O₂	
	1 次循环	2 次循环	1 次循环	2 次循环	1 次循环	2 次循环
1 300	1 681.2	257.4	239.7	157.6	0.14	0.61
1 200	1 241.2	354.2	235.1	152.3	0.19	0.43
1 100	995.3	217.0	194.1	148.1	0.20	0.68
1 000	847.4	85.2	176.5	158.3	0.21	1.86

　　上述的 XRD 和 EDS 分析被用于 CNF－13 材料的 CO_2 分裂催化活性的量子化学计算，采用 Gaussian 09 程序，在 PBE0－D3/def2－SVP 水平上进行几何结构优化，进一步在 PBE0－D3/def2－TZVPP 水平上计算单点能，以精确计算反应过程中的能量变化。采用 Multiwfn 3.7 程序进行波函数分析，获得 CO_2 与 Fe_3O_4 及 Cu_2O 相互作用的电子密度差图。在 800 ℃下，Cu_2O 和 Fe_3O_4 被认为是 CNF－13 表面的主要活性物质。因此，评估了这两种材料的 CO_2 裂解特性，以便从理论上了解 Fe_3O_4 和 Cu_2O 活性相的电子密度差图，以及它们在高温下进行 CO_2 裂解时的能量变化。图 8.5(a)和图 8.5(b)所示为二氧化碳气固催化反应过程中铁/铜和二氧化碳之间的电子转移。图 8.5(c)和图 8.5(d)分别描述了 Cu_2O 和 Fe_3O_4 团簇的静电势分布，其中蓝色代表正的静电力势。这表明 Cu_2O 和 Fe_3O_4 氧化物材料的活性催化剂 Cu 和 Fe 容易与 CO_2 的 O 原子发生作用。如图 8.5(e)所示，离子化势能越低，催化材料越容易将电子转移到二氧化

碳分子。图 8.5(f) 中给出 CO₂ 直接分解为 CO、通过 Cu₂O 和 Fe₃O₄ 进行 CO₂ 催化转化的情况。与直接分解相比，二氧化碳在 Cu₂O 和 Fe₃O₄ 表面分解所需的能量更少。CNF-13 的计算结果阐明了在催化剂表面 Cu₂O 和 Fe₃O₄ 新相的形成和二氧化碳催化活性。关于二氧化碳转化能量变化，与 Cu₂O 相比，Fe₃O₄ 可呈现更好的性能。这些结果证实了 CNF-13 的二氧化碳催化转化性能，而一氧化碳的产量约为 200 μmol/g，这与多数文献中报道的 CO 产量相近[7, 13, 42, 59-61]。CNF-13 可以被认为是通过两步热化学氧化还原循环进行 CO₂ 裂解的良好热催化剂。

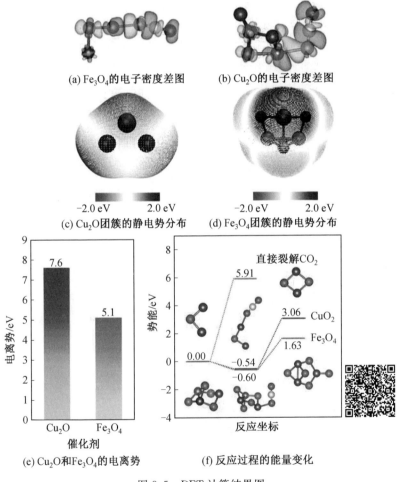

(a) Fe₃O₄ 的电子密度差图　　(b) Cu₂O 的电子密度差图

−2.0 eV　　2.0 eV　　　−2.0 eV　　2.0 eV

(c) Cu₂O 团簇的静电势分布　　(d) Fe₃O₄ 团簇的静电势分布

(e) Cu₂O 和 Fe₃O₄ 的电离势　　(f) 反应过程的能量变化

图 8.5　DFT 计算结果图

8.3　负载型泡沫结构催化剂制备方法

确定结构化催化剂的活性组分后制备多孔泡沫陶瓷基体,并将活性组分负载于基体表面。载体材料通常由模板法进行制备,纳米负载复合氧载体的多孔材料的制备过程如图 8.6 所示。高纯度 99.99% 的纳米复合材料原料($NiFe_2O_4$、SiC 和 Si_3N_4)购自 Aladdin,原材料都是纳米粉末性质的。合成多孔材料时的聚氨酯骨架模板购自东莞市宏泰海绵制品有限公司。首先,将具有适当孔径的聚氨酯泡沫(ϕ60 mm×40 mm,孔径为 2.54 mm)在 20% 的 NaOH 溶液中浸泡 3 h,并在 60 ℃ 的水浴中加热,需要反复揉搓以去除隔膜。然后将 SiC/Si_3N_4 粉末(60 g)加入黏结剂溶液(10% $Al(H_2PO_4)_3$,0.5% PVA,0.5% CMC)中,以制备浆液。固体—液体的质量比为 7:4。将聚氨酯泡沫浸入浆液中,反复挤压并均匀揉搓,确保可以看到孔隙,没有浆液流出。块状材料在真空干燥箱中干燥 24 h。然后,将干燥后的材料放入高温马弗炉进行高温烧结,形成多孔陶瓷载体材料。马弗炉的加热曲线如图 8.7 所示。之后将 15 g 的铁酸镍粉末加入 25 mL 的去离子水中。将纳米铁酸镍粉搅拌均匀,并均匀地负载到 SiC/Si_3N_4 多孔陶瓷载体材料上。最后,将负载铁酸镍纳米粉末的 SiC/Si_3N_4 多孔载体在 100 ℃ 的干燥箱中干燥 24 h,得到负载 $NiFe_2O_4$ 氧载体的新鲜多孔材料。

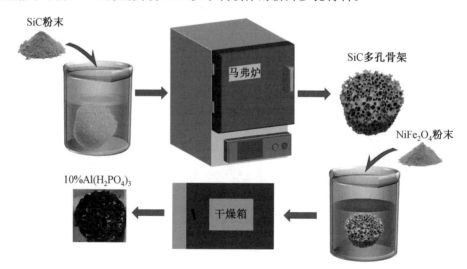

图 8.6　纳米负载复合氧载体的多孔材料的制备过程

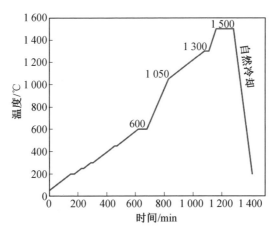

图 8.7　通过除碳和烧结制备多孔陶瓷的马弗炉的加热曲线

取 0.6 g 准备好的 SiC 和 Si_3N_4 新鲜多孔材料进行压汞法（MIP）测试，得到 SiC 和 Si_3N_4 多孔结构参数，见表 8.3。SiC 多孔和 Si_3N_4 多孔骨架的孔隙率分别为 35.292 1% 和 54.386 7%。载体材料的光吸收性能可以通过进一步的 UV－VIs－NIR 测试得到，并提供了图 8.8、图 8.9 所示的表征结果。与 CeO_2 和 Al_2O_3 相比，SiC 基底在整个光谱中表现出 70% 以上的射线吸收。虽然观察到 CeO_2 对紫外线有很高的吸收率，但氧化铈材料在可见光和红外线的吸收率最低。此外，在近红外（超过 1 500 nm）波段，Al_2O_3 与 SiC 相似，表现出高吸收率。相比之下，Al_2O_3 对波长低于 1 500 nm 的射线吸收率低。因此与其他常用的基材相比，SiC 具有优良的光吸收性能。另外，Wang 等人研究发现碳化硅拥有出色的微波吸收特性，反射损失最小[62]。

表 8.3　压汞法测量和计算 SiC、Si_3N_4 多孔结构参数

材料	SiC 多孔	Si_3N_4 多孔
在 227.49 MPa 时的总进汞量/($mL \cdot g^{-1}$)	0.181 5	0.398 3
在 227.49 MPa 时的总孔隙面积/($m^2 \cdot g^{-1}$)	1.84 3	4.934
平均孔隙直径（4 V/A）/nm	394.04	337.40
3.52 kPa 时的体积密度/($g \cdot mL^{-1}$)	1.944 3	1.365 5
在 227.49 MPa 时的表观（骨架）密度/($g \cdot mL^{-1}$)	3.004 7	2.993 6
孔隙率/%	35.292 1	54.386 7
渗透性/μm^2	10.92	10.92

续表8.3

材料	SiC 多孔	Si₃N₄ 多孔
阈值压力/kPa	6.27	10.00
特征长度/nm	199 830.97	124 540.56
电导率形成因子	0.063	0.043
曲折因子	1.831	1.615
曲折性	2.818 6	3.523 6
渗滤分形维度	2.964	2.996
骨干分形维度	2.821	2.889

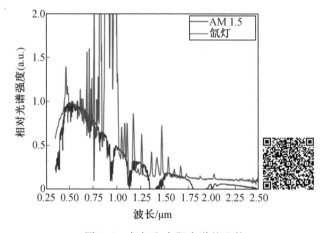

图 8.8　氙灯和太阳光谱的比较

8.4　本章小结

　　本章对不同比例的 CuO 和 $NiFe_2O_4$ 进行热重分析,以探索有效的混合比例,获得实用的热化学 CO_2 催化转化材料。采用 XRD、SEM 和 EDS 等材料表征方法,全面了解给定反应温度下的晶体结构、表面形貌和化学成分变化。其中,25%的 CuO 和 75% 的 $NiFe_2O_4$(CNF－13)组成材料的最佳比例,获得了229 $\mu mol/g$ 的平均 CO 产量。此外,研究了还原和氧化温度对二氧化碳热化学还原性能的影响,量子化学计算以确定最重要的二氧化碳裂解催化剂。结果发

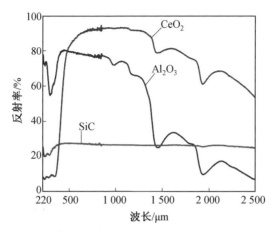

图 8.9　不同基底的紫外—可见—红外光谱反射率

现 CNF—13 的活性成分（Cu_2O 和 Fe_3O_4）可以减少二氧化碳还原所需的能量。最后提出制备多孔骨架负载氧化还原材料的工艺流程。该项研究为太阳能热化学 CO_2 催化转化提供了有价值的见解，并为进一步研究 CO_2 转化和利用提出了新的关键问题。

本章参考文献

[1] LIU Q B, HONG H, YUAN J L, et al. Experimental investigation of hydrogen production integrated methanol steam reforming with middle-temperature solar thermal energy[J]. Applied Energy, 2009, 86（2）: 155-162.

[2] SCHEFFE J R, STEINFELD A. Thermodynamic analysis of cerium-based oxides for solar thermochemical fuel production[J]. Energy Fuels, 2012, 26（3）: 1928-1936.

[3] DOMBROVSKY L, SCHUNK L, LIPINSKI W, et al. An ablation model for the thermal decomposition of porous zinc oxide layer heated by concentrated solar radiation[J]. International Journal of Heat and Mass Transfer, 2009, 52(11-12): 2444-2452.

[4] SCHUNK L O, HAEBERLING P, WEPF S, et al. A receiver-reactor for the solar thermal dissociation of zinc oxide[J]. Journal of Solar Energy En-

gineering-Transactions of the Asme, 2008, 130(2): 1.

[5] GUENE L B, HAN D M, ZHANG H, et al. Numerical and experimental analysis of reactor optimum design and solar thermal-chemical energy conversion for multidisciplinary applications[J]. Energy Conversion and Management, 2020, 213: 112870.

[6] WU S K, ZHOU C, DOROODCHI E, et al. A review on high-temperature thermochemical energy storage based on metal oxides redox cycle[J]. Energy Conversion and Management, 2018, 168: 421-453.

[7] CHUEH W C, FALTER C, ABBOTT M, et al. High-flux solar-driven thermochemical dissociation of CO_2 and H_2O using nonstoichiometric ceria [J]. Science, 2010, 330(6012): 1797-1801.

[8] PAN Z H, ZHAO C Y. Gas-solid thermochemical heat storage reactors for high-temperature applications[J]. Energy, 2017, 130: 155-173.

[9] RONY Z I, MOFIJUR M, AHMED S F, et al. Recent advances in the solar thermochemical splitting of carbon dioxide into synthetic fuels[J]. Frontiers in Energy Research, 2022, 10: 982269.

[10] WANG L, MA T Z, CHANG Z S, et al. Solar fuels production via two-step thermochemical cycle based on Fe_3O_4/Fe with methane reduction[J]. Solar Energy, 2019, 177: 772-781.

[11] YU X J, LIAN W L, GAO K, et al. Solar thermochemical CO_2 splitting integrated with supercritical CO_2 cycle for efficient fuel and power generation[J]. Energies, 2022, 15(19): 7334.

[12] ZOLLER S, KOEPF E, NIZAMIAN D, et al. A solar tower fuel plant for the thermochemical production of kerosene from H_2O and CO_2[J]. Joule, 2022, 6(7): 1606-1616.

[13] AMBROSINI A, COKER E N, RODRIGUEZ M A, et al. Synthesis and characterization of ferrite materials for thermochemical CO_2 splitting using concentrated solar energy [M]. Washington, DC: Advances in CO_2 Conversion and Utilization. American Chemical Society, 2010.

[14] LOUTZENHISER P G, MEIER A, STEINFELD A. Review of the two-step H_2O/CO_2-splitting solar thermochemical cycle based on Zn/ZnO redox reactions[J]. Materials, 2010, 3(11): 4922-4938.

[15] STEINFELD A. Solar hydrogen production via a two-step water-splitting

thermochemical cycle based on Zn/ZnO redox reactions[J]. International Journal of Hydrogen Energy, 2002, 27(6): 611-619.

[16] LEVEQUE G, ABANADES S. Design and operation of a solar-driven thermogravimeter for high temperature kinetic analysis of solid-gas thermochemical reactions in controlled atmosphere[J]. Solar Energy, 2014, 105: 225-235.

[17] LEVEQUE G, ABANADES S. Investigation of thermal and carbothermal reduction of volatile oxides (ZnO, SnO_2, GeO_2, and MgO) via solar-driven vacuum thermogravimetry for thermochemical production of solar fuels[J]. Thermochimica Acta, 2015, 605: 86-94.

[18] SCHUNK L O, STEINFELD A. Kinetics of the thermal dissociation of ZnO exposed to concentrated solar irradiation using a solar-driven thermogravimeter in the 1 800~2 100 K range[J]. AIChE Journal, 2009, 55(6): 1497-1504.

[19] ABANADES S. Thermogravimetry analysis of CO_2 and H_2O reduction from solar nanosized Zn powder for thermochemical fuel production[J]. Industrial & Engineering Chemistry Research, 2012, 51(2): 741-750.

[20] WEIBEL D, JOVANOVIC Z R, GALVEZ E, et al. Mechanism of Zn particle oxidation by H_2O and CO_2 in the presence of ZnO[J]. Chemistry of Materials, 2014, 26(22): 6486-6495.

[21] ABANADES S, CHAMBON M. CO_2 Dissociation and upgrading from two-step solar thermochemical processes based on ZnO/Zn and SnO_2/SnO redox pairs[J]. Energy Fuels, 2010, 24(12): 6667-6674.

[22] LOUTZENHISER P G, BARTHEL F, STAMATIOU A, et al. CO_2 reduction with Zn particles in a packed-bed reactor[J]. AIChE Journal, 2011, 57(9): 2529-2534.

[23] ERNST F O, STEINFELD A, PRATSINIS S E. Hydrolysis rate of submicron Zn particles for solar H_2 synthesis[J]. International Journal of Hydrogen Energy, 2009, 34(3): 1166-1175.

[24] LOUTZENHISER P G, GALVEZ M E, HISCHIER I, et al. CO_2 splitting via two-step solar thermochemical cycles with Zn/ZnO and FeO/Fe_3O_4 redox reactions Ⅱ: kinetic analysis[J]. Energy Fuels, 2009, 23(5-6): 2832-2839.

[25] STAMATIOU A, LOUTZENHISER P G, STEINFELD A. Solar syngas production via H_2O/CO_2-splitting thermochemical cycles with Zn/ZnO and FeO/Fe_3O_4 redox reactions[J]. Chemistry of Materials, 2010, 22(3): 851-859.

[26] VENSTROM L J, HILSEN P, DAVIDSON J H. Heterogeneous oxidation of zinc vapor by steam and mixtures of steam and carbon dioxide[J]. Chemical Engineering Science, 2018, 183: 223-230.

[27] WIECKERT C, FROMMHERZ U, KRAUPL S, et al. A 300 kW solar chemical pilot plant for the carbothermic production of zinc[J]. Journal of Solar Energy Engineering, 2007, 129(2): 190-196.

[28] OSINGA T, OLALDE G, STEINFELD A. Solar carbothermal reduction of ZnO: shrinking packed-bed reactor modeling and experimental validation[J]. Industrial & Engineering Chemistry Research, 2004, 43(25): 7981-7988.

[29] LEVEQUE G, ABANADES S, JUMAS J C, et al. Characterization of two-step tin-based redox system for thermochemical fuel production from solar-driven CO_2 and H_2O splitting cycle[J]. Industrial & Engineering Chemistry Research, 2014, 53(14): 5668-5677.

[30] CHARVIN P, ABANADES S, LEMONT F, et al. Experimental study of $SnO_2/SnO/Sn$ thermochemical systems for solar production of hydrogen[J]. AIChE Journal, 2008, 54(10): 2759-2767.

[31] CHAMBON M, ABANADES S, FLAMANT G. Solar thermal reduction of ZnO and SnO_2: characterization of the recombination reaction with O_2[J]. Chemical Engineering Science, 2010, 65(11): 3671-3680.

[32] LEVEQUE G, ABANADES S. Thermodynamic and kinetic study of the carbothermal reduction of SnO_2 for solar thermochemical fuel generation[J]. Energy Fuels, 2014, 28(2): 1396-1405.

[33] ABANADES S. CO_2 and H_2O reduction by solar thermochemical looping using SnO_2/SnO redox reactions: thermogravimetric analysis [J]. International Journal of Hydrogen Energy, 2012, 37(10): 8223-8231.

[34] CARRILLO R J, SCHEFFE J R. Advances and trends in redox materials for solar thermochemical fuel production[J]. Solar Energy, 2017, 156: 3-20.

[35] CHUEH W C, HAILE S M. A thermochemical study of ceria: exploiting an old material for new modes of energy conversion and CO_2 mitigation [J]. Philosophical Transactions of the Royal Society A: Mathematical, Physical and Engineering Sciences, 2010, 368(1923): 3269-3294.

[36] HAUSSENER S, STEINFELD A. Effective Heat and mass transport properties of anisotropic porous ceria for solar thermochemical fuel generation[J]. Materials, 2012, 5(1): 192-209.

[37] ABANADES S, FLAMANT G. Thermochemical hydrogen production from a two-step solar-driven water-splitting cycle based on cerium oxides [J]. Solar Energy, 2006, 80(12): 1611-1623.

[38] BHOSALE R R, TAKALKAR G, SUTAR P, et al. A decade of ceria based solar thermochemical H_2O/CO_2 splitting cycle [J]. International Journal of Hydrogen Energy, 2019, 44(1): 34-60.

[39] MOGENSEN M, SAMMES N M, TOMPSETT G A. Physical, chemical and electrochemical properties of pure and doped ceria[J]. Solid State Ionics, 2000, 129(1-4): 63-94.

[40] LE GAL A, ABANADES S, FLAMANT G. CO_2 and H_2O Splitting for thermochemical production of solar fuels using nonstoichiometric ceria and ceria/zirconia solid solutions[J]. Energy Fuels, 2011, 25(10): 4836-4845.

[41] BONK A, MAIER A C, SCHLUPP M V F, et al. The effect of dopants on the redox performance, microstructure and phase formation of ceria [J]. Journal of Power Sources, 2015, 300: 261-271.

[42] HAEUSSLER A, ABANADES S, JULBE A, et al. Solar thermochemical fuel production from H_2O and CO_2 splitting via two-step redox cycling of reticulated porous ceria structures integrated in a monolithic cavity-type reactor[J]. Energy, 2020, 201: 117649.

[43] BAI W D, HUANG H D, SUTER C, et al. Enhanced solar-to-fuel efficiency of ceria-based thermochemical cycles via integrated electrochemical oxygen pumping[J]. ACS Energy Letters, 2022, 7(8): 2711-2716.

[44] DEMONT A, ABANADES S. Solar thermochemical conversion of CO_2 into fuel via two-step redox cycling of non-stoichiometric Mn-containing perovskite oxides[J]. Journal of Materials Chemistry A, 2015, 3(7): 3536-3546.

[45] SAWAGURI H, GOKON N, HAYASHI K, et al. Two-step thermochemical CO_2 splitting using partially-substituted perovskite oxides of $La_{0.7}Sr_{0.3}Mn_{0.9}X_{0.1}O_3$ for solar fuel production[J]. Frontiers in Energy Research, 2022, 10: 872959.

[46] YANG C-K, YAMAZAKI Y, AYDIN A, et al. Thermodynamic and kinetic assessments of strontium-doped lanthanum manganite perovskites for two-step thermochemical water splitting[J]. Journal of Materials Chemistry A, 2014, 2(33): 13612-13623.

[47] CARRILLO A J, BORK A H, MOSER T, et al. Modifying $La_{0.6}Sr_{0.4}MnO_3$ perovskites with Cr incorporation for fast isothermal CO_2-splitting kinetics in solar-driven thermochemical cycles[J]. Advanced Energy Materials, 2019, 9(28): 1803886.

[48] NAIK J M, RITTER C, BULFIN B, et al. Reversible phase transformations in novel ce-substituted perovskite oxide composites for solar thermochemical redox splitting of CO_2 [J]. Advanced Energy Materials, 2021, 11(16): 2003532.

[49] DEY S, NAIDU B S, RAO C N R. $Ln_{0.5}A_{0.5}MnO_3$ (Ln＝Lanthanide, A＝Ca, Sr) perovskites exhibiting remarkable performance in the thermochemical generation of CO and H_2 from CO_2 and H_2O [J]. Chemistry-A European Journal, 2015, 21(19): 7077-7081.

[50] LORENTZOU S, DIMITRAKIS D, ZYGOGIANNI A, et al. Thermochemical H_2O and CO_2 splitting redox cycles in a $NiFe_2O_4$ structured redox reactor: design, development and experiments in a high flux solar simulator[J]. Solar Energy, 2017, 155: 1462-1481.

[51] TAKALKAR G, BHOSALE R R, ALMOMANI F. Sol-gel synthesized $Ni_xFe_{3-x}O_4$ for thermochemical conversion of CO_2 [J]. Applied Surface Science, 2019, 489: 693-700.

[52] SHUAI Y, ZHANG H, GUENE L B, et al. Solar-driven thermochemical redox cycles of ZrO_2 supported $NiFe_2O_4$ for CO_2 reduction into chemical energy[J]. Energy, 2021, 223: 120073.

[53] CHO H S, GOKON N, KODAMA T, et al. Improved operation of solar reactor for two-step water-splitting H_2 production by ceria-coated ceramic

foam device[J]. International Journal of Hydrogen Energy, 2015, 40(1): 114-124.

[54] KANG M, ZHANG J, ZHAO N, et al. CO production via thermochemical CO_2 splitting over Ni ferrite-based catalysts[J]. Journal of Fuel Chemistry and Technology, 2014, 42(1): 68-73.

[55] GOKON N, HASEGAWA T, TAKAHASHI S, et al. Thermochemical two-step water-splitting for hydrogen production using Fe-YSZ particles and a ceramic foam device[J]. Energy, 2008, 33(9): 1407-1416.

[56] GOKON N, MURAYAMA H, NAGASAKI A, et al. Thermochemical two-step water splitting cycles by monoclinic ZrO_2-supported $NiFe_2O_4$ and Fe_3O_4 powders and ceramic foam devices[J]. Solar Energy, 2009, 83(4): 527-537.

[57] GUENE L B, GENG B, JIANG B, et al. Copper ferrite and cobalt oxide two-layer coated macroporous SiC substrate for efficient CO_2-splitting and thermochemical energy conversion[J]. Journal of Colloid and Interface Science, 2022, 627: 516-531.

[58] JIANG B, SUN Q S, GUENE LOUGOU B M, et al. Highly-selective CO_2 conversion through single oxide CuO enhanced $NiFe_2O_4$ thermal catalytic activity[J]. Sustainable Materials and Technologies, 2022, 32: e00441.

[59] ARIFIN D, ASTON V J, LIANG X H, et al. $CoFe_2O_4$ on a porous Al_2O_3 nanostructure for solar thermochemical CO_2 splitting[J]. Energy & Environmental Science, 2012, 5(11): 9438-9443.

[60] BHOSALE R R, KUMAR A, ALMOMANI F, et al. Sol-gel derived CeO_2-Fe_2O_3 nanoparticles: synthesis, characterization and solar thermochemical application[J]. Ceramics International, 2016, 42(6): 6728-6737.

[61] TAKALKAR G D, BHOSALE R R. Application of cobalt incorporated iron oxide catalytic nanoparticles for thermochemical conversion of CO_2 [J]. Applied Surface Science, 2019, 495: 143508.

[62] WANG P, LIU P G, YE S. Preparation and microwave absorption properties of Ni (Co/Zn/Cu) Fe_2O_4/SiC @ SiO_2 composites [J]. Rare Metals, 2019, 38(1): 59-63.

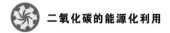
［63］WANG J，QIU Y，LI Q，et al. Design and experimental study of a 30 kWe adjustable solar simulator delivering high and uniform flux［J］. Applied Thermal Engineering，2021，195：117215.

第 9 章

太阳能热化学两步循环裂解 CO₂ 系统

本章介绍了太阳能热化学系统的实验及仿真过程。为考察太阳能聚光器的聚集特性、粒子的光谱特性、运行工况对太阳能热化学转换过程及太阳能—化学能转化效率的影响,研究团队成员设计并搭建了太阳能热化学反应实验系统。通过分析 CuO 和 NiFe₂O₄ 的协同热催化活性及 SiC 基材对光热性能的影响,研究太阳能热化学 CO₂ 裂解的反应机理与反应特性,研究结果中最高的瞬时 CO 产量为 10.98 mL/(min·g),CO 的平均转化率为 23.3%。另外,设计结构合理、性能匹配的太阳模拟器对太阳能光热发电和太阳能光热化学的机理研究与控制等方面发挥着关键性的作用。

为克服直接单步热解的极高温需求等相关缺点,将 CO₂ 裂解分解成热化学多步循环。相比多步反应法,两步循环法具有概念和工艺简单、过程涉及反应较少、过程中能量损失较小、有利于反应物的热力学可逆循环的优点;从而该过程的总体效率也较高,循环过程中反应物和生成物不会破坏反应器,生成物对环境无污染。最广泛研究的高温应用(温度大于 1 000 ℃)的循环是由金属氧化物的还原和氧化反应组成的[1-2],分开或同时生成 H₂ 和 CO,可以按需生产 H₂ 与 CO 比例可控的合成气体。这种合成气体可以作为合成甲醇[3]或液体燃料(合成碳氢化合物燃料)的原料。该合成技术保证了从基于化石燃料的当前经济结构向基于氢气和燃料电池的未来经济结构的平稳过渡,以及以含有高能量密度的可调度燃料形式储能的手段。按质量计算,H₂ 和 CO 的能量密度很高,但按体积计算,它们的能量密度很低。关于两步循环,可以区分如下:还原阶段氧化物部分还原的循环(非化学计量循环)或完全还原成不同物质的循环(化学计量循环)。该物质可以以气态形式(有挥发性氧化物的循环)或非气态形式(非挥发性氧化物的循环)获得。由聚光太阳能驱动的氧化还原循环产生的碳中性燃料有可能使部分运输过程和工业过程脱碳。为了提供化石能源载体的可持续替代物,其产生时对环境的影响和经济方面都很重要。为此,根据技术经济和生命周期分析,也对太阳能热化学燃料的生产途径进行了定性分析,以证明环境和成本效益[4-6]。

9.1　光热反应器构型与结构

根据两步循环过程的热力学特征及以往的相关研究,还原阶段氧载体的裂解反应为强吸热反应,因而需要较高的反应温度(超过 1 300 ℃);氧化阶段为放热反应,较低的温度更加有利于反应进行。室外应用时需要利用太阳能聚光器将聚集的太阳辐射作为高温热源来驱动化学反应。在实验室规模实验中,可以通过太阳模拟器为反应器提供辐照能量,从而为热化学反应或储热系统提供所需要的热量。高温热化学反应器在设计时需要考虑反应气体的进出口、辐照的接收、反应腔的形状、多孔介质的布置及保温结构,保证反应可以正常进行。

由于现有的实验条件限制,考虑使用已有的热化学反应器物理模型[7]进行模拟和实验过程,现有的热化学反应器的结构示意图如图 9.1、图 9.2 所示,最左侧为石英玻璃及其水冷装置,设置 4 个进气孔,其余孔均布置热电偶。反应器左侧口接收辐照,由石英玻璃密封。接收面可以设计为上述方法优化的锥形角,但会破坏原有的反应腔,对热化学反应过程造成影响,因此不进行改动。右侧口为排气孔,排气孔外也有水冷装置,便于分析尾气成分。中间部分为反应腔,右侧底部可拆卸,便于向反应腔中添加多孔介质。

反应器整体近似圆柱形,反应腔内部长度为 83 mm,直径为 60 mm,厚度为 10 mm。左侧设有进气口(直径为 3 mm)、采光口(直径为30 mm),最左端为石英玻璃,起透光密封的作用,其透射率为 95%,最右侧为排气口(直径为 8 mm)。在反应腔内外均设有热电偶,用于测量温度。入口前接收辐照的结构为锥形,主要为方便气体流入。反应腔体采用氧化铝陶瓷,内部可设置多孔材料作为热化学反应催化载体,保温材料选择硅酸铝,厚度为 24 mm,外壳为不锈钢。氮气作为保护气从进气口进入并充满反应器,有条件的宜使用氩气作为保护气。反应器前后均设有水冷装置对石英玻璃和尾气进行冷却。

模拟需要建立反应器的数学模型,在反应器内的热化学反应过程中,反应腔内的气体、金属氧化物颗粒及壁面传热过程中遵循质量守恒定律、动量守恒定律、能量守恒定律、辐射传递方程及化学反应动力学。假设反应器内的流体为常物性且为不可压缩流体,反应器内的流动为层流;在传质传热过程中,忽略 Ar 的吸收与散射作用。所用守恒定律的基本控制方程如下。

(1)流动和传热模型。

保护气体流速较低,为层流状态($Re < 1\,000$)。流体流动和传热由连续性方程、动量方程和能量方程控制,控制方程如下:

$$\rho(\boldsymbol{u} \cdot \nabla)\boldsymbol{u} = \nabla \cdot \left\{ -p + \mu[\nabla\boldsymbol{u} + (\nabla\boldsymbol{u})^{\mathrm{T}}] - \frac{2}{3}\mu \nabla\boldsymbol{u} \right\} + \boldsymbol{F} + \rho\boldsymbol{g} \quad (9.1)$$

$$\nabla \cdot (\rho\boldsymbol{u}) = 0 \quad (9.2)$$

$$\rho c_{\mathrm{p}}\boldsymbol{u} \cdot \nabla T - \nabla(k \nabla T) = 0 \quad (9.3)$$

式中,ρ 为流体密度;$[u]$ 为速度矢量;p 为压强;μ 为动力黏度;F 为包含其他的模型相关源项,如多孔介质和自定义源项;g 为重力加速度;c_{p} 为比定压热容;T 为温度;k 为导热系数。

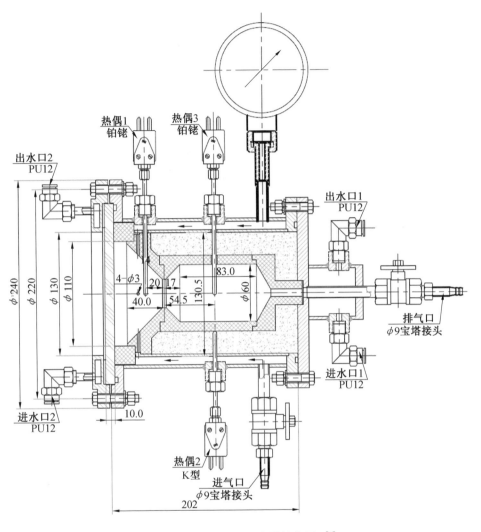

图 9.1　实际热化学反应器结构图 1[8]

（2）辐射传热模型。

辐射传热模型为表面对表面辐射传热及表面对环境辐射，辐射通量取决于表面发射率、反射率和温度，辐射控制方程如下：

$$J = \varepsilon n^2 \sigma T^4 + \rho_d G \tag{9.4}$$

$$G = G_m(J) + G_{amb} + G_{ext} \tag{9.5}$$

$$G_m(J) = \int_{S'} F_{SS'} J' dS \tag{9.6}$$

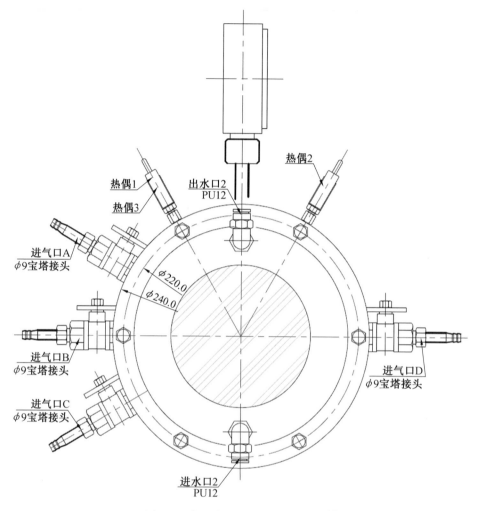

图 9.2　实际热化学反应器结构图 2[8]

$$G_{\mathrm{amb}} = F_{\mathrm{amb}} n^2 \sigma T_{\mathrm{amb}}^4 \tag{9.7}$$

$$-q = \varepsilon \sigma (T_{\mathrm{amb}}^4 - T^4) \tag{9.8}$$

式中，J 为辐射能；ε 为发射率；n 为透明介质折射率，取 1；σ 为斯蒂芬－玻耳兹曼常数；T 为表面温度；ρ_{d} 为反射率；G 为入射辐射通量；G_{m} 为来自其他表面的辐射通量；S、S' 为表面 S 和 S'；$F_{SS'}$ 为表面 S' 对表面 S 的辐射份额；G_{amb} 为来自环境的辐射通量；G_{ext} 为外加辐射通量，即太阳模拟器辐射到表面的能量；F_{amb} 为环境对表面的辐射份额；T_{amb} 为环境温度；q 为向环境辐射的能流密度。

　　不考虑光谱的影响，壁面的吸收率与其发射率相等，反应腔壁面认为是不透

明的,并且光线在壁面的发射及反射都是各向同性的。则有

$$J = \varepsilon n^2 \sigma T^4 + (1-\varepsilon)(G_{\text{ext}} + F_{\text{amb}} n^2 \sigma T_{\text{amb}}^4 + \int_{S'} F_{\text{SS}'} J' \text{d}S) \qquad (9.9)$$

利用 COMSOL 求解多物理场耦合,研究计算得到反应器中的热输运特性。边界条件参数见表 9.1,通入辅助气体氮气,考虑材料各项参数随温度的变化,以及吹扫和热化学反应两种工况下氮气流速不同,对反应器热输运特性进行仿真。

表 9.1　边界条件参数

边界条件	参数
辅助气体入口	氮气:$v = 0.6$ m/s 和 0.1 m/s;$T = 400$ K;$p = 1$ atm
辅助气体出口	自由出流
外部边界	$H = 4$ W/m²;$T = 293.15$ K;$p = 1$ atm
定温边界	$T = 293$ K

入射的光线一部分被反应器壁面吸收,另一部分被反射并继续传递,直到被完全吸收或离开腔体。系统光线传输如图 9.3 所示。

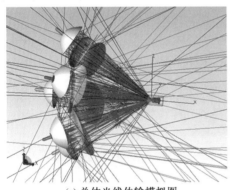
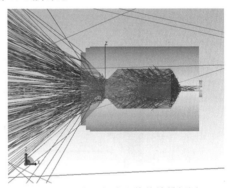

(a) 总体光线传输模拟图　　　　　　　(b) 反应器部分光线传输模拟图

图 9.3　系统光线传输

由于材料的发射率随温度变化而变化,考虑到发射率等于吸收率,吸收率也会随温度变化,因此选取吸收率为 0.8、0.7、0.6、0.5、0.4、0.3、0.2 进行光路模拟,得到反应器各表面的辐照度,将这些数据点导入 COMSOL 得到内插函数,作为反应器各接收面的边界热源。反应腔中部区域由于沿 x 轴方向辐照有着明显的变化,因此中部区域热源为随坐标的热流变化乘以一个随吸收率变化的系数。由于反应腔入口左侧的辐照主要集中在靠近入口 10 mm 的范围内,因此模拟中

将辐照入口前的辐照集中在该范围,出口段辐照集中在前半部分。取反射镜的反射率为 93%,菲涅尔透镜透射率为 93%,石英玻璃透射率为 95%,因此热源均需乘系数 0.821 655。

图 9.4 所示为稳态时反应器内部气体速度场。辅助气体 N_2 以 0.6 m/s 的速度从左侧上下两孔($\phi3$ mm)通入锥形区,由于边界层的影响,入口中心区域速度高于 0.6 m/s,气体离开入口段后由于惯性会拥有一定的速度,并逐渐降低。由于重力和压力作用,下方入口流入的气体较贴近壁面,并在反应腔中呈一定弧度流动。而上方入口流入的气体倾向于填充前部锥形区。由于出口孔径较小,气体收缩,速度增加,最后从右侧孔($\phi8$ mm)流出反应器。

入口轴线上气流速度(简称流速)最高为 1.49 m/s。流入反应腔内的气体有着明显的流线,反应腔入口处最大流速为 0.89 m/s,由于管径扩大及壁面阻力的影响,进入反应腔的气体流速逐渐减小,流线最高点有最低流速(0.60 m/s),在反应腔后部由于管径缩小和气体受热膨胀,流速明显增加,出口轴线上的流速最高为 2.58 m/s。

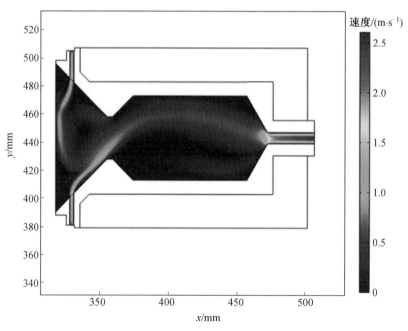

图 9.4 稳态时反应器内部气体速度场

稳态时反应器的温度场如图 9.5 所示,由图可见,反应腔中最高温度出现在氧化铝内,高达 1 644 K,高温区主要集中在氧化铝反应腔的中部和后部,在保温材料硅酸铝中温度下降得很快,最低温度位于外壁面角点。反应腔内部贴近壁面的气体由于流速较慢,会保持较高的温度;反应腔中心部分气体由于流速较高,换热时间短,温度较低。反应腔入口气体温度最低只有 589 K,出口段气体最低温度为 817 K,最高温度达 1 316 K。反应腔内部非主流线冲刷部分可以保持超过 1 400 K 的较高温度。石英玻璃温度低于 400 K,在正常工作温度范围中。

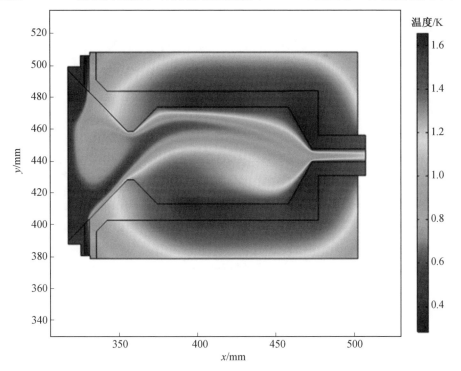

图 9.5　稳态时反应器的温度场

图 9.6 所示为氧化铝反应腔上侧内壁(内壁面)、反应腔中心线和硅酸铝上侧外壁(外壁面)的温度分布曲线,可以看出腔内壁的中部和后部的温度较高,由于气体不完全沿反应腔轴线流动,气体流速较低的地方温度高,反应器的内外壁由于热传导温度变化趋势相似。内壁面平均温度为 1 553 K,外壁面平均温度为 1 028 K。

对反应状态的速度温度场进行模拟。令辅助气体 N₂流速为 0.1 m/s,实际流量约为 170 mL/min,接近热化学反应时的气体流量,得到稳态时反应器的速度场和温度场如图 9.7 和图 9.8 所示。

从两个辅助气体流速下的速度场和温度场对比可以看出,高流速下气体由

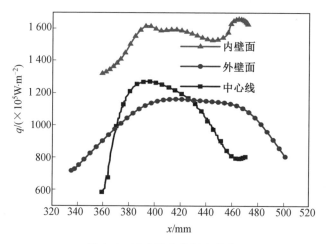

图 9.6 反应腔内外温度分布

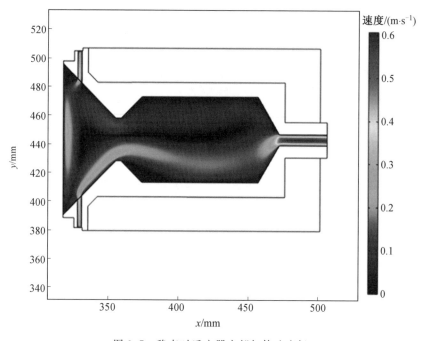

图 9.7 稳态时反应器内部气体速度场

于具有较高的动量贴近上壁面,而低流速下气体由于动量低贴近下壁面。同时由于流速降低,反应器的整体温度明显升高。反应腔后部及出口部分温度较高,超过 1 700 K。反应腔主流线入口处气体温度只有 850 K,到反应腔中部便有 1 100 K 以上,可见反应腔中有很高的热量交换,但只有在比较接近出口位置的

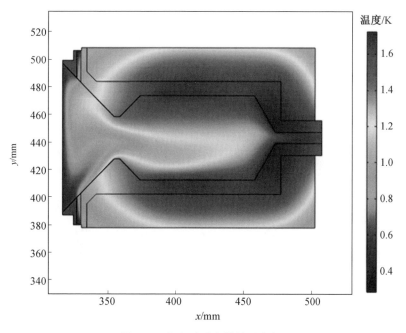

图 9.8　稳态时反应器的温度场

气体温度才满足热化学反应条件。

综上所述,该反应器热输运同时包含固体导热、对流传热、辐射传热,氧化铝腔体可以达到较高的温度,从而为热化学反应提供所需的温度条件。辅助气体由于流量、流速较高,在反应腔中可能达不到反应所需的温度条件,而实际反应中需要降低反应气体流速,以及在反应腔中加入催化剂及其载体,对气体流动产生一定的阻碍,从而强化热交换,让气体达到较高的温度,并使腔内气体温度分布更均匀。

要实现更高的热转换效率及热化学反应性能,关键的技术难题是腔接收器内传热和流体流动的优化及催化剂材料的热特性。多孔结构由于其潜在应用,如可制成转化汇聚太阳能的催化反应器和容积式热交换器,已经用于太阳能反应器中来增强传热、传质和热化学反应性能。此外,多孔材料可作为催化剂的优良载体,有着良好的储存热和释放热的能力,可以在其较大的表面积上发生热化学反应。对在反应器内填充的多孔介质进行稳态计算,令辅助气体 N_2 流速为 0.1 m/s,多孔介质孔隙率为 0.9、0.7 和 0.5,对反应器的速度场和温度场进行模拟,结果如图 9.9 和图 9.10 所示。

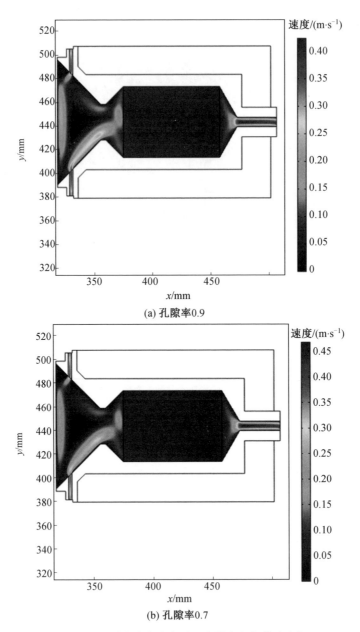

(a) 孔隙率0.9

(b) 孔隙率0.7

图 9.9　不同孔隙率稳态时反应器内部气体速度场

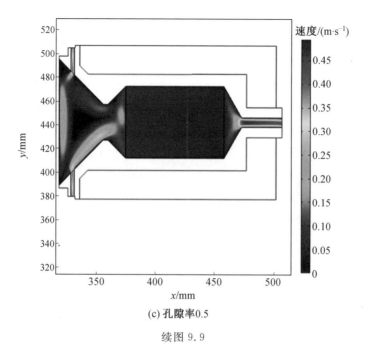

(c) 孔隙率0.5

续图 9.9

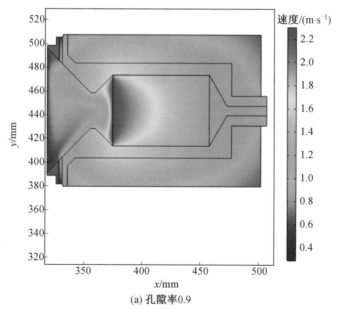

(a) 孔隙率0.9

图 9.10　不同孔隙率稳态时反应器的温度场

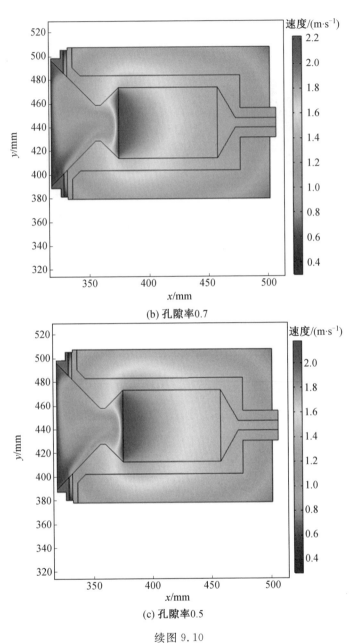

(b) 孔隙率0.7

(c) 孔隙率0.5

续图9.10

入口段流速不断增加,入口轴线上气流速度最高为 0.41 m/s。进入反应腔前的气体有着明显的流线,多孔介质对于气体流动的阻碍—作用使气体在多孔前表面流速趋于均匀,进入多孔的气体流速逐渐减小,由 0.07 m/s 降至 0.04 m/s,在反应腔后部由于管径缩小,流速明显增加,出口轴线上的速度最高为 0.42 m/s。随着孔隙率的降低,气体流动速度增加,以孔隙率 0.9 为例,多孔材料前表面有着很高的温度约 2 250 K,温度分布近似扇形,分布较对称,受重力影响较小,反应腔中心位置温度约为 1 660 K,排出的气体温度约为 1 050 K。随着孔隙率的降低,最高温度有所降低,但扇形区域扩大,即更多热量通过导热形式传到氧化铝反应腔中,多孔中气体和固体间的换热也增强,使出口排气温度增加。实际情况下 2 200 K 温度过高,材料很难承受极高的温度,因此需要通过降低光源功率或减少氙灯数量来使其达到所需温度。

为降低多孔材料表面温度防止材料损坏,对单聚光单元辐照时的反应器热性能进行仿真。稳态时反应器的速度温度场分别如图 9.11 和图 9.12 所示。

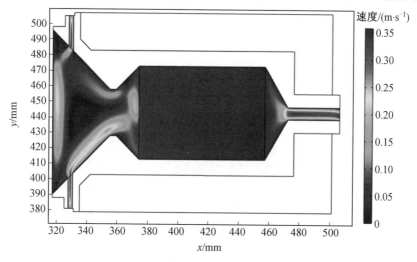

图 9.11　稳态时反应器内部气体速度场

可以看出单碟聚光时,反应器的最高温度明显降低,约为 1 750 K,同时由于热膨胀作用的减小,气体流速也有所降低,总的温度分布场趋势为多孔材料升温速度高于反应腔体升温速度。

为得到反应器在接收太阳模拟器辐照时各部分温度随时间的变化特性,进行反应器瞬态热输运特性研究。图 9.13 所示为七碟聚光单元下,含孔隙率为0.9 的多孔材料的反应器在不同时刻的温度场图。多孔材料前表面和反应腔前端的温度首先发生变化,且辐照能流密度高的位置升温快,20 s 多孔材料前表面

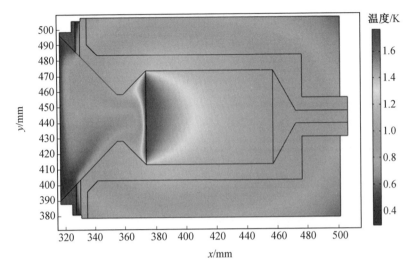

图 9.12 稳态时反应器的温度场

温度会升高 1 700 K，500 s 左右反应腔前壁面温度达到 1 000 K。可以明显地看出气体流过的部分温度较低，多孔材料温度由前表面呈半圆形向后部扩散升温。500 s 之前保温层的温度变化不太明显，基本不超过 500 K，1 000 s 时只有靠近反应腔前部温度较高，可见保温层有着良好的保温效果。

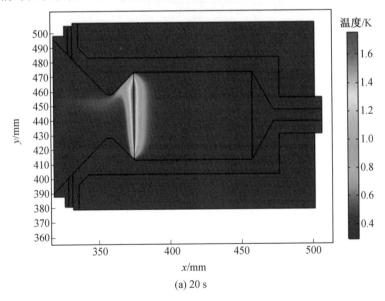

(a) 20 s

图 9.13 反应器瞬态温度场图

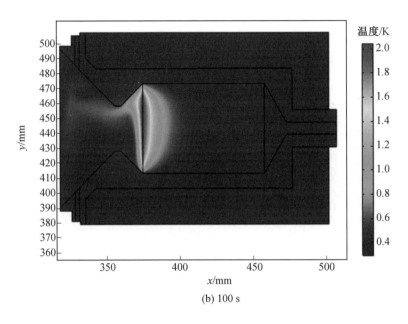

(b) 100 s

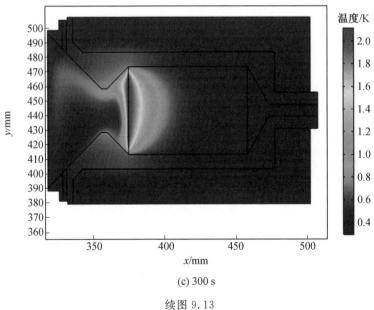

(c) 300 s

续图 9.13

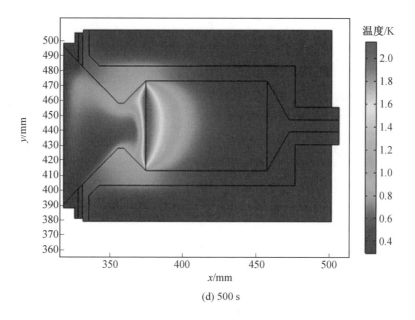

(d) 500 s

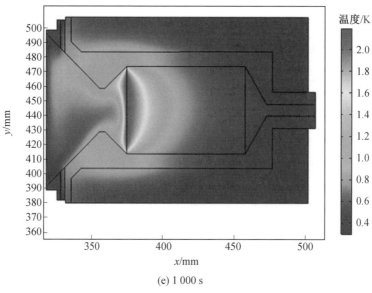

(e) 1 000 s

续图 9.13

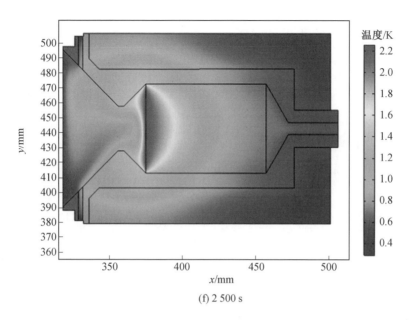

(f) 2 500 s

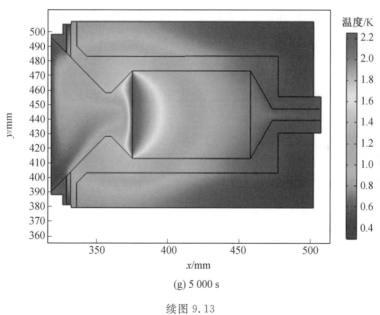

(g) 5 000 s

续图 9.13

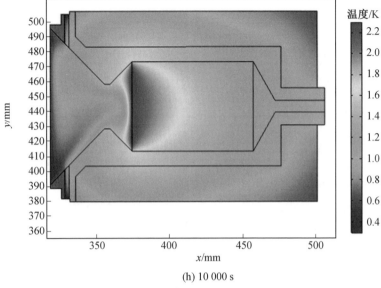

(h) 10 000 s

续图 9.13

图 9.14 和图 9.15 所示分别为反应腔中轴线和上壁面的瞬态温度分布曲线。由图 9.12 可知,由于多孔前表面的辐照度较高,在最开始极短的 20 s 内温度升至 1 710 K,随着继续加热,整个多孔材料的温度逐渐上升,在 10 000 s 时趋于稳定,最高温度达 2 250 K,最高温度位于多孔前表面后 2 mm 位置。进入反应腔的气体温度由 425 K 升至 884 K,离开反应腔的气体温度由 293 K 升至 1 148 K。

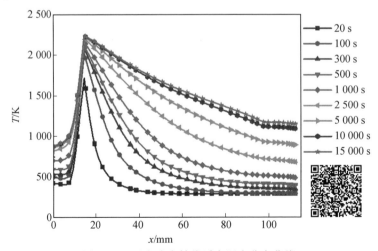

图 9.14　反应腔中轴线瞬态温度分布曲线

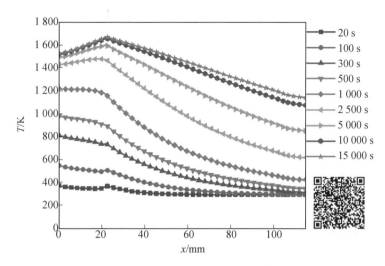

图 9.15　反应腔上壁面瞬态温度分布曲线

可见多孔材料如果过长,前后温度差会非常大,因此测温点的选取有着很重要的影响,壁面前部温度过高且有光照直射难以进行准确测量,壁面后部温度较低,难以表征多孔介质整体温度。因此测量点最好选取在壁面前中部的多孔介质内,可以保证有较大部分区域满足温度需求,还便于控制前表面温度低于融化温度,实际测量时应在一定功率的辐照下保持足够的时间,观察测量得到的温度趋势,以推算前表面温度。

由图 9.13 可知,由于太阳模拟器提供的辐照作用,多孔介质前的表面温度明显高于气体温度,并且由于模拟多孔介质为均匀相,气体进入多孔介质区便无法进行区分。多孔介质部分热量是由多孔介质通过导热向壁面传热,因此多孔介质中部温度要高于壁面温度。

9.2　太阳能热化学裂解 CO₂ 的反应机理与特性

太阳能热化学裂解 CO₂ 的反应机理是太阳能热化学转化过程中某一化学变化所经由的全部基元反应,将复杂反应分解成若干基元反应再按规律重组,从而阐述复杂反应的内在联系,以及总反应与基元反应的内在联系。两步氧化还原反应以氧载体材料中金属元素价态的改变作为循环反应的基础,因而对该过程的数值建模不能仅考虑气相反应。在此循环过程中,氧载体材料与气相物质发生氧交换的表面反应过程是反应动力学建模的核心。然而,当前的研究对于高温热化学过程中氧载体表面反应的动力学描述十分稀少,鲜有研究能够提供建模所需的全部反应动力学参数。表面反应速率 r_s 作为反应物浓度的函数,与反应级数相关,可表示为[9]

$$r_s = k(T) \prod_{i=1}^{I} [X_i]^n \tag{9.10}$$

式中,$k(T)$ 为反应速率常数;X_i 为第 i 种物质占总表面物质的摩尔分数;n 为反应级数。其中,反应速率常数视为反应温度的函数,由指前因子、温度指数和反应活化能共同决定,其通用公式表述为[9]

$$k(T) = A \left(\frac{T}{298}\right)^{\beta} \exp\left(-\frac{E_a}{RT}\right) \tag{9.11}$$

式中,A 为指前因子(具体单位视反应级数而定);β 为温度指数;E_a 为反应活化能,cal/mol;R 为理想气体常数(8.314 kJ/(mol·K))。

以铁基工质对为例,其在还原性气体作用下会经历以下形态转变:Fe_2O_3—Fe_3O_4—FeO—Fe。氧化过程的转换顺序则相反。根据气体氛围还原性的强弱和温度条件,上述四种形态转换在实际反应过程中可能不会完全出现。通过查询相关文献,铁基工质对两步氧化还原循环过程中所涉及的表面反应动力学参数见表9.2。

表 9.2　铁基工质对两步氧化还原表面反应动力学参数

反应方程式	A	β	$E_a/(\mathrm{cal \cdot mol^{-1}})$	n	文献
$3Fe_2O_3 \longrightarrow 2Fe_3O_4 + 0.5O_2$	2.77×10^{14}	0	116 344	1.264	[10]
$3Fe_2O_3 + CO \longrightarrow 2Fe_3O_4 + CO_2$	6.20×10^{-2}	0	4 778	1	[11]
$3Fe_2O_3 + H_2 \longrightarrow 2Fe_3O_4 + H_2O$	$2.30 \times 10^{-2.2}$	0	5 734	0.8	[11]
$4Fe_2O_3 + CH_4 \longrightarrow 8FeO + CO_2 + 2H_2O$	$1.15 \times 10^{10.36}$	0	59 964	0.56	[12]
$Fe_2O_3 + 3CO \longrightarrow 2Fe + 3CO_2$	10.8	0	8 839	1	[12]
$Fe_2O_3 + 3H_2 \longrightarrow 2Fe + 3H_2O$	$2.24 \times 10^{6.96}$	0	14 095	1.16	[12]
$Fe_3O_4 \longrightarrow 3FeO + 0.5O_2$	6.43×10^{15}	0	176 427	3.242	[13]
$Fe_3O_4 + H_2 \longrightarrow 3FeO + H_2O$	2.20×10^4	0	30 866	—	[14]
$Fe_3O_4 + CO \longrightarrow 3FeO + CO_2$	5.60×10^4	0	55 902	—	[15]
$Fe_3O_4 + 4H_2 \longrightarrow 3Fe + 4H_2O$	3.17×10^{-5}	0	2 867	1	[16]
$4Fe_3O_4 + O_2 \longrightarrow 6Fe_2O_3$	3.10×10^{-2}	0	3 344.6	1	[11]
$4FeO + CH_4 \longrightarrow 4Fe + CO_2 + 2H_2O$	$6.56 \times 10^{12.46}$	0	54 947	0.91	[12]
$FeO + O \longrightarrow Fe + O_2$	4.68×10^{-10}	-0.37	728.65	2	[17]

续表9.2

反应方程式	A	β	$E_a/(\text{cal} \cdot \text{mol}^{-1})$	n	文献
$FeO + CO \longrightarrow Fe + CO_2$	7.66×10^{-13}	0.57	972.32	2	[17]
$FeO + H_2 \longrightarrow Fe + H_2O$	1.50×10^3	0	28\ 716	—	[14]
$3FeO + 0.5O_2 \longrightarrow Fe_3O_4$	$8.64 \times 10^{1.54}$	0	1\ 672	0.59	[12]
$3FeO + H_2O \longrightarrow Fe_3O_4 + H_2$	4.60×10^3	0	24\ 392	2.872	[13]
$3FeO + CO_2 \longrightarrow Fe_3O_4 + CO$	7.41×10^{-5}	0	16\ 484	0.794	[18]
$Fe + O_2 \longrightarrow FeO + O$	1.60×10^{-9}	-0.02	22\ 294.15	2	[17]
$Fe + CO_2 \longrightarrow FeO + CO$	2.32×10^{-10}	0	28\ 906.9	2	[17]
$3Fe + 4H_2O \longrightarrow Fe_3O_4 + 4H_2$	$1.12 \times 10^{3.5}$	0	6\ 450	0.75	[12]
$3Fe + 4CO_2 \longrightarrow Fe_3O_4 + 4CO$	1.10×10^5	0	25\ 897	—	[14]
$Fe + O_2 \longrightarrow FeO_2$	2.05×10^{-28}	-2.6	6\ 295	3	[17]
$FeO + O_2 \longrightarrow FeO_2 + O$	1.02×10^{-11}	0.4	16\ 288.2	2	[17]
$FeO + CO_2 \longrightarrow FeO_2 + CO$	6.48×10^{-9}	0	45\ 629.9	2	[17]
$FeO_2 \longrightarrow Fe + O_2$	8.42×10^{-3}	-4.0	89\ 587.5	2	[17]

　　针对太阳能热化学裂解 CO_2 反应特性研究,目前研究人员正在通过太阳模拟器和热化学反应器的结合进行实验测试[19-24],取得令人鼓舞的结果,从而反映了这种工艺的可靠性和可行性。图 9.16 所示为太阳能裂解 CO_2 的实验测试系统。原型反应器的模型参考了课题组之前及 Steinfeld[22, 24, 26] 的研究。在实验开始前,用高纯度的氩气来净化反应器中的空气,通过一个气体质量流量控制器(Sierra C100L),氩气的入口流量设定为 200 mL/min。在二氧化碳裂解阶段,氩气和二氧化碳气体的流速均为 100 mL/min。进入反应器腔体的气流通过受光面,热化学反应发生在填充在反应器空腔的多孔材料中。产物气体从反应器出口排出反应器,直接连接到气相色谱仪(Scion 456C),以便每 12 min 对产物的组分进行分析。反应器的前后均配备水冷系统,以确保石英窗和排出反应器出口气体的冷却。S 型和 K 型热电偶被设置在反应器的中间,分别监测多孔催化材料的工作温度和保温层温度。温度测量点设置在距离前部受光面 20 mm 处。在反应腔室中填充厚度为 40 mm、直径为 60 mm、孔径为 2.54 mm 的多孔氧化物材料,通过模板法制备约 50 g 的 SiC 多孔基材,然后在其上涂覆 4 g CNF-13,最后在 700 ℃ 下预热 6 h 去除杂质。

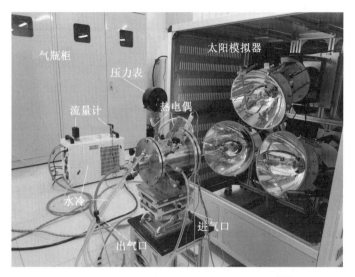

图 9.16　太阳能裂解 CO_2 的实验测试系统[25]

图 9.17 为 CNF−13@SiC 的热化学循环实验曲线[27]。热化学氧化还原循环分别在 1 200 K 和 1 035 K 的还原和氧化温度下进行。如图 9.17 所示,初始加热阶段的特点是由于氧载体材料的热分解和 SiC 基材的氧化而产生 CO,以及由 SiC 基材制备时有黏结剂残留导致高温下 H_2 的生成。当在保温阶段通入二氧化碳时,观察到明显的 CO 生成,而 H_2 产量的明显下降。后续还原阶段中反应温度的提高促进了剩余 CO_2 的转化,从而导致 CO 和 H_2 的产量同时增加。

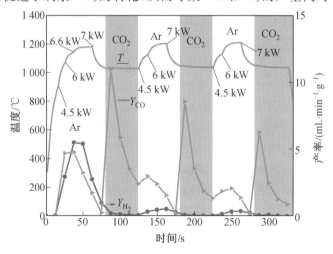

图 9.17　CNF−13@SiC 的热化学循环实验曲线

在热化学循环过程中用 CNF−13@SiC 测试时,没有明显的 O_2 释放。推测在氧化物的还原过程中释放的氧气与 SiC 反应,在每个还原步骤中均产生 CO。涂覆 CNF−13 的 SiC 多孔骨架的 CO_2 解循环分析表明,CO 产量从 10.98 mL/(min・g)下降到 8.56 mL/(min・g)和 6.265 mL/(min・g)。理论上,在一个循环中每克 CNF−13 可产生 58.9 mL 的二氧化碳。因此由于光和热的联合作用,SiC 多孔基质将有助于 CO 的生产。最高的瞬时 CO 和 H_2 产量分别为 10.98 mL/(min・g)和 5.50 mL/(min・g)。通过计算出口的 CO,使用 CNF−13@SiC 可以获得 CO 总产量为 3 055 mL。CNF−13 的平均 CO_2 转化率为 23.3%,具有良好的热化学 CO_2 裂解催化活性,单循环转化率分别为 33.9%、23.7% 和 12.1%。如果计算只考虑 CO_2 通入阶段,在 3 个氧化还原循环中可以得到 1 217.5 mL、815.2 mL 和 525.2 mL 的 CO 产量。考虑单位催化剂质量,使用 CNF−13 的 CO 产量达到 304.34 mL/g、203.8 mL/g 和 131.3 mL/g。该产量远远高于文献[28]中报道的 CO 的产量(5.88 ± 0.43)mL/g。此外,考虑到 CO 的 12.64 MJ/Nm³ 热值,使用 CNF−13 涂覆的 SiC 多孔介质可以获得平均储能功率为 0.16 kJ/min,最大瞬时储能功率为 0.56 kJ/min。在太阳能热化学实验系统中,太阳能到燃料的总能量转换效率由以下公式定义:

$$\eta_{solar-fuel} = \frac{HHV(CO) \cdot V_{CO}}{Q_{solar}} = \frac{HHV(CO) \cdot V_{CO}}{\sum (P_{lamb} \cdot t_{heat}) \cdot \eta_{electricity-heat}} \tag{9.12}$$

式中,HHV(CO) 为一氧化碳的高位热值,$HHV(CO) = 12.64$ MJ/Nm³;V_{CO} 为二氧化碳裂解过程中产生的 CO 产量(体积);Q_{solar} 为太阳能模拟器提供的总能量输入;P_{lamb} 为氙气灯的总功率;t_{heat} 为氙气灯的工作时间;$\eta_{electricity-heat}$ 为电—热转换效率(在该实验系统中约为 30%)。

计算得到使用 CNF−13 涂覆的 SiC 多孔介质时的 $\eta_{solar-fuel}$ 为 0.127%。较低的效率主要是由于反应器的隔热性能较差,以及催化剂负载和二氧化碳流速较低。为了提高流速,应该考虑与催化剂吹落和 CO_2 停留时间相关的问题。例如,优化反应器内腔结构和增加催化剂负荷是提高系统效率的有效途径。

如图 9.18 所示,进一步研究了 SiC 多孔骨架的 CO_2 裂解性能,以获得 SiC 多孔骨架对二氧化碳还原的催化活性影响。三个循环中二氧化碳产量的减少主要是由于 SiC 具有稳定性,在接受高通量太阳辐射的部分,SiC 促进了 CNF−13@SiC 多孔介质前表面的 CO_2 到 CO 的太阳能热化学还原。为了得到图 9.19 所示的 CNF−13 的催化性能,用图 9.17 所示的 CNF−13@SiC 得到的产物量减去相同实验条件下的 SiC 空白实验得到的产物量。三个循环中一氧化碳的产量均匀地下降,直到 4 g 的 CNF−13 可以达到的理论产量。这表明负载在 SiC 上的

CNF-13 有助于二氧化碳的还原,特别是在受光反应部分。由于直接的热辐照,SiC 逐渐转化为 SiO$_2$ 失去其较高的表面催化活性。之后反应器后部温度的上升提高了 CNF-13@SiC 多孔介质内部的 CO$_2$ 催化裂解活性。此时,SiC 与 CO$_2$ 反应,在高温条件下生成 CO。当大部分符合反应条件的 SiC 表面发生反应时,实际产生的 CO 接近于 CNF-13 催化活性得到的 CO。

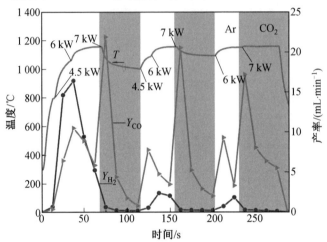

图 9.18 SiC 多孔骨架的实验温度曲线及随时间变化的 CO 和 H$_2$ 产率曲线

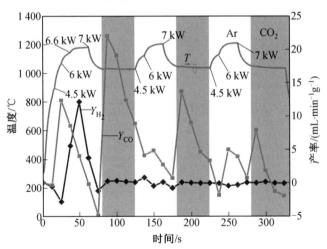

图 9.19 扣除 SiC 骨架后的 CNF-13 的实验温度曲线及随时间变化的 CO 和 H$_2$ 产率曲线

此外,为了研究多孔 SiC 基材在热化学裂解 CO$_2$ 中的影响,详细研究了

NiFe₂O₄、NiFe₂O₄@SiC 和 NiFe₂O₄@Si₃N₄ 多孔材料的热化学性质,全面了解材料在高度聚光的太阳辐射下的物理化学性质变化和热化学反应能力。图 9.20 和图 9.21 所示为 NiFe₂O₄@SiC 和 NiFe₂O₄@Si₃N₄ 在 700 min 的工作时间内连续进行的 7 个氧化还原循环的 CO 产量和温度变化。如图 9.20 所示,NiFe₂O₄@SiC 的热化学氧化循环在 1 000 ℃和 800 ℃的热还原和氧化温度下分别进行,用 10.6 g 的 NiFe₂O₄ 负载在 40 mm 厚的 SiC 多孔骨架上(47.8 g)作为氧化还原材料,进行了 7 个循环的太阳能热化学实验。热还原阶段在 300 mL/min 的氩气流下进行,热活化反应介质的氧化是在 200 mL/min 氩气和 100 mL/min 二氧化碳混合气流下进行的。实线和虚线分别描述了通过 NiFe₂O₄@SiC 氧化还原材料和 SiC 基材的热化学反应产生的 CO。当在保温阶段通入 CO₂时,观察到明显的 CO 产生。在括号中列出仅使用 SiC 骨架进行热化学测试时的 CO 产量及 CO₂转化率。从结果中可以看出,在太阳能热化学实验过程中,共测得 2 294.6 mL(1 023.3 mL)的 CO 产量,平均 CO₂转化率为 11.2% (5.0%)。二氧化碳转化率在最高 18.1%(6.7%)和最低 7.2%(3.6%)之间波动。多孔反应介质的总质量为 58.43 g,通过单一循环测得的最高 CO 产量可以达到 410 μmol/g(150 μmol/g)。实验的整体太阳能转化为燃料的效率为 0.048%(0.021%),其中包括热解 NiFe₂O₄ 氧气载体所需的能量。此外,选择 Si₃N₄ 作为骨架材料,进一步研究了不同载体的性能,如图 9.21 所示。

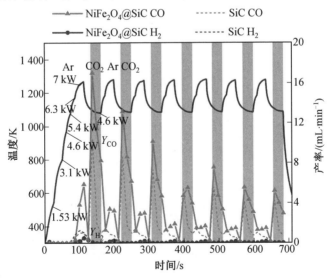

图 9.20　涂覆 NiFe₂O₄ 的 SiC 多孔材料的热化学反应特性

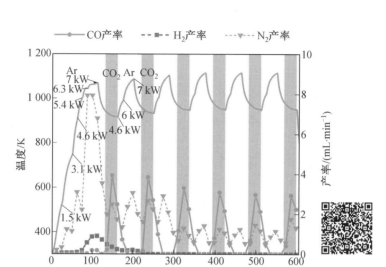

图 9.21 涂覆 $NiFe_2O_4$ 的 Si_3N_4 多孔材料的热化学反应特性

在相同的工作条件下，Si_3N_4 骨架比 SiC 骨架的温度约低 200 ℃。Si_3N_4 较低的热性能是由于其较差的光吸收性能，这可能会影响 $NiFe_2O_4$ 载氧体的反应性，以及由于氧载体到基材的传热限制而降低整体 CO 产量[29]。热活化 SiC 和 Si_3N_4 多孔骨架介质的 CO_2 生成曲线随时间的变化如图 9.22 所示，在整个实验过程中可以测量到少量的 N_2，体积分数约为 0.5%，这主要是由于反应器的污染和某些位置的漏气。事实证明，Si_3N_4 在加热过程中产生了大量的 N_2。在 1 次

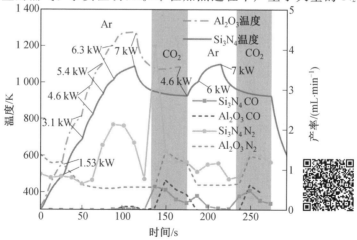

图 9.22 热活化 SiC 和 Si_3N_4 多孔骨架介质的 CO_2 生成曲线随时间的变化

循环中通入二氧化碳时，N₂ 的产量也会增加。此外，当 CO₂ 在 2 次循环中通入时，几乎没有观察到额外的 N₂ 生成。图 9.23 显示，负载 NiFe₂O₄ 的 SiC 的 CO 产量是纯 SiC 骨架的 2～3 倍。负载在 40 mm 厚的 SiC 多孔骨架上的 10.6 g NiFe₂O₄（共 47.8 g）的热化学循环过程在 6 个循环后可以达到稳定。此外，通过 NiFe₂O₄@SiC 氧化还原材料产生的 CO 高于单独使用 NiFe₂O₄ 和 SiC 产生的 CO 之和，这表明 SiC 载体和氧载体之间有协同作用可促进 CO₂ 裂解。图 9.24 中保温层的温度约为多孔介质温度的 55%，这表明即使在长时间的工作条件下，反应器的热性能保持良好。

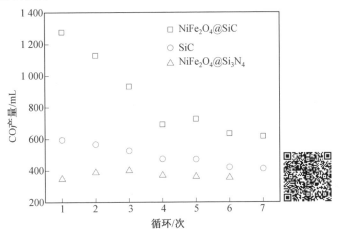

图 9.23　7 个周期的 CO 产量比较

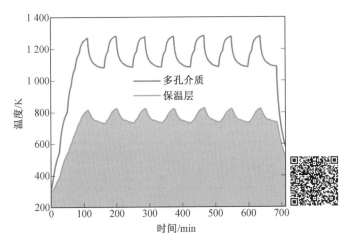

图 9.24　保温层和涂覆 NiFe₂O₄ 的 SiC 多孔骨架介质的温度曲线

材料的表征和分析主要是通过测试 $NiFe_2O_4$、SiC、Si_3N_4 及其组合材料在反应前后的物理化学性能变化来进行的。样品的制备是在 Ar 或 CO_2 气氛下将新鲜材料在管式炉中加热到 1 000 ℃，并在热化学循环实验后将材料研磨。新鲜煅烧样品的 X 射线衍射（XRD）谱图（图 9.25）显示了反应前后 $NiFe_2O_4$ 和载体材料的衍射峰。

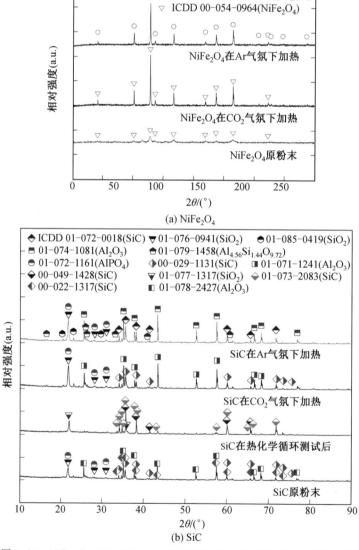

(a) $NiFe_2O_4$

(b) SiC

图 9.25　$NiFe_2O_4$、SiC、$NiFe_2O_4@SiC$ 和 $NiFe_2O_4@Si_3N_4$ 的 XRD 谱图

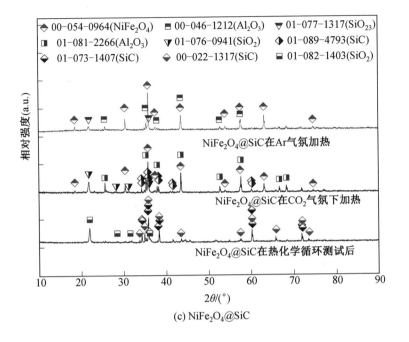

(c) NiFe₂O₄@SiC

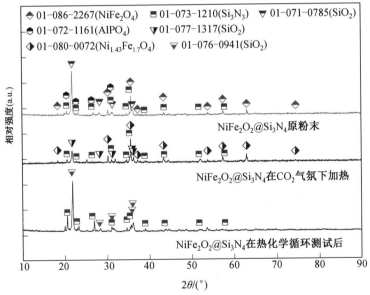

(d) NiFe₂O₂@Si₃N₄的XRD谱图

续图 9.25

　　通过图 9.25（a），可以看出，加热后的 $NiFe_2O_4$ 的衍射峰明显增强。$NiFe_2O_4$ 在 Ar 中加热时被分解，导致被空气重新氧化后晶体形态发生变化。SiC 多孔骨架的合成过程很复杂，新鲜的骨架材料是由多种物质组成的。经过不同的反应，SiC 的晶相发生了许多转变（图 9.25（b））。关于图 9.25（c）和图 9.25（d）中描述的 XRD 谱图，由于氧载体的负载量远小于支撑材料的质量，而且粉末在实验中被吹走或在取放过程中丢失，所以未在太阳能热化学循环实验后的材料中发现明显的 $NiFe_2O_4$ 峰。拉曼光谱如图 9.26 所示，SiC 的峰主要在 785 cm^{-1} 和 965 cm^{-1} 左右，$NiFe_2O_4$ 的峰主要在 300 cm^{-1}—700 cm^{-1} 之间，Si_3N_4 的峰主要在 260 cm^{-1} 和 360 cm^{-1} 左右。如图 9.26（a）所示，太阳热化学循环反应后，968 cm^{-1} 的峰值信号明显增强。与 SiC 相比，$NiFe_2O_4$ 和 Si_3N_4 的全部信号较弱。在高拉曼位移部分有许多杂质峰，这在材料与 CO_2 反应后尤为明显。热化学循环反应前后多孔材料的 SEM 图像和热化学循环反应后加载 $NiFe_2O_4$ 材料的 SEM 图像如图 9.27 所示。通过图 9.27 中描述的 SEM 图像，可以确定骨架的微孔结构以及支撑在骨架上的 $NiFe_2O_4$ 纳米颗粒。在太阳能热化学反应后，大部分材料被烧结成微米级的大块。通过 EDS 扫描可以看到 Ni 和 Fe 的存在和不均匀分布（Ni/Fe 摩尔比 $\neq$ 1/2）。

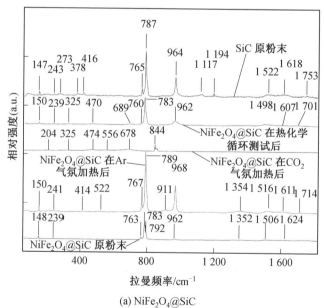

(a) $NiFe_2O_4@SiC$

图 9.26　热化学反应前后 $NiFe_2O_4@SiC$ 和 $NiFe_2O_4@Si_3N_4$ 的拉曼光谱

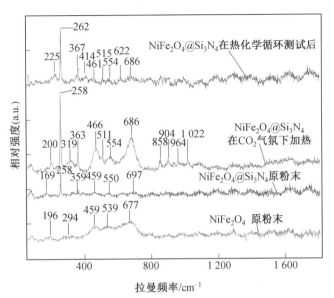

(b) NiFe₂O₄@Si₃N₄

续图 9.26

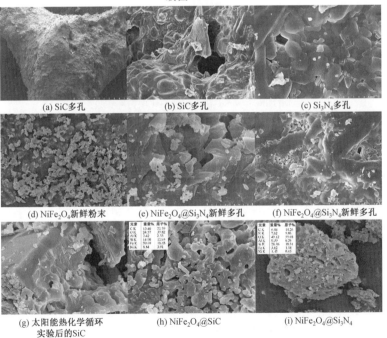

图 9.27　实验前后多孔负载的 SEM 图像

NiFe$_2$O$_4$@SiC 和 NiFe$_2$O$_4$@ Si$_3$N$_4$ 在太阳能热化学反应前后的 XPS 谱图如图 9.28 所示。在反应前后,NiFe$_2$O$_4$@SiC 中的铁浓度略有变化。反应后,材料的表面主要是 Fe^{3+} 的复合。然而,反应后 NiFe$_2$O$_4$@ Si$_3$N$_4$ 表面的 Fe^{2+} 浓度明显增加。氧化物中的氧在热化学反应后主要与碳酸盐和硅石中的氧结合。反应后几乎观察不到 Ni 信号,而反应前则观察到 Al 信号。对 SiC 载体材料参与反应的可能性的分析表明,SiC 载体对于高温热化学二氧化碳裂解来说不是化学惰性的。研究发现,SiC 载体可以与反应介质中的富氧活性气体,如 CO$_2$ 和 O$_2$ 发生反应,其可能的化学反应路径定义如下:

$$SiC + 3CO_2(g) \longrightarrow SiO_2 + 4CO(g) \tag{9.13}$$

$$2SiC + 3O_2(g) \longrightarrow 2SiO_2 + 2CO(g) \tag{9.14}$$

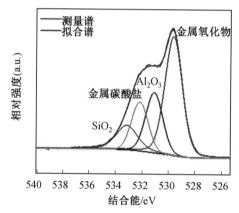

(a) NiFe$_2$O$_4$@SiC在太阳能热化学循环实验前

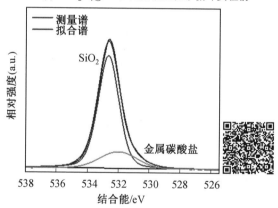

(b) NiFe$_2$O$_4$@SiC在太阳能热化学循环实验后

图 9.28 多孔基材负载 NiFe$_2$O$_4$ 的 Fe 2p、O 1s XPS 谱图

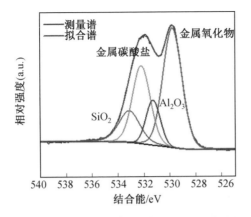

(c) NiFe₂O₄@Si₃N₄在太阳能热化学循环实验前

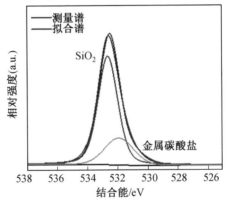

(d) NiFe₂O₄@Si₃N₄在太阳能热化学循环实验后

续图 9.28

程序升温还原(TPR)和程序升温解吸(TPD)曲线如图 9.29 所示。$NiFe_2O_4$ 在氢气中的还原是分多个步骤完成的,在中温(300~700 ℃)下释放较多氧气,在高于 800 ℃ 的温度下仍能释放氧气。$NiFe_2O_4@SiC$ 的中温脱氧完成温度比 $NiFe_2O_4@Si_3N_4$ 的相应值低 100 ℃ 左右。$NiFe_2O_4@Si_3N_4$ 在低温和高温下具有 CO_2 解吸性能,而 $NiFe_2O_4@SiC$ 和 Si_3N_4 则集中在高温解吸。

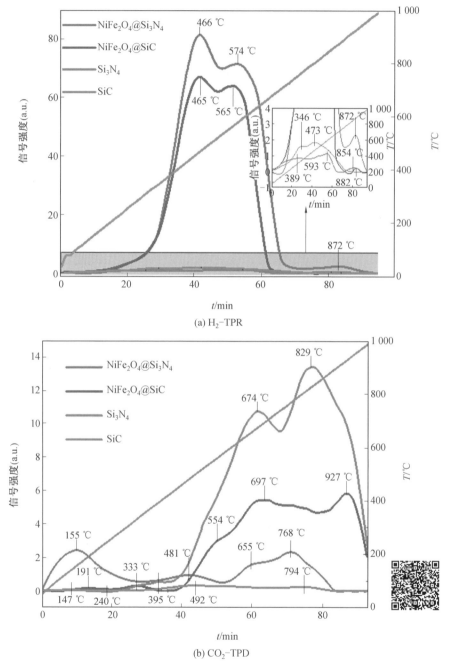

(a) H$_2$-TPR

(b) CO$_2$-TPD

图 9.29　NiFe$_2$O$_4$@Si$_3$N$_4$、NiFe$_2$O$_4$@SiC、Si$_3$N$_4$ 和 SiC 的化学吸附解吸测试曲线

9.3　本章小结

本章介绍了太阳能热化学系统的仿真及实验过程。对使用单碟聚光单元辐照的反应器热性能进行仿真,可以得到多孔材料前表面温度达到 1 750 K,实验测试单碟聚光条件下,达到稳态时反应腔中心部分温度为 1 444 K,接收面测孔位置温度为 957 K,保温层温度为 721 K。总的来说,相较于椭球面反射镜,通过购买市售的菲涅尔透镜和抛物面反射镜耦合可以使其应用方式更加灵活。由于在模拟分析过程中只计算单一波长特性,暂未考虑材料的光谱特性,因此实验温度低于模拟温度。模拟中多孔材料设置为均匀相,与实际中有着较大的差别,后续研究中可以对这些条件进行优化。实验通过分析 CuO 和 $NiFe_2O_4$ 的协同热催化活性及 SiC 基材对光热性能的影响,研究了太阳能热化学 CO_2 裂解特性。在热化学循环系统实验过程中,最高的瞬时 CO 产量为 10.98 mL/(min·g),整个 CNF-13@SiC 的热化学 CO_2 还原得到 3 055 mL 的 CO 产量,平均热化学储能功率约为 0.16 kJ/min。在 3 个循环中,直接将 CO_2 转化为 CO 的平均转化率为 23.3%,单循环转化率分别为 33.9%、23.7% 和 12.1%。在热化学循环氧化还原过程后,催化剂负载量明显降低。$NiFe_2O_4$@SiC 的协同光热催化活性可以提高 CO 产量,平均 CO 产量为 254 $\mu mol/g$。热化学循环中获得最高的瞬时 CO 产量为 17.01 mL/min,在 7 个氧化还原循环中,通过 CO_2—CO 的直接转换,获得了 11.2% 的平均 CO_2 转换效率。与单独使用 $NiFe_2O_4$ 和 SiC 相比,$NiFe_2O_4$@SiC 的热化学 CO_2 裂解具有更高的 CO 产量,这证明了使用 SiC 载体材料具有一定意义。

本章参考文献

[1] AGRAFIOTIS C, ROEB M, SATTLER C. A review on solar thermal syngas production via redox pair-based water/carbon dioxide splitting thermochemical cycles[J]. Renewable and Sustainable Energy Reviews, 2015, 42: 254-285.

[2] MUHICH C L, EHRHART B D, AL-SHANKITI I, et al. A review and perspective of efficient hydrogen generation via solar thermal water

splitting[J]. WIREs Energy and Environment, 2016, 5(3): 261-287.

[3] PRATS-SALVADO E, MONNERIE N, SATTLER C. Synergies between direct air capture technologies and solar thermochemical cycles in the production of methanol[J]. Energies, 2021, 14(16): 4818.

[4] FALTER C, SIZMANN A. Solar thermochemical hydrogen production in the USA[J]. Sustainability, 2021, 13(14): 7804.

[5] FALTER C, VALENTE A, HABERSETZER A, et al. An integrated techno-economic, environmental and social assessment of the solar thermo-chemical fuel pathway[J]. Sustainable Energy & Fuels, 2020, 4(8): 3992-4002.

[6] YADAV D, BANERJEE R. A review of solar thermochemical processes [J]. Renewable and Sustainable Energy Reviews, 2016, 54: 497-532.

[7] GUENE LOUGOU B, SHUAI Y, PAN R M, et al. Heat transfer and fluid flow analysis of porous medium solar thermochemical reactor with quartz glass cover[J]. Int J Heat Mass Transf, 2018, 127: 61-74.

[8] GUENE LOUGOU B, SHUAI Y, CHAFFA G, et al. Analysis of two-step solar thermochemical looping reforming of Fe_3O_4 redox cycles for synthesis gas production[J]. Energy Technology, 2019, 7(3): 1800588.

[9] SCHEFFE J R, LI J H, WEIMER A W. A spinel ferrite/hercynite water-splitting redox cycle[J]. International Journal of Hydrogen Energy, 2010, 35(8): 3333-3340.

[10] BUSH H E, LOUTZENHISER P G. Solar electricity via an Air Brayton cycle with an integrated two-step thermochemical cycle for heat storage based on Fe_2O_3/Fe_3O_4 redox reactions: Thermodynamic and kinetic analyses[J]. Solar Energy, 2018, 174: 617-627.

[11] ABAD A, ADÁNEZ J, GARCÍA-LABIANO F, et al. Mapping of the range of operational conditions for Cu-, Fe-, and Ni-based oxygen carriers in chemical-looping combustion[J]. Chem Eng Sci, 2007, 62(1/2): 533-549.

[12] KANG K S, KIM C H, BAE K K, et al. Reduction and oxidation properties of Fe_2O_3/ZrO_2 oxygen carrier for hydrogen production[J]. Chem Eng Res Des, 2014, 92(11): 2584-2597.

[13] XU R, WIESNER T F. Conceptual design of a two-step solar hydrogen thermochemical cycle with thermal storage in a reaction intermediate[J].

International Journal of Hydrogen Energy，2014，39(24)：12457-12471.

[14] BUELENS L C，GALVITA V V，POELMAN H，et al. Kinetics of multi-step redox processes by time-resolved in situ X-ray diffraction[J]. Chem Ing Tech，2016，88(11)：1684-1692.[LinkOut]

[15] ZHU J，WANG W，LIAN S J，et al. Stepwise reduction kinetics of iron-based oxygen carriers by CO/CO_2 mixture gases for chemical looping hydrogen generation[J]. J Mater Cycles Waste Manag，2017，19(1)：453-462.

[16] JEONG M H，LEE D H，HAN G Y，et al. Reduction-oxidation kinetics of three different iron oxide phases for CO_2 activation to CO[J]. Fuel，2017，202：547-555.

[17] SCHUNK L O，STEINFELD A. Kinetics of the thermal dissociation of ZnO exposed to concentrated solar irradiation using a solar-driven thermo-gravimeter in the 1 800～2 100 K range[J]. AlChE J，2009，55(6)：1497-1504.

[18] LOUTZENHISER P G，GALVEZ M E，HISCHIER I，et al. CO_2 Splitting via two-step solar thermochemical cycles with Zn/ZnO and FeO/Fe_3O_4 Redox reactions Ⅱ：kinetic analysis[J]. Energy Fuels，2009，23(5)：2832-2839.

[19] HAEUSSLER A，ABANADES S，JULBE A，et al. Remarkable performance of microstructured ceria foams for thermochemical splitting of H_2O and CO_2 in a novel high-temperature solar reactor[J]. Chem Eng Res Des，2020，156：311-323.

[20] ANITA H，STÉPHANE A，JULIEN J，et al. Demonstration of a ceria membrane solar reactor promoted by dual perovskite coatings for continuous and isothermal redox splitting of CO_2 and H_2O[J]. J Membr Sci，2021(prepublish)：119387-.

[21] LORENTZOU S，DIMITRAKIS D，ZYGOGIANNI A，et al. Thermochemical H_2O and CO_2 splitting redox cycles in a $NiFe_2O_4$ structured redox reactor：Design，development and experiments in a high flux solar simulator[J]. Solar Energy，2017，155：1462-1481.

[22] GUENE LOUGOU B，SHUAI Y，ZHANG H，et al. Thermochemical CO_2 reduction over $NiFe_2O_4$@alumina filled reactor heated by high-flux solar

simulator[J]. Energy, 2020, 197: 117267.

[23] TOU M, MICHALSKY R, STEINFELD A. Solar-driven thermochemical splitting of CO_2 and In situ separation of CO and O_2 across a ceria redox membrane reactor[J]. Joule, 2017, 1(1): 146-154.

[24] SHUAI Y, ZHANG H, GUENE LOUGOU B, et al. Solar-driven thermochemical redox cycles of ZrO_2 supported $NiFe_2O_4$ for CO_2 reduction into chemical energy[J]. Energy, 2021, 223: 120073.

[25] JIANG BS, GUENE LOUGOU B, ZHANG H, et al. Preparation and solar thermochemical properties analysis of $NiFe_2O_4$ @ SiC/@ Si_3N_4 for high-performance CO_2-splitting[J]. Appl Energy, 2022, 328: 120057.

[26] ZHANG H, SHUAI Y, GUENE LOUGOU B, et al. Thermal characteristics and thermal stress analysis of solar thermochemical reactor under high-flux concentrated solar irradiation[J]. Science China Technological Sciences, 2020, 63(9): 1776-1786.

[27] JIANG BS, SUN Q M, GUENE LOUGOU B, et al. Highly-selective CO_2 conversion through single oxide CuO enhanced $NiFe_2O_4$ thermal catalytic activity[J]. Sustain Mater Technol, 2022, 32: e00441.

[28] FURLER P, SCHEFFE J R, STEINFELD A. Syngas production by simultaneous splitting of H_2O and CO_2 via ceria redox reactions in a high-temperature solar reactor[J]. Energy & Environmental Science, 2012, 5 (3): 6098-6103.

[29] MATEO D, CERRILLO J L, DURINI S, et al. Fundamentals and applications of photo-thermal catalysis[J]. Chemical Society Reviews, 2021, 50(3): 2173-2210.

名 词 索 引